隐藏的潜能
HIDDEN POTENTIAL
The Science of Achieving Greater Things

[美]亚当·格兰特（Adam Grant）著　徐娟 译

中信出版集团｜北京

图书在版编目（CIP）数据

隐藏的潜能 /（美）亚当·格兰特著；徐娟译.
北京：中信出版社，2024.10. -- ISBN 978-7-5217
-6821-3

Ⅰ. B848.4-49

中国国家版本馆 CIP 数据核字第 20242TH572 号

HIDDEN POTENTIAL: The Science of Achieving Greater Things
Copyright © 2023 by Adam Grant
This edition arranged with InkWell Management LLC
through Andrew Nurnberg Associates International Limited
Simplified Chinese translation copyright © 2024 by CITIC Press Corporation
ALL RIGHTS RESERVED
本书仅限中国大陆地区发行销售

隐藏的潜能

著者：　　　[美]亚当·格兰特
译者：　　　徐娟
出版发行：中信出版集团股份有限公司
　　　　　（北京市朝阳区东三环北路 27 号嘉铭中心　邮编　100020）
承印者：　　三河市中晟雅豪印务有限公司

开本：787mm×1092mm　1/16　　印张：20.5　　字数：220 千字
版次：2024 年 10 月第 1 版　　　　印次：2024 年 10 月第 1 次印刷
京权图字：01-2024-4580　　　　　　书号：ISBN 978-7-5217-6821-3
　　　　　　　　　　　　　　　　　定价：69.00 元

版权所有·侵权必究
如有印刷、装订问题，本公司负责调换。
服务热线：400-600-8099
投稿邮箱：author@citicpub.com

献给西格尔·巴萨德,他看到了每个人的潜能

目 录

前 言 V

第一部分 品格技能
在变好方面越来越好

第 1 章 不适之人：
拥抱学习中难耐的尴尬 | 005

第 2 章 人型海绵：
培养吸收和适应能力 | 025

第 3 章 不完美主义者：
在瑕疵与完美之间寻找"甜蜜点" | 043

第二部分　动力结构
攻坚克难的鹰架

第 4 章　转化日常琐事：
　　　　将激情注入实践 | 069

第 5 章　摆脱困境：
　　　　前行之路迂回曲折 | 089

第 6 章　超越重力：
　　　　自拉靴带，翱翔长空 | 114

第三部分　机会体系
打开门窗

第 7 章　希望：
　　　　设计学校体系，激发学生的最佳潜能 | 142

第 8 章　发掘矿藏：
　　　　发掘团队的集体智慧 | 166

第 9 章　钻石原石：
　　　　在求职面试和高校招生中发现未经雕琢的宝石 | 190

后　记 **219**
影响潜能的行为 **229**
致　谢 **239**
注　释 **243**

前 言
盛开在混凝土中的玫瑰

你可曾听闻一株玫瑰[1]，
生长在
混凝土的罅隙
证明那自然法则的谬误
没有双脚，却能将走路学会
遭人哂笑，也能把梦来笃信
学会呼吸，空气清醇的香味
——《盛开在混凝土中的玫瑰》，图派克·夏库尔

1991年的一个周末，春寒料峭，一批全美最聪慧的年轻学生聚集在底特律郊外的一家酒店里。酒店大厅人声鼎沸，学生们叽叽喳喳地走向指定座位。而当钟声一响，整个大厅顿时鸦雀无声，只剩下秒针咔嗒、咔嗒、咔嗒的声音。所有人的目光都锁定在那一排排黑白方格上。这正是美国初中国际象棋锦标赛的比赛现场。

近几年，这项赛事一直被高级私立学校和磁石学校主导，因为它们有充足的资源在校内开设象棋课程。上届冠军是来自美国纽约州一所精英预科学校道尔顿的象棋战队，该队已蝉联三届全美冠军。

道尔顿业已建立比肩奥林匹克国际象棋训练中心的训练场所。在那里，从幼儿园开始，每个孩子都要学习一学期的国际象棋，到一年级时，国际象棋的学习则贯穿整个学年。天赋最优者还能在上课前后得到全美最好的象棋教师的指点。少年天才乔希·维茨金是道尔顿的王牌队员，热门电影《王者之旅》就是根据他的经历改编的。尽管乔希和另一位明星队员没有参加这一年的比赛，但道尔顿战队依旧势不可当。

所有人都认为，"狂暴战车"（Raging Rooks[2]）队无法与道尔顿队相匹敌。当狂暴战车队的队员紧张地走进大厅时，人们纷纷回头看。狂暴战车队与其富有的白人对手几乎没有共同之处，这个战队仅由几个有色人种的贫穷学生组成：6个黑人男孩，还有一个拉丁裔男孩和一个亚裔男孩。他们大多来自单亲家庭，由母亲、姨妈或外祖母抚养长大，住在充斥着毒品、暴力、犯罪的街区，家庭收入甚至还没有道尔顿的学费多。

狂暴战车队的棋手是来自哈莱姆区公立中学43中的八年级和九年级学生。道尔顿队的棋手有着长达10年的学习训练和多年的比赛经验，而这些都是狂暴战车队所不具备的。他们中的一些人从六年级才开始学习国际象棋。队长卡桑·亨利学习国际象棋时已经12岁，和他在公园一起练棋的还是个毒贩。

在全美比赛中，参赛队可以保留队中棋手的最高分，舍弃其他队员的分数。道尔顿队棋手众多，可以舍去多达6个分数。但狂暴战车队险些凑不齐参赛队员，故而每个队员的分数都要被计算在内，他们只能破釜沉舟。要想获胜，全部棋手必须在每场比赛中都全力以赴。

狂暴战车队旗开得胜，屡创佳绩。一开始，队伍中最弱的棋手击败了高出他几百分的对手。其余队员相继出战，顶住压力，接连战胜经验丰富的对手。到半决赛时，狂暴战车队已在63支参赛队伍中位居第三。

尽管经验不足，但他们有一个秘密武器。他们的教练莫里斯·阿什利是一位年轻的国际象棋大师，莫里斯25岁左右，是牙买加移民，立志要打破"有色人种的孩子不聪明"这一刻板印象。他的既往经历告诉他，虽然天赋只能听天由命，但机会并非如此。他能够发现为常人所忽视的潜能——他希冀玫瑰能够冲破混凝土，灿然绽放。

但是，当比赛进行至倒数第二轮时，莫里斯的队伍开始陷入颓势。卡桑因低级失误失去了最初的领先优势，最后勉强以平局收场。另一名队员在即将获胜时被对手抓住机会吃掉了"后"，输掉了比赛。他崩溃大哭，夺门而出。还有一盘棋开局不利，惨不忍睹，以至莫里斯干脆离开赛场，不忍观战。到这轮比赛结束时，狂暴战车队的成绩从第三名跌到了第五名。

莫里斯提醒队员，他们无法控制比赛结果，只能控制自己的抉择。想要逆风翻盘，狂暴战车队必须赢得最后四场比赛，并祈祷排名靠前的棋队输掉比赛。但无论发生什么，他们现在都已经跻身全美最佳棋队。即便最终没有取胜，他们的实力也已经令人心服口服。狂暴战车队的表现早已远超所有人的预期。

众所周知，国际象棋比赛常被喻为天才的博弈。顶尖的年轻棋手往往天赋异禀，脑力超群，能够记住棋谱，快速分析局面，并预判很多步棋。如果你想要打造一支冠军棋队，最好的办法就是像道尔顿队那样：招募一批天资极佳的神童，从小就对他们进行强化训练。

莫里斯却反其道而行之：他指导的是一群中学生，他们只是对国际象棋感兴趣，也刚好有空闲时间，其中一个还是班上的"混世魔王"。这些学生大多成绩平平，没有任何特殊的国际象棋天赋。"我们队里没有明星。"莫里斯回忆道。

然而，最后一轮比赛，狂暴战车队逐渐设法找回了状态，迎头赶了上来。两名队员大获全胜，卡桑与一位非常强大的对手下得难分难解，比赛结果悬而未决。不过，狂暴战车队明白，即便卡桑能打败对手，扳回一城，狂暴战车队也无法获胜。最终，这轮比赛的第一场以平局告终。

几分钟后，莫里斯听到走廊尽头传来欢呼声。"阿什利先生，阿什利先生！"原来是卡桑不畏强敌，经过漫长的残局战，战胜了道尔顿棋队的顶尖高手。更令所有人震惊的是，原本领先的棋队纷纷出现失误，最终，狂暴战车队获得并列第一的好成绩。队员们欢呼雀跃，相互击掌拥抱。"我们赢了！我们赢了！"

在短短两年的时间里，这群来自哈莱姆区的穷孩子就从国际象棋新手成长为全美冠军。不过，他们的故事中最令人惊讶的并非弱者逆袭，而是他们为何能逆袭。他们练就的技能，不仅让他们成为国际象棋冠军，还将馈赠他们更多。

每个人都有隐藏的潜能，本书将告诉我们如何释放这种潜

能。人们普遍认为，伟大大多是与生俱来的，而不是后天塑造的，我们会因而赞美学校里的天才学生、体育界的天才运动员以及音乐界的神童。但成就伟业不一定非得是天才，我的目的是告诉你，我们寻常人要如何提振士气，取得更大的成就。

作为一名组织心理学家，我职业生涯的大部分时间都在研究推动我们进步的力量。我所学到的东西可能会挑战你对个人潜能的一些根本认知。

在一项具有里程碑意义的研究中，心理学家调查了音乐家、艺术家、科学家和运动员出众才能的根源。[3]他们广泛采访了120位杰出人士，包括获得古根海姆奖的雕塑家、享誉国际的钢琴家、获奖数学家、开创性神经学研究人员、奥林匹克游泳运动员和世界级网球运动员，并采访了他们的父母、老师和教练。研究者惊讶地发现，这些成就非凡的人士，只有极少数曾是所谓的神童。

在后来成为雕塑家的人中，没有一个在小学时被美术老师夸赞过天赋异禀。钢琴家中在9岁之前就获过大奖的更是凤毛麟角，大多只是在与兄弟姐妹或左邻右舍相比时显得更有天赋。虽然被调查的数学家和神经学家在中小学时期就成绩优异，但与班上其他优等生相比，也不算特别出众。几乎没有游泳健将在早期比赛中创造过纪录，他们大多有在地方比赛中获胜的经历，却没有赢得过地区或全国冠军。而被调查的网球运动员大多在第一次参加比赛的前几轮就败下阵来，之后沉潜数年才成为当地的顶尖选手。他们受教练器重，不是因为天资过人，而是因为非凡的内驱力。这种内驱力不是与生俱来的，而是有赖于一位让学习变得有趣的教练或教师。"世界上有一个人能够学会，所有人就都能学会，"这位首席心理学家总结道，"只要提供合适的……学习条件。"

近来的证据表明，学习条件至关重要。要想掌握一个新的数学、科学或外语概念，通常需要7到8次的练习。从小学到大学，成千上万的学生都经历过这么多次的练习。

当然，也有学生不需要太多次练习就可以出色地掌握所学的知识。这并不是因为他们比旁人学得更快——他们的理解速度与同龄人并无二致。[4] 让这些学生与众不同的，是他们在第一次练习时便已具有相关的知识储备。一些学生因掌握相关学习素材而学得较快。另一些学生则是父母或其他人很早之前就教过他们，或者他们提前自学过。有些看似源于天赋的差异，其实往往是机遇和内驱动上的差异。

我们在评估潜能时，往往容易犯一个根本错误：我们习惯于追溯起点，即看到那些立即可见的天分。在这个沉迷于天赋的世界里[5]，我们认为，能够迅速脱颖而出的人最有前途。但是，人们的杰出成就与最初资质之间差异巨大，如果我们只凭最初资质就断言人们的未来，那么他们的潜能将难见天日。

你无法从人们的起点判断他们的未来。只要有合适的学习机会和内驱动，任何人都能够练就技能，取得更大的成就。潜能并不取决于你从哪里开始，而在于你能走多远。我们不需要过分关注起点，而应当更多地关注所走之路。

每个少年得志的莫扎特背后都有无数个进步缓慢、大器晚成的巴赫。他们并非生来就拥有神秘的超能力，他们的技能大多是后天努力得来的。取得非凡进步的人很少是天生奇才，他们的神力都需要后天的培养。

无关乎从哪里开始

而在于你能走多远

忽视后天努力的影响会带来可怕的后果。它会使我们低估通过后天努力所能获得的成就和所能学习的才能范围。我们会因此给自己和身边的人设限。固守狭窄的舒适区，我们会错过更广阔的可能性。我们会对别人的潜力视而不见，关上机遇之门，也将世间更多的美好拒之门外。

不断超越自我的长处，是我们发挥潜能、达到巅峰的不二法门。但是，进步不仅仅是实现卓越目标的手段，因为不断进步本身就是一项颇有价值的成就。我想要阐明的是，我们如何才能在不断进步这方面更进一步。

本书所讲与野心无关，而关乎抱负。正如哲学家阿格尼斯·卡拉德所强调的，野心使你专注于你想要取得的结果，而抱负使你成为你想要成为的人。[6]问题不在于你能否腰缠万贯、摘得桂冠或荣誉等身，这些地位的象征并不能代表进步。重要的不是你有多努力，而是你成长了多少。而成长需要的不仅仅是一种心态，成长始于一系列通常为我们所忽视的技能。

正确之物

20世纪80年代末，就在狂暴战车队在哈莱姆学习国际象棋的同时，田纳西州启动了一项大胆的实验。研究人员选取了79所学校，这些学校中的学生大多来自中低收入家庭。继而，他们将1.1万多名学生随机分配到从幼儿园到三年级的不同班级中学习。实验原本的目标是探究小班教学是否更有利于学习。但是，一位名为拉杰·切蒂的经济学家意识到，既然学生和教师均是随机分配的，那么他可以通过这些数据研究班级里的其他特征是否也会产生影响。

切蒂是世界上最具影响力的经济学家之一，曾获得麦克阿瑟天才奖。他的研究表明，卓越并不像我们想的那样取决于天赋。

田纳西实验的结果令人震惊，如图0-1所示。切蒂仅仅通过观察学生的幼儿园教师，就能预测学生成年后能否取得成功。到25岁时，一些学生的收入明显超过同龄人，而他们恰好曾经被分到更有经验的幼儿园老师的班级。[7]

切蒂及其同事计算出，到20岁左右，经验丰富的幼师的学生会比没有经验的幼师的学生年收入多1 000多美元。在一个20人的班级中，一名高于平均水平的幼师可以额外创造高达32万美元的额外终身收入。①

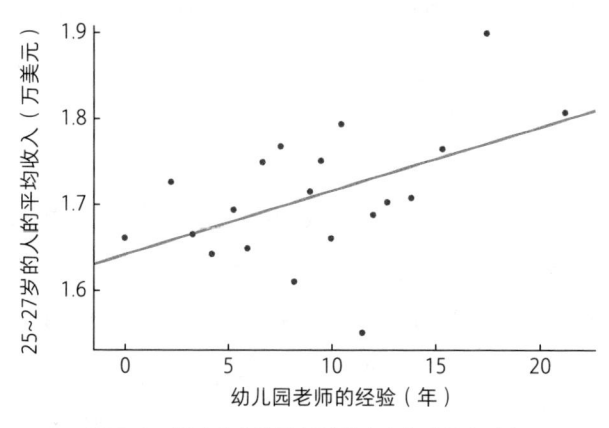

图 0-1　经验丰富的幼师的学生成年后收入更高

幼儿园的重要性体现在方方面面，但我从未想到，20 年后，幼师会对学生的薪资产生如此显著的影响。大多数成年人甚至都记不起自己 5 岁时的情景，那为何幼师最终会留下如此长久的印记呢？

对这些数据的直观解读是，优秀的教师可以帮助学生发展认知技能。早期教育为学生理解数字和文字打下了坚实的基础。从幼儿园毕业后，经验丰富的教师所教的学生在数学和阅读测试中得分当然也就更高。但在接下来的几年里，他们的同龄人会迎头

---

① 切蒂及其同事又对 100 多万名儿童进行了另一项实验，他们发现，经验丰富的教师能为学生创造更多价值[8]，这可以用学生一年内考试成绩的提高来衡量。在三年级到八年级期间，优秀教师教授的学生更有可能考上大学，获得更高的薪水，并储蓄更多的退休金。当优秀教师被调离后，下一届学生将会受到影响：他们上大学的概率有所下降。教师的素质对女性未来的成功尤为重要，部分原因在于，优秀教师降低了少女怀孕的概率。如果将学生成绩增幅倒数 5% 的教师换成平均水平的教师，全班的未贴现终身收入将增加 140 万美元。如果你需要证明教师薪资过低，这个数字或许会有所助益。

赶上。

为了弄清幼儿园阶段对成人阶段的影响,切蒂的团队找到了另一种可能的解释。在四年级和八年级时,老师对学生的其他品质进行了评分,下面是一个样本:

- 主动性:他们主动提问、主动回答问题、从书本中查找信息,以及课下向老师请教的频率如何?
- 社会性:他们与同龄人相处和合作的能力如何?
- 纪律性:他们的专注力如何?遵守课堂纪律的情况如何?
- 坚韧性:他们坚持不懈地解决具有挑战性的问题、超额完成作业,以及在遇到困难时咬牙坚持的情况如何?

到四年级时,由经验丰富的幼儿园教师教导的学生在这四项属性上得到的评分都更高,八年级的学生也是如此。他们展现出的主动性、社会性、纪律性和坚韧性给他们带来更持久的影响,而且最终结果证明,这些影响比早期的数学和阅读技能更强大。当切蒂和他的同事根据学生在四年级时的成绩预测他们成年后的收入时,这些行为评分的重要性是标准化测试中数学和语文成绩重要性的2.4倍(如图0-2所示)。

可以想见,这一发现多么令人惊讶。如果想预测四年级学生的收入潜力,你应该少关注他们客观上的数学和语文成绩,而多关注老师对他们行为模式的主观看法。尽管许多人认为这些行为模式与生俱来,但其实都是学生在幼儿园里通过学习养成的。无论学生最初是什么样子,学习这些行为习惯,都为其几十年后的成功奠定了基础。

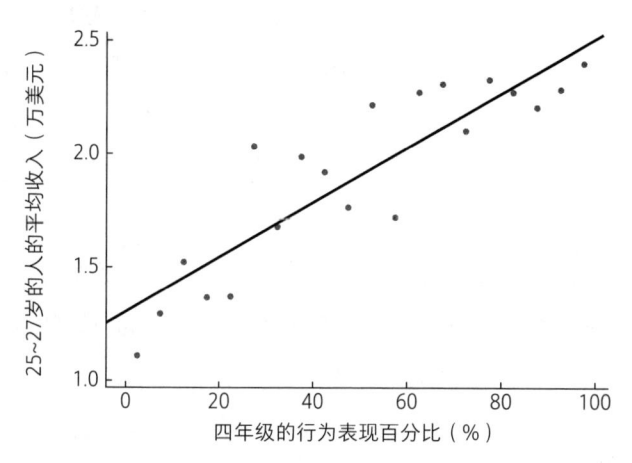

图 0-2　四年级的行为表现预示着成年后更高的收入

践行品格

亚里士多德将严于律己与亲社会等品质称为德行品格。⁹他所描述的品格，是人们在意愿的驱策下习得并运用的一套原则。我也曾这样看待品格，认为品格就是遵从严明的道德规范。但我的工作是检验并完善哲学家喜欢辩论的观点。在过去的 20 年里，我搜集了一些证据，它们促使我重新思考上述品格问题。现在我认为，品格与其说是一种意志，不如说是一套技能。

品格不仅仅是坚持原则，也是一种后天习得的按照原则来生活的能力。品格技能使拖延成性者按时完成重要之人的托付，使羞赧者有勇气站出来反对不公，使队里的"混世魔王"在一场重要的比赛前与队友化干戈为玉帛。这些技能既是出色的幼师可以培育出来的,也是杰出的教练能够培养出来的。

在莫里斯·阿什利组建他的国际象棋队参加全美锦标赛时,弗朗西斯·埃德恩的实力并不在前八名之列。莫里斯之所以选中他,是因为他具备品格技能。"另一个孩子棋艺更高超,"弗朗西斯对我说,"但他掌控不好自己的情绪,而情绪自控能力是莫里斯十分看重的一点。"

当狂暴战车队在倒数第二场比赛中失利时,莫里斯并没有拿出一本制胜秘籍,也只字未提弈法谋略。"我只是提醒他们要律己。"他指出,这是棋队一起练习了两年的一项技能。

他们的品格技能引起了国际象棋界传奇教练布鲁斯·潘多尔菲尼的注意,他曾率领多名弟子参加全美锦标赛和世界锦标赛。在看了狂暴战车队夺冠赛后,潘多尔菲尼惊叹道:

他们真正做到了心无旁骛。大多数孩子在面对压力时都会有些急躁,情绪外露,但是他们没有。他们在那方棋盘前气定神闲,不动声色。我从未见过这个年纪的孩子能如此镇定从容。他们就像专业棋手。

如果将棋盘上的"马"比作特洛伊木马,莫里斯就是在马肚子中藏了一支品格技能大军,它们助力狂暴战车队冲锋陷阵。"他总是春风化雨般教导我们为人之道,从不用高压手段,"弗朗西斯谈道,"他的教诲侧重于让我们了解并把控自己,而不仅仅局限于着儿法布局。这让我终身受用。"

莫里斯早已在自己的生活中见证了品格技能的价值。少时,莫里斯的母亲倾其所有前往美国,将他和他的兄弟姐妹留在牙买加由祖母照看。10年后，他们才终于来到纽约。他们深知，如果不先修葺好自己的宅宇，机会就不会来敲门。

在高中的图书馆里，莫里斯偶然读到一本有关国际象棋的书，便决定加入学校的国际象棋队。但他很快发现自己水平有限，就潜心磨炼起棋艺来，终于在大学时成为学校国际象棋队的队长。后来，他接到邀请，以时薪50美元担任哈莱姆区学校的国际象棋教练，他欣然接受了这一邀请。

今天，你若是向国际象棋界的任何一个人问起莫里斯，那人一定会对你说，他是一位杰出的谋略家。在一场对局中，如果你选择"王车易位"而不走"象"，莫里斯就能准确地告诉你他还需要几步就可以将死你，以及你是否会在这个过程中失去你的"后"。他曾同时与10名棋手下盲棋并大获全胜。尽管如此，他仍然相信，品格比天赋更重要。

有证据表明，伶俐的孩子和聪明的新手学棋更快，但在成人对弈和高手过招中，智力对行棋的影响可谓微乎其微。[10]在国际象棋领域就像在幼儿园里一样，早期认知技能的优势会随着时间的推移而逐渐消失。平均而言，一名棋手需要2万多个小时的训练[11]，才能成为国际大师；若想成为国际特级大师，则需要超过3万个小时的训练。为了不断精进，你需要具备主动性、自律性，以及潜心钻研传统战术与新型战术的决心。

即便你已经登顶，品格技能也能帮助你更上一层楼。恰如诺贝尔经济学奖得主詹姆斯·赫克曼在一篇研究综述[12]中所总结的那样，品格技能"能够在生活中预测并创造成功"。但品格技能无法凭空生长，需要育之以机会和动力。

鹰架既成，自会攀爬

当论及培养时，人们通常指的是家长和教师为支持孩子和学生成长而进行的持续性投入。但是，激发潜能需要的可能并非这种投入，而是一种更为集中的短期训练，以帮助他们今后更好地指导自己的学习和成长——心理学家称其为"鹰架理论"。[13]

鹰架是建筑施工中的一种临时结构，施工人员可以通过鹰架攀爬至他们原本无法企及的高处。竣工后，施工人员将鹰架拆除，建筑方可屹然独立。

鹰架教学的作用与之相仿。教师或教练提供初步指导，而后便不再对学习者施加干预。这样做是为了培养学习者的责任心，让他们养成自己独立的学习方法。这正是莫里斯·阿什利对狂暴战车队的培养方式。他建立了临时性结构，为队员提供学习的机会和动力。

其他教练在刚开始教国际象棋时，惯于把所有棋子排成一排，介绍标准的开局走法：王翼兵向前走两步，再跳马。但莫里斯知道，规则学习可能很枯燥，他不想让孩子们失去学棋的兴趣。于是，在第一次向一群六年级学生介绍国际象棋时，莫里斯反其道而行之。他在棋盘上摆了一些棋子，从残局开始，教学生各种将死对手的方法。这种教学结构是他们的第一个鹰架。

常言道，有志者，事竟成。但我们忽略了一点，当觉得前路迷茫时，人们根本不会憧憬未来。要激发人们的斗志，我们就需要帮助他们拨云见日，指明方向。这就是鹰架教学的作用。

通过反向教学，莫里斯点燃了学生的决心之火。学生们一旦知道了如何将对方的"王"逼入绝境，就看到了一条制胜之路。

一旦看到制胜之路，他们就有了学棋的意愿。"你不能告诉孩子们'你们要有耐心、决心和毅力'，他们听到这些很快就会昏昏欲睡，"莫里斯笑着说，"你可以这样说，'下棋很有趣，来吧，看我怎么打败你'……燃起他们心中的斗志和竞争之火，他们就会端坐学棋，沉浸其中，欲罢不能。一旦输棋，他们就会想赢回来。"果然，没过多久，卡桑·亨利夜里躺在床上开始对着天花板想象着64棋盘格，在脑海中演绎整场对弈。

莫里斯还为队员们搭建了相互支持、共同进步的鹰架，教他们用新颖的方式交流棋艺：绘制关于国际象棋着儿法的漫画；写下关于国际象棋比赛的科幻小说；录制关于掌控棋局的说唱歌曲。他们在学习如何将一个人的比赛视作团队合作的一环。当一名棋手在全美锦标赛上落泪时，不是因为他输了比赛，而是因为他让队友失望了，这让他十分伤心。

随着他们逐渐融为一个战队，队员们开始自己把握学习的动力和机会。他们互相在记分表上记录彼此比赛中的每一步行棋，如此，整个队都能从个人的错误中吸取教训。他们并不在意自己能否成为最聪明的棋手，他们的目标是提升全队的精锐程度。

前一年，在参加全美锦标赛时，狂暴战车队因预算限制而缺少选手，尽管如此，他们还是进入前10%。当莫里斯为他们定下第二年的夺冠目标时，是队员们主动制订了比赛计划。现在，他们有了技能，意志也越发高昂。队员们自己创建了临时国际象棋训练营，整个暑假都在练棋和读书，还说服莫里斯对他们进行暑期特训。他们已坐上了战车的驾驶座，掌握了学棋的主动权。

在一个理想的世界中，队员们不必依靠教练来获得这些机会。莫里斯创建的鹰架其实是一个破损体系的替代品。①一位家长告诉他,她并不相信自己的儿子能下好国际象棋。莫里斯不仅帮助他的队员发掘出自己的潜能,也在帮助他们的父母和老师认识到这种潜能。

能遇到莫里斯这样的教练实属不易。接触理想导师的机会并不常有,我们的家长和老师并不总是有能力为我们搭建恰到好处的鹰架。我写作此书,正是为了搭建这样一座鹰架。

本书共分三个部分。第一部分探讨帮助我们走向高峰的特定品格技能。你会看到一位自学建筑学专业的职业拳击手,一位通过成为"人型海绵"而摆脱贫困的女性,以及两位在上学时偏科、现在却跻身世界顶尖行列的精英。从他们身上,你将进一步了解这些技能。

第二部分涉及动力结构的创建。即使拥有强大的品格技能,也没有人能够避免倦怠、怀疑或停滞不前。但是,成就伟业并不需要你变成工作狂,也不一定要把自己逼到筋疲力尽。为了阐明保持动力的鹰架,我将向你介绍:一位音乐家,他建立了一种临时结构,从而克服了终身残疾;一位教练,他帮助一名不起眼的运动员成为体坛明星;一批准军官,他们名不见经传,却证明了所有人都是错的。你会发现,为什么只练习而不参赛是不完整的,为什么兜圈子可能是前进的最好方式,为什么各行其是是不

---

① 就经验而论,品格技能对来自弱势背景的人更重要。[14] 正如莫里斯所说:"社会结构和文化压迫使学生更需要通过锻造品格来培养技能。当世代延续的压迫扼住你的脖颈时,你必须坚不可摧。"

可取的。

第三部分的重点是建立扩大机会系统。社会本应对那些具有巨大潜力的人敞开大门，却往往错误地向那些面临最大障碍的人关闭了大门。有一个在被低估或忽视后取得突破的人，就有成千上万曾被机会拒之门外的人。你将了解如何设计建构能够培养而非浪费潜能的学校、团队和机构。通过考察一个建立了世界上最成功的教育体系之一的小国，你将获悉如何帮助每个孩子取得成功。通过研究人类历史上最著名的救援奇迹之一，你将知道如何使群体的力量超过各部分力量之和。为了明晰我们如何才能修复有疏漏的选拔程序，我将带你了解美国国家航空航天局航天员的选拔流程，以及常春藤联盟招生的内幕。通过改变那些过早地将人才淘汰出局的制度，我们或许可以赋予落后者和后进者更多的机会。

我之所以关心潜能的发掘，是因为我对此深有感触。我最有意义的成就都是在我最初严重缺乏才能的领域取得的。多亏有优秀的教练，我从学校最差的跳水运动员成为全美最好的跳水运动员之一。我也曾在小型演讲台上遭受群嘲，现在却能在 TED 的讲演台上收获观众的起立鼓掌。如果以早期的失败来判断自己的潜能，我会过早地放弃自己。一路走来，我学到的东西帮助我为未来的飞跃搭建了属于我的鹰架。这也让我下定决心，要揭开超越所谓自我极限的神秘面纱。

作为一名社会科学家，我会从数据入手，首先介绍随机实验、纵向研究以及量化累积结果的元分析（有关研究的研究）。继而，我会阐明个人思考，讲述相关故事，使研究回归生活。我遇到过一些人，他们在从水下、地下到山顶和外太空等各种环境中发掘出自己隐藏的潜能,他们取得的进步远超他们的起点。我希望学习他们如何通过改变自己、他人,乃至周围的世界,向前行进得如此之远。

狂暴战车队就是如此,国际象棋界的面貌因他们的成功而有所改变。教练们估测,自他们崭露头角以来,参加全美锦标赛的少数族裔的比例增长了4倍。莫里斯已经成为国际象棋塑造品格的国际代言人,在他的推动下,如今全美的低收入学校都已经开设了国际象棋课程。仅仅是一个非营利国际象棋组织就已经教会了50多万名孩子下国际象棋。

我们没有理由认为这种魔力仅限于国际象棋。[15] 如果莫里斯热衷于辩论,那么他会指导学生预测辩词,帮助彼此完善辩词。有差别的不是活动本身,而是你所学的课程。正如莫里斯所说:"成长本身就是成就。"

得益于莫里斯给予的机遇和动力,狂暴战车队队员将他们的品格技能运用到国际象棋之外。他们遵守纪律、拒绝短视的品格,在抵制帮派和毒品的诱惑时也大有助益。他们记忆棋谱和预测棋步的坚韧性和主动性也适用于学习考试。他们通过一起训练和相互批评所培养的社交技能,能够帮助他们成为出色的合作者和导师。

狂暴战车队的大多数队员都能够破茧成蝶。乔纳森·诺克来自贫民区,他曾在获胜赛季的篮球场遭遇抢劫,现在已是一名软件工程师,并创办了一家云解决方案公司。弗朗西斯·埃德恩曾在上学路上躲过刺杀和枪击,现已获得耶鲁大学经济学学位和哈佛大学工商管理硕士学位,并担任美国最大的公用事业公司的财务主管和一家投资公司的首席运营官。卡桑·亨利起初无家可归、混迹黑帮，现在也已获得三个硕士学位，成为一名获奖电影制片人和作曲家。"国际象棋塑造了我的品格，"卡桑回忆道，"提高了我的注意力和专注力……可以说，国际象棋点燃了我的热情。有人点燃了一颗星星，只要我还活着，这颗星星就会一直燃烧下去。"

在创造成功事业的同时，国际象棋还鼓励狂暴战车队为他人创造机遇。查鲁·鲁滨逊在四个吸毒窝点附近长大，他的许多朋友或惨遭杀害，或锒铛入狱。1991年，查鲁在全美比赛中击败了道尔顿最强的选手之一，赢得了道尔顿全额奖学金，并最终取得了犯罪学学位，成为一名教师。他想将自己的学识传授给他人，以回馈社会。

1994年，哈莱姆另一所中学的校长恳请莫里斯指导他们的国际象棋队"黑暗骑士队"，这所中学距离43中仅三个街区。在接下来的两年里，队员们接连赢得男子组与女子组的全美冠军。那时，莫里斯已经准备好踏出创造历史的下一步，他暂停了教练工作，开始专注于自己的国际象棋比赛。1999年，莫里斯成为有史以来第一位非洲裔美国国际象棋特级大师。

同年，在新教练的带领下，黑暗骑士队赢得了他们的第三个美国全国冠军。他们的助理教练查鲁·鲁滨逊此后指导整个城市学校中无数的孩子学习国际象棋。狂暴战车队并不仅仅是从混凝土罅隙中顽强生长出的独株玫瑰。他们开垦土地，让更多的玫瑰得以绽放。

当倾慕伟大的思想家、实干家和领导者时，我们往往只是非常狭隘地注重他们的外在表现。这导致我们推崇那些成就最显赫的人，却忽视了那些用最少的资源取得最大成就的人。但是，衡量潜能的真正标准不是你所至顶峰的高度，而是你为攀上顶峰走了多远的路程。

第一部分

品格技能

在变好方面越来越好

19世纪末，美国心理学之父威廉·詹姆斯提出了一个大胆的主张。"到30岁时，"他写道，"品格就会像石膏一样定型，不能被重新软化了。"[1] 孩子们的品格尚可被塑造，但成年人就没那么幸运了。

近来，一组社会科学家为验证这一假设而发起了一项实验。他们从西非招募了1 500名处于创业初期的小型企业家，男女各异，年龄从30岁到50岁不等，涉及的领域包括制造业、服务业和商业。研究者将这些创业者随机分成三组。其中一组为对照组：他们照常运营自己的企业。另外两组是培训组：他们用一周的时间学习新概念，通过其他企业家的案例分析这些概念，并通过角色扮演和反思练习将它们运用到自己的初创企业中。两个培训组在培训内容上相互区别，其中一组侧重认知技能，另一组注重品格技能。

在认知技能培训组，创始人加入了由国际金融公司开设的经认证的商业课程，学习金融、会计、人力资源、市场营销和定价等知识，并运用这些知识把握机遇、应对挑战。接受品格技能培训的创始人则参加了由心理学家开设的有关培养个人能动性的课程。课程内容涉及个人主动性、纪律性以及坚韧性，同时通过练习将这些品质付诸行动。

品格技能培训成效显著。[2]创始人仅用了5天的时间就学会了这些技能，而他们的公司在接下来的两年内平均利润增长了30%，几乎是认知技能培训效益的3倍。掌握金融和市场营销知识的创始人能够抓住机遇，但具备主动性和纪律性的创始人可以创造机遇。后者能够预测市场走势，而非被动应对变化；他们的想法更具创意，推出的新产品层出不穷；他们在遇到资金困难时没有自暴自弃，而是更为灵活机智地寻求贷款。

除了证明品格技能可以推动我们取得更多成就，这一实验的结果还表明，培养品格技能什么时候都不晚。威廉·詹姆斯固然聪明，但在这一点上他大错特错。品格不会像石膏那样僵化定型，而是始终具有可塑性。

人们常常将品格与个性混为一谈，二者其实并不相同。个性是你的倾向，是你最基本的思考、感受以及行为本能。品格则是你以价值观驾驭本能的能力。

了解原则并不等于知道如何践行原则，尤其是在你紧张焦虑的时候。若诸事顺心，积极主动和意志坚定就并非难事。当身处逆境时，你是否仍旧能够坚守这些价值观，才是对品格的真正试炼。如果个性意味着你在寻常日子里的反应，那么品格就是你在艰难岁月里的表现。

个性不是难违的天命，而是你的人格倾向。品格技能可以让你超越这种倾向，笃守自己的原则。关键不在于你具备哪些品质，而在于你决定用它们做些什么。无论今日是何样貌，你都没有理由不从现在开始，培养你的品格技能。

如何做得更好

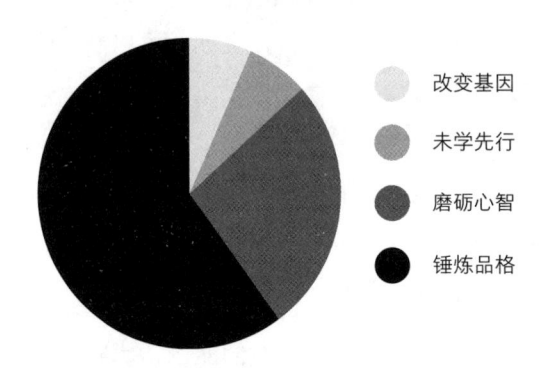

- 改变基因
- 未学先行
- 磨砺心智
- 锤炼品格

长期以来，诸如主动性和坚韧性这样的品格技能一直被视为"软技能"。[3] 这一词语的起源可以追溯到 20 世纪 60 年代末，当时心理学家的任务是扩展美国陆军的训练项目，使其不再局限于坦克和枪支的操作。他们认识到人类技能的重要性，故而更广泛地强调领导力和团队合作能力，这些能力使部队整体力量大于部分力量之和，并最终能够让部队安然无恙地返回家园。心理学家需要用合适的标签来描述这两组技能，就在那时，他们做出了一个令人遗憾的决定。

心理学家称坦克和枪支的操控技能为"硬技能"，因为它们涉及对钢铁和铝制武器的使用。"软技能"则是"与工作相关的重要技能，与器械使用无关或关系不大"。这些是士兵想在任何角色中取得成功都必须具备的社会、情感和行为技能。它们之所以被称为"软技能",是因为它们与金属器械的使用无关。根据这个定义,甚至金融也是一项软技能。几年后,心理学家建议停止使用这一术语,因为"软技能"听起来软弱无力,而士兵们想要变得强大有力。但是他们没有意识到,品格技能可能是他们最大的力量源泉。

如果说我们的认知技能使我们有别于动物,那么品格技能让我们能够超越机器。计算机和机器人如今可以制造汽车、驾驶飞机、奔赴战场、管理财产、代表被告出庭、诊断癌症,以及进行心脏手术,越来越多的认知技能实现了自动化,品格革命随之而来。随着技术的进步,品格的重要性越发凸显。在人际交往中,掌握人之为人的技能实为重中之重。

我们总说成功和幸福是我们最重要的人生目标,我很好奇为何品格不是更重要的目标。如果我们能像钻研职业技能一样,投入更多的时间学习品格技能,那会怎样呢?试想,如果《独立宣言》赋予每位公民生命权、自由权和追求品格的权利,美国将会有什么样的改变。

在探究了释放隐藏潜能的品格技能之后,我已经明确了主动性、坚韧性以及纪律性这些重要元素是品格技能的具体形式。路途修远,我们需要有寻找非舒适区的勇气、理解信息的能力,以及接纳不完美的意志。

第1章

不适之人

拥抱学习中难耐的尴尬

> 品格无法在安逸和宁静中养成。[1]只有经历试炼和苦难，心灵才能坚不可摧，视野才能更加开阔，雄心壮志才能得以激发，成功才能得以实现。
> ——海伦·凯勒

萨拉·玛丽亚·哈斯本[2]在最初拥有超能力时，还不认识自己的同类。后来，她偶然发现了一个由陌生人组成的群体，这些人驱散了她的孤独感。2018年，她开始周游世界，与他们会面。仅从表面上看，他们之间几乎没有共同点。这些人来自不同的国家，每天做着不同的工作，但他们为一个共同的使命走到一起，这个使命与他们的天赋一样不同寻常。

当加入这个新群体时，萨拉·玛丽亚接受了一个挑战。她得用当地语言介绍自己，说自己是一名来自加利福尼亚州的企业家。在布拉迪斯拉发，她用斯洛伐克语问好：Ahoj, volám sa Sara Maria！（嗨，我的名字是萨拉·玛丽亚！）在福冈，她用日语打招呼：Konnichiwa！Watashi no namae wa Sara Maria desu！（你好！我的名字是萨拉·玛丽亚！）在新冠病毒感染疫情期间，她在北京的聋哑人社区做志愿者，还会用中国手语向人们问好。

这听起来像雕虫小技，但萨拉·玛丽亚对语言的掌握远不止基本的自我介绍。在一次旅行中，她与一位名叫本尼·刘易斯的爱尔兰工程师一见如故。[3] 在一个小时里，他们用中文普通话、西班牙语、法语、英语和美国手语进行交流。

萨拉·玛丽亚和本尼都是多语言者，都能用多种语言交谈和思考。萨拉·玛丽亚能流利地用 5 种语言交谈，还能用另外 4 种语言进行日常对话。本尼可以流利地说 6 种语言，另外 4 种语言也达到了中等水平。在年度多语言者聚会上，如果想用两人都掌握的 5 种语言之外的语言交谈，他们也不需要去很远的地方学习。萨拉·玛丽亚经常遇到用韩语和印尼语与她聊天的人，也会遇到能帮助她重新学习初级粤语、马来语或泰语的人，但她找尼加拉瓜手语使用者的运气就没那么好了。用不了多久，本尼也会找到一个能用德语、爱尔兰语、世界语、荷兰语、意大利语、葡萄牙语，甚至克林贡语和他聊天的朋友。

这些多语言者之所以令人印象深刻，不只是因为他们掌握的语言很多，还因为他们学习的速度很快。在不到 10 年的时间里，萨拉·玛丽亚从零开始学会了 6 种新语言。与此同时，本尼在捷克共和国只住了几个月，就能说一口流利的捷克语；在匈牙利生活了 3 个月，便可以用匈牙利语对话；仅用 3 个月就学会了埃及阿拉伯语（当时生活在巴西）；在中国生活了仅 5 个月，就能用普通话进行中级水平的交流，进行长达一个小时的讨论。

我一直以为多语言者是天生奇才。他们天生就有一种非凡的能力,当他们有机会接触一门新的外语时,这种能力就会表现出来。我的一位大学室友就属于这种人,他会说 6 种语言,还常常用他的语言天赋发明新谚语。我最喜欢的说法是,每当有人把包袱扔给你时,你可以说"别把包袱扔给我"。我惊叹于他掌握新语言的速度之快,还有他在不同语言间切换的流畅程度。

当我遇到萨拉·玛丽亚和本尼时,我原以为他们和我的同学一样,但我完全想错了。

在成长过程中,本尼一直认为自己缺乏语言天赋,甚至连学习第二种语言的能力都没有。在学校里,他学习了 11 年爱尔兰语和 5 年德语,但仍旧没法用这两种语言对话。大学毕业后,他搬到了西班牙,在那里待了 6 个月,仍不会说西班牙语。21 岁时,英语仍是他唯一能够流利使用的语言。他准备放弃学习外语:"我一直告诉自己,我没有语言天赋。"

萨拉·玛丽亚学习语言也很艰难。尽管学习了 6 年西班牙语,但她只会英语。她确信自己错过了学习语言的关键时期。虽然她的父亲来自萨尔瓦多,但由于父亲的英语说得很好,她很早就没有过多接触西班牙语了:

> 这就是我们在家里使用的语言。当我在高中开始学习西班牙语时,它的难度着实令我震惊……西班牙语被视为英语使用者最容易学会的语言之一……但我的确学得很吃力。就连我的高中老师都为我学不会西班牙语而困惑不已……人们总是过来跟我说西班牙语,我却没法做出回应,这让我很难过……为什么我学不好这门语言,而我周围那么多人似乎不费吹灰之力就能学会其他语言?

多年来，她一直向父亲请教功课。父亲温和地告诉她，她怕是永远都学不会西班牙语了，但反正她在美国，也不需要说西班牙语，倒不如把时间花在她擅长的事情上。

许多人都希望能掌握一门新的语言，却认为语言学习过于困难。有些人像本尼一样，认为自己缺乏语言天赋；另一些人则如萨拉·玛丽亚这般，认为自己错过了学习语言的最好时机——如果在蹒跚学步时就开始学习外语，他们可能早就学会了。但越来越多的证据表明，人们在18岁左右语言学习速度的下降并不是我们的生物学特征，而是我们的教育出了问题。[4]

多语言者证明，人们在成年后仍有可能很好地掌握新的语言。在网上了解到萨拉·玛丽亚和本尼后，我就知道我必须对他们的学习方法刨根问底，因为他们是专业的学习者。我惊讶地发现，他们最终能够学会第一门外语，并不是因为克服了认知障碍，而是因为克服了动机障碍：他们适应了自己的不适。

在诸多不同类型的学习中，体验不适可以释放隐藏的潜能。鼓起勇气面对不适是一种品格技能——一种极为重要的决心。这要求我们具备三种勇气：放弃你屡试不爽的方法，还没有准备好就上场，比别人犯更多的错误。加速成长的最佳方式是拥抱、寻找和放大不适感。

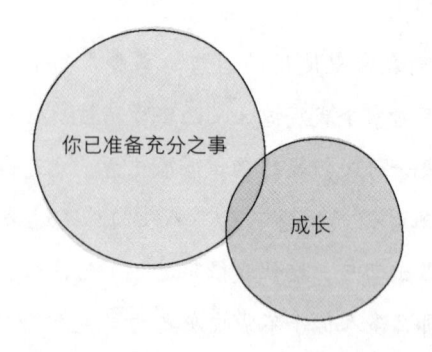

过时的学习方式

学校里有一种流行的做法，让许多学习者不愿寻求不适。这种做法的初衷是解决美国教育体系中普遍存在的问题。几十年来，许多学校就像工厂里的流水线一样运转。学生年轻的头脑被当成大批量生产的可替换零部件。尽管各有所长，但他们只能通过相同的标准化课程和讲座吸收统一的知识。

20世纪70年代，一股新思潮颠覆了教育界。其核心前提是：不适合学生学习方式的教学方法造成了学生的学习困难。学习方式就是他们最擅长的获取和掌握信息的认知模式。要掌握新概念，语言学习者需要阅读和书写；视觉学习者需要看到图像、图形和表格；听觉学习者需要听到音量足够大的声音；动觉学习者需要通过肢体动作来体验。

学习方式理论广受欢迎。孩子们的个性得到了认可，这让家长们兴奋不已。教师们也很乐于自由地改变自己的教学方法，编写个性化教材。

如今，学习方式已经成为教师培训和学生体验的基础元素。在世界各地，89%的教师认同要将自己的教学方法与学生的学习方式相匹配。[5]许多学生告诉我，他们更喜欢播客而不是书籍，因为他们是听觉学习者。你决定用眼睛阅读这本书，是不是因为你认为自己是语言学习者或视觉学习者？

然而，学习方式也有一个小问题，它们只是个神话。

一组专家全面回顾了近几十年来有关学习方式的研究，他们相当震惊地发现，这一理论缺乏证据支撑。[6] 在对特定课程进行一个学期的对照实验[7]和纵向研究[8]后，他们发现，即便教师或学习习惯符合学生或成人的能力或偏好，学习者的测试成绩也并没有提高。"没有充足的证据证明将学习方式评估纳入一般教育实践的合理性，"研究人员总结道，"学习方式教学法在教育界大受欢迎，却没人能拿出可信的证据证明其实用性……两者之间的反差着实令人震惊和不安。"

我们不想回到僵化的工厂式学习模式，但也不应被死板的学习方式束缚。当然，你仍然可以偏爱某种学习新知识和新技能的方式，但我们现在已经知道，你的偏好并非一成不变。如果只是一味地发挥自己的长处，你就会失去改进自己弱点的机会。[9]

你喜欢的学习方式会让你感到舒适，但它并不一定是你的最佳学习方式。有时，让你感到最不适的学习方式反而能够使你学得更好，因为你必须加倍努力地学习。这就是勇气的第一种形式：勇于拥抱不适感，把原来的学习方式抛在脑后。

我见过最好的例证之一发生在喜剧界。20世纪60年代，在刚开始表演脱口秀时，史蒂夫·马丁总是一次又一次地失败。[10] 在一次表演中，一个起哄的观众竟站起来向他泼了一杯红酒。"我并不是天赋异禀的人。"史蒂夫反思道。他早期的批评者也这么认为，一条评论称史蒂夫是"洛杉矶历史上最严重的订票错误"。

想一想，杰出的表演者要掌握自己的技艺，自然会通过聆听、观察和练习来学习。史蒂夫就是这样做的：他会聆听别人的素材，观察他们的言谈举止，再结合一些自己的故事，而后综合起来练习表演。但是，尽管花了无数个小时做准备，他的表演还是乏善可陈。

有一天晚上,他上台表演了5分钟,却没有一个人笑……过了5分钟……又过了5分钟。他在舞台上汗流浃背地表演,台下却整整20分钟都没有笑声。聆听、观察和练习,都不足以推动他成长。

史蒂夫从不用写作的方法做喜剧,他认为那不是他的方式。他讨厌写作,他认为这有违他的天性:"写作很难,太难了。"

你或许对写作也有同感,事实上,即使是我认识的一些最出色的作家也会想尽办法拖延写作。① 每当你把自己逼出舒适区时,一个常见的问题,也即拖延就出现了。正如博主蒂姆·厄本描述的那样,你的大脑会被一只即时满足的猴子[13]劫持,它肯定会选择简单有趣的事情,而不是去完成艰苦的工作。你所花的时间换来的只是深深的亏欠和惰怠,你的自尊心会被羞耻感烧成灰烬。

许多人把拖延与懒惰联系在一起。但心理学家发现,拖延不是时间管理问题,而是情绪管理问题。[14] 当你拖延时,你不是在逃避努力,而是在逃避被这种活动激起的不愉悦的情绪。不过,

---

① 如果写作不是你喜欢的学习方式,那么把你的想法诉诸笔端的最大不适可能就是写作障碍。正如史蒂夫·马丁开玩笑说的那样:"写作障碍是抱怨者为了有借口喝酒而编造出来的花哨说法。"我们不谈论"舞蹈家的障碍"或"木匠的障碍"是有原因的。写作障碍实际上是一种思维障碍:你遇到了瓶颈,因为你还没想好该说什么。一些小说家通过摘录他们喜爱的小说中的句子来进入状态。我往往会通过回复邮件来激发灵感:这就像热身运动,为我提供动力。如果写作成为一种习惯,最终文字就会像说话一样流畅地在纸上流淌。心理学家发现,当人们被随机安排每天写作时,他们的写作效率是原来的4倍——即使每天书写15分钟也足以取得进步。[11] 现在,我们有了人工智能聊天机器人来帮忙。在初步实验中,随机指派专业人士使用ChatGPT和必应等工具,通过将精力从粗略起草转移到构思和编辑上,他们的写作质量和数量都得到了提高——对写作能力较差的人来说尤其如此。[12] 郑重声明,我没有用人工智能写过这本书的任何一个字,虽然人工智能可能会告诉你这么做。

你迟早会意识到，你也在逃避你想要到达的远方。

史蒂夫·马丁一度拖延着，不肯动笔撰写自己的笑话。既然借用别人的素材在舞台上即兴表演很有趣，他为什么还要做自己讨厌的事情呢？他那只即时满足的猴子主导着他的行为。但他回忆说，在脱口秀舞台上苦苦挣扎了几年后，他得到一个"可怕的启示：如果想成为一个成功的喜剧人，我就必须自己创作一切"。

史蒂夫鼓起勇气走出了自己的舒适区，他要学习写包袱。他听说一个综艺节目正在招募年轻编剧，他便提交了一些素材，却没有入选。"我不知道怎么写。"[15]史蒂夫告诉我。总编剧看过史蒂夫弹班卓琴，觉得他很另类，因此决定再给他一个机会，并用自己的工资给他发薪酬。当史蒂夫被要求写一段开场白时，他愣住了。他的写作障碍过于严重，他甚至连一个字都打不出来，只好打电话向室友借了一个包袱。这个包袱很不错，他被录用了。

在接下来的几年里，史蒂夫白天为电视台撰稿，夜间上台表演。写作很辛苦，但他越来越得心应手。与此同时，他在舞台上屡败屡战。他的经纪人告诉他，要"坚持写作"。

史蒂夫的经纪人不知道的是，正是通过写作，史蒂夫逐渐成长为一名表演者。在台上，即兴表演让他很容易跑题，在纸上，写作迫使他删繁就简。记录素材的痛苦过程教会了他把幽默分解为基本元素。"因为这一切都与最核心的东西有关，"他说，"一个段子的结构不能太复杂。"直到接受了写作的不适感，他才磨炼出自己的能力，写出如此杀招儿：

我去年交了一个剧本，电视台一个字都没改。他们没改的那个字在第87页。[16]

到 20 世纪 70 年代中期，史蒂夫已成为美国最受欢迎的脱口秀喜剧演员之一。他的全美巡回演出场场爆满，喜剧专辑创下白金销量，还在《周六夜现场》节目上表演脱口秀。长此以往，他逐渐喜欢上写作，这也为他的演艺事业打开了一扇门——如果不是因为新发掘的写作技能，他也不可能创作并主演他的爆红电影《大笨蛋》。

我见过很多人因为写作不合乎自己的天性而退缩。但他们没有意识到，写作不仅是交流的工具，也是学习的工具。写作会暴露你在知识和逻辑上的不足，它促使你清晰地表达假设并思索如何做出反驳，书写不清晰是思维不清晰的表现。或者，正如史蒂夫调侃自己的那样："有些人深谙文字的门道，而有些人，呃……摸不着门儿。"

这个例子并不是说每个讨厌写作的人都应该写作，而是想说明，如果回避学习中不容易掌握的技巧所带来的不适感，我们就会限制自己的成长。用伟大的心理学家泰德·拉索的话说："如果觉得舒服，你肯定没做对。"[17] 正是这一发现让我们的多语言天才开始了语言学习。

入竞技场

奉学习方式为圭臬的人会让我们相信，语言学习适合一个人，听觉学习适合另一个人。但学习并不总是要找到适合自己的方式，而往往是找到适合任务的方法。

一个实验的结果颇有意思：给学生们 20 多分钟的时间阅读

一篇科学文章，随机分配一半学生读文章，另一半学生听文章。听文章的人比读文章的人更喜欢这堂课[18]，但两天后进行测验时，他们学到的知识明显少于后者。听者的得分率为59%，而读者的得分率为81%。

虽然听音频通常更有意思，但阅读能够提高理解力和记忆力。倾听可以提升直觉思维，而阅读能激活更多的分析处理能力。[19] 英语和中文均如此——当同样的烦琐问题、谜语和问题用书面而非口头形式表达时，人们会表现出更好的逻辑推理能力。在阅读文章时，你会很自然地在段落开始时放慢速度以处理核心思想，并划分段落和标题来整理信息。[20] 除非你因阅读或学习障碍难以理解文字，否则，在训练批判性思维方面，阅读是无可替代的。①

学习一门外语需要不同的方法。在学校里，萨拉·玛丽亚通过阅读教科书和制作无尽的索引卡来学习词汇和语法。她的课程不需要太多的口语，直到记住大量的词语，她才觉得自己可以开口说话了。她害怕别人嘲笑她很笨，所以她选择避免这种不舒服的感觉，坚持说英语。

萨拉·玛丽亚最终在大学主修语言学专业。她意识到，她的学习方法类似于读很多关于钢琴或花样滑冰的书，然后期望像钢

---

① 如果想提高自己的社交能力和情商，那么你可能更应该关注声音而不是视觉信号。研究表明，如果能听到朋友或陌生人的声音，就算闭上眼睛也不会影响你对他们情绪解读的准确性。[21] 我们经常误读面部表情，误解肢体语言。语音和语调是更准确、更纯粹的情感信号。[22] 你很难读出文本中的情绪，是因为你听不到他们的语气，而不是因为你看不到他们的表情。测谎也是如此，如果你想知道犯罪嫌疑人说的是否属实，语言信号比非语言信号更可靠。当他们微笑时，这并不一定意味着他们值得信任——他们可能是在享受欺骗的愉悦和凭借谎言脱罪的快感。真正需要注意的警示标志包括声音颤抖、音调升高以及内容的前后矛盾。

琴家克拉拉·舒曼那样弹奏协奏曲，或者像花样滑冰冠军克丽斯蒂·山口那样做三周半跳。但是，无论如何集中精力，你都无法用眼睛看到卡斯蒂利亚口音，无法在脑海中想象出它的示意图，也无法通过阐释性舞蹈将其内化于心。如果想听懂它，你就必须用耳朵去听；如果想开口说，你就必须在练习的时候大声说出来。

可以确定的是，研究者在对数十项实验进行元分析后发现，教会学生和成人输出而非仅仅理解新语言，长此以往，他们会更善于理解和说这种新语言。[23] 他们在"翻转课堂"[24]中也表现得更出色，这种课堂要求他们在课前预习词汇，然后在课堂上练习交流。广为人知的谚语"用进废退"还不足以说明问题，因为如果不运用，你可能从一开始就不会拥有。

当不适感出现时，仅仅接受它是不够的。令人惊讶的是，主动寻找不适感会带来更好的效果。萨拉·玛丽亚就是这样做的，她到马德里找了一份教英语的工作，并特意选择与一个只说西班牙语的家庭住在一起。到暑假结束时，她已经能说一口流利的西班牙语了。她意识到，如果能不断适应不适感，她就能学会任何语言。

当我与萨拉·玛丽亚谈论她的突破时，我突然灵光一闪，悟出一个道理。舒适学习是一个悖论，只有练习得足够熟练，你才能游刃有余地掌握一门技能。但在掌握之前，任何练习都会让你感到不适，所以你往往会逃避它。为学习提速需要第二种勇气：在掌握知识的同时，要勇于运用知识。

如果你今天开始

进步

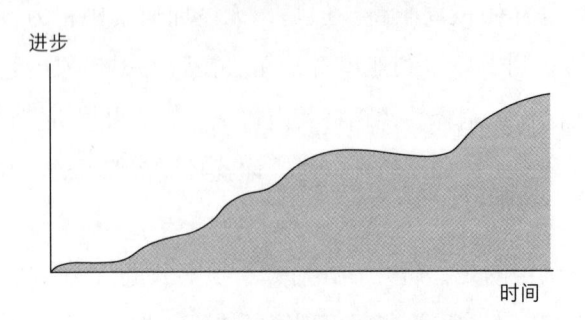

时间

如果你"准备好了"再开始

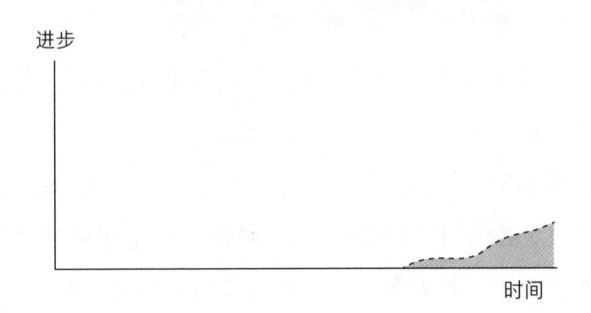

进步

时间

自讨尴尬

在一项巧妙的实验中，心理学家凯特琳·伍利和阿耶莱特·菲什巴赫研究了数百名参加即兴喜剧课程的人，并随机分配他们专注于不同的目标。结果，坚持最长时间、冒最多创造性风险的并不是那些被鼓励专注于学习的人，而是那些被建议有意追求不适感的人。实验说明指出："你的目标是感到尴尬和不舒服……这是有效练习的标志。"一旦将不适感视为成长的标志，

人们就会有超越自己舒适区的动力。²⁵

这对政治竞争也很有效。我们通常会敦促民主党人和共和党人寻求新的信息,以此激励他们突破回声室等信息茧房。研究发现,如果鼓励党派成员寻求不适感,他们就更有可能下载来自不同党派的文章。① 当发现不适感是进步的信号时,你就不会想着逃避它。为了继续成长,你会继续跌跌撞撞地走向它。

婚礼前7个月,萨拉·玛丽亚决定给丈夫和他的家人一个惊喜,用他们的母语粤语为婚礼致祝酒词。这个想法很出格,但她为此兴奋不已。她用英语起草,然后请一位老师将其翻译成粤语并为她录音。然后,她把祝酒词的录音加入播放列表,像歌曲一样反复地听,直到烂熟于心。她会在去杂货店的路上背诵,瞒着丈夫,不让他知道。

她知道她的公婆会在敬酒后考验她,于是她开始做她所谓的"脑力激荡"。她听粤语播客,看粤语电影,每天在粤语私教课上练习说话。她拥抱用错误词语介绍自己的痛苦,以及用错误声调朗诵独白的尴尬。她经常做语塞和结巴的噩梦,但她提醒自己,尴尬和犯错是学习的标志。她出色地完成了婚礼祝酒词,正确地念出了9个不同的声调。后来,萨拉已经可以和丈夫只会讲粤语的祖母开玩笑。她的公公婆婆告诉她,她肯花时间学习他们的语言,是对他们文化的尊重,这对他们来说意义非凡。

---

① 适应不适感对团体来说也至关重要。管理学学者凯茜·菲利普斯主持的一系列实验表明,与种族相近的群体相比,种族多元化群体中的人能为问题提出更有创意的解决方案,做出更明智的决定。尽管做得更好,但他们认为自己做得更差,因为多样性让他们感到不适。令人啼笑皆非的是,这种不适感正是他们成功的动力之一:它促使他们更系统地思考、更充分地准备、更清晰地自辩、更认真地倾听。正如凯茜和她的同事总结的那样,拥抱不适感可以帮助人们"将情感上的痛苦转化为认知上的收获"。²⁶

你不必等到掌握了全部知识才开始交流。你的知识库会随着你的交流而不断扩大。当我问萨拉·玛丽亚如何开始时，她说她不再等到有了基本的熟练程度才开始说话。她从学习的第一天起就开口说话，才不管什么不适感。她告诉我："我总是试图说服人们开口说话。其实只需记住几句话——一段简短的自我介绍，解释为什么你要学习这门语言。"

这个建议改变了本尼·刘易斯的一生。在西班牙期间，他买了西班牙语版的《指环王》，并借助字典翻译他喜欢的故事。他花了一周时间才译完第一页，却还有700页等着他去完成。在学了6个月西班牙语却一无所获后，本尼意识到，他什么都试过了，唯独没有真正说过西班牙语。这需要第三种勇气——不只是拥抱和寻求不适，还要通过勇于犯更多的错误来放大这种不适。

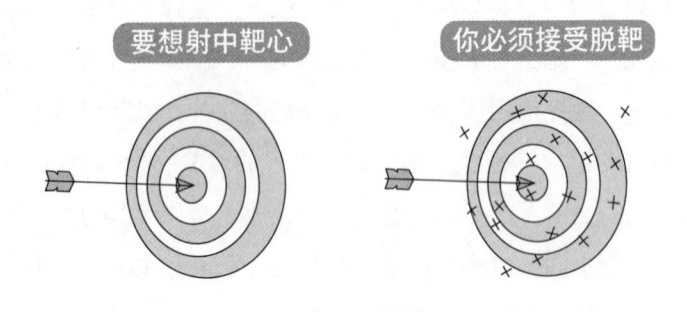

要想射中靶心　　你必须接受脱靶

咬紧牙关

有一次，我和一位表哥一起去哥斯达黎加旅行。我们徒步很久后走进一家餐馆，他说那里的鲜榨橙汁看起来很好喝。当他用西班牙语点菜时，服务员笑得前仰后合：他要的不是"jugo de naranja"（橙汁），而是"fruto de periódico"（报果）。他说自己想要一杯"报纸水果"。

第一次尝试使用一种新语言时，你可能会感到紧张焦虑，担心万一弄错了一个外语单词会出丑露怯，甚至还可能冒犯他人。我的妻子阿莉森在高中学过日语，期末考试的一环是去餐馆用日语点菜。她非常担心会因出错而考不好，于是就装起病来。这就是勇气应该发挥的作用：要练习说一门语言，你需要有足够的勇气去犯很多错误，而且错误越多越好。

萨拉·玛丽亚认为，这就是孩子们学外语的速度往往比成年人快的原因之一。[27]是的，他们学语言的速度得益于更强的大脑可塑性（发育中的大脑比发育成熟的大脑运转得更快）和更少的先验知识干扰（他们不会固守一种语言的语法规则）。但是，他们也在很大程度上受益于不怕尴尬和犯错带来的不适感。孩子们不会忍着不与人交流——他们刚认识几个新词就开始咿咿呀呀说个不停。他们不怕别人觉得自己笨，也不怕被人说三道四。他们喜欢"报纸水果"。

腼腆的人一想到犯错误就会特别烦恼。害羞是对社交场合中负面评价的恐惧，本尼·刘易斯对此深有感触。作为一个社恐的青少年，在派对上，他会躲到角落里玩手机游戏；在语言课上，他从不举手发言；当搬到西班牙后，他更多地与讲英语的人接触，以求逃避这种恐惧。

治疗师在治疗恐惧症时，会使用两种不同的暴露疗法：系统脱敏疗法和冲击疗法。系统脱敏疗法从微量的恐惧物开始，随着时间的推移逐渐加大剂量。[28]如果害怕蜘蛛，你可以先画一张蜘蛛的图片，继而在房间一个封闭的笼子里放一只蜘蛛用以观看。

在与浴缸里的成年长腿蜘蛛近距离接触前，你要学会在对你威胁较小的情况下控制自己的恐惧感。冲击疗法恰恰相反：治疗师可能会在你手臂上放一只爬行动物。[29] 当然，你可能会大惊失色，但在经受了这次考验后，你内心的恐惧会烟消云散。

暴露疗法通过放大不适感来减轻不适感。一个极端的例子可见于飞行员的飞行培训。在飞行的过程中，没有什么比飞机失速更可怕了。飞机失速是指飞机急速坠向地面——这种情况通常是由于飞机飞行速度过慢或坡度过陡造成的。15%的致命商业航空事故和近1/4的私人飞机坠机死亡事故都是失速造成的。许多飞行员都做过飞机从空中坠落的噩梦。

飞行员培训的第一课就是在飞行模拟器上进行系统脱敏训练。模拟器可以让你熟悉失速时的机械原理和感官感受，包括你的手该怎么做，当你开始坠落时地平线是什么样子的。但当你进入真正的驾驶舱时，你的飞行教练会给你下达一个可怕的指令：放慢速度，拉回控制杆，抬起机头，让飞机失速。

这是只有在冲击疗法中才有的体验。你的杏仁核并不在乎你已经在飞行模拟器上运行了多少次，或是你在几百米的高空中尚有足够的时间修正航向。你被困在一个巨大且沉重的金属笼子里，不受控制地快速翻滚，俯冲向地面。再没有比故意让飞机像石头般坠落那样更纯粹的恐惧了。

在美国，如果想获得飞行员执照，你就必须证明你能使飞机摆脱失速并安全着陆。有效的训练计划会有意识地引入意想不到的新危险。有证据表明，这种出其不意的训练至关重要：如果失速训练变成一种可预见的常规训练，那么飞行员就无法为现实中的紧急情况做好准备。[30] 如果没有接受全面训练，你就不可能做好万全的准备。飞行员通过强化不适感学会应对不适，并在驾驭不适感的过程中培养自己的技能。

放大不适感是本尼·刘易斯学习新语言的关键。为了克服羞怯，本尼从系统脱敏开始：他把自己放在轻微不舒服的环境中。他在街上戴着一顶小矮人帽子，在音乐会上拿着一个带迪斯科滤镜的激光笔，以此吸引陌生人接近他。他习惯于在喧闹的场所为别人递上耳塞，在酒吧里与人碰杯，以此主动与人互动。在西班牙又待了6个月后，他已经能说一口流利的西班牙语，并准备前往意大利学习下一门语言。他成为语言专家只是时间问题，他的目标是在几个月内熟练掌握新的语言，与陌生人交流，并教会别人这样做。于是，他开始了冲击疗法。

本尼称之为"社交跳伞"。当他到达一个新国家时，他会主动接近任何靠近他超过5秒钟的人。他不以闲聊开场，而是迈出更大的一步，以获得更有意义的回应。① 当遇到一个来自西班牙巴伦西亚的人时，他突然唱起当地的歌曲；在巴西的一家旅馆登记入住时，他向接待员讲述了自己在罗马做接待员时工作时间过长、薪水过低的经历。"我看到语言学习者犯的最大的错误之一，就是认为学习语言就是为了获取知识，"本尼说，"事实并非如此！学习一门新语言是为了培养一种交流技能。"

学习通常被理解为认识、纠正和预防错误的过程。但本尼认

---

① 虽然我们常常为了避免尴尬而坚持简单寒暄，但深入交谈却出乎意料地令人愉快。[31] 在7项研究中，人们在与陌生人进行深入交谈时感到比想象中更快乐、更能建立密切的联系，也没有那么不自在。多年来，我的西班牙语水平一直进步甚微，当从波士顿乘车前往墨西哥时，当把"Qué haces?"（你在做什么？）转换为"Qué te encanta hacer?"（你喜欢做什么？）时，我有了更多愉快的对话，也得到了更好的练习。我不再问他们做什么，而是问他们喜欢做什么。

为，你如果想精通一门语言，与其以减少错误为目标，不如努力多犯错误。事实证明，他是对的。诸多实验表明，学生在学习新知识时，如果在得到正确答案之前先让他们随机猜错，那么他们在往后的考试中出错的可能性会降低。[32] 如果被鼓励犯错，我们最终犯下的错误会减少。早期的错误有助于我们记住正确的答案，并激励我们继续学习。

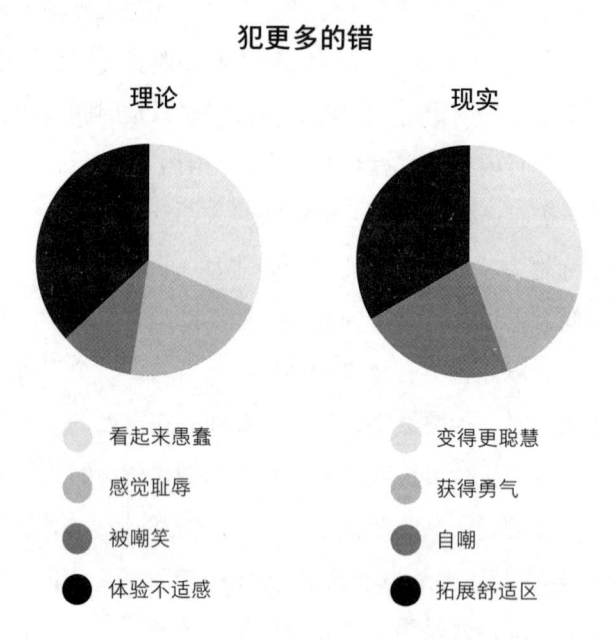

犯更多的错

理论

- 看起来愚蠢
- 感觉耻辱
- 被嘲笑
- 体验不适感

现实

- 变得更聪慧
- 获得勇气
- 自嘲
- 拓展舒适区

当本尼准备学习一门新语言时，他会设定一个雄心勃勃的目标：每天至少犯 200 个错误。他用犯错的次数来衡量自己的进步。"犯的错越多，进步就越快，错误带给你的困扰就越少。"他指出，"犯错让人感到不适，而最好的治疗方法就是犯更多的错误。"

回首往昔，本尼让自己陷入了一些尴尬的境地。他曾在介绍自己时用错性别,曾说自己被一辆公共汽车吸引了,还曾不小心夸奖别人的臀部很好看。但他并不自责,因为他的目标就是犯错。即使他犯了错,人们也会赞扬他的努力。这激励他继续尝试。

心理学家称这种循环为"习得性勤奋"。当你因为努力而受到表扬时,努力的感觉就开始呈现次级奖励的属性。[33] 你不再需要逼迫自己继续尝试,而是觉得有一股力量牵引着你去做更多尝试。

从学语言的第一天起就开口说话的观念改变了我对学习的看法。你可以从第一天起就开始编程,从第一天起就开始教学,从第一天起就开始做教练。在熟练掌握你的技能之前,你不需要享受舒适感,因为在练习技能的过程中,你的舒适感会随之增加。

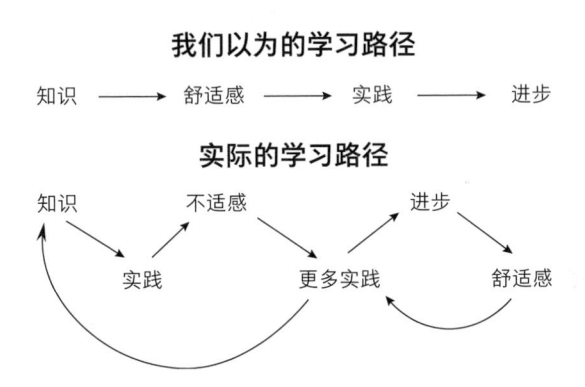

我们以为的学习路径

知识 ⟶ 舒适感 ⟶ 实践 ⟶ 进步

实际的学习路径

知识 → 实践 → 不适感 → 更多实践 → 进步 → 舒适感 （循环回到更多实践，并回到知识）

几年前,萨拉·玛丽亚发现有人用她家的网飞账户看韩剧。此人不是别人,正是她的父亲。在韩国探望了萨拉后,她的父亲对韩国文化产生了浓厚的兴趣,并决定开始偷偷学习韩语。萨拉77岁的父亲正在快速学习词汇和语法,而她可以当他的老师。"他其实已经掌握了很多韩语知识——他写了很多东西,也读了很多书。"她说,"但他在说话时非常紧张。现在他终于可以用韩语和我说几句了。"

如今,萨拉·玛丽亚是一家语言和翻译服务公司的创始人兼总经理。她相信,只要你愿意接受一些不适感,学习就永远不会太晚。这种勇气是可以传染的。

如果等到觉得准备好了再去接受挑战,我们可能永远都不会起步。也许不会有那么一天,一觉醒来,我们突然觉得自己准备好了。要知道,千里之行,始于足下。勇敢地迈出第一步是做好准备的起点。

第 2 章
人型海绵
培养吸收和适应能力

> 能够存活下来的并不是最聪明的物种；
> 也不是最强壮的……
> 而是适应能力最强的。[1]
> ——莱昂·C.梅金森

近5亿年前，大自然的力量在我们的星球上肆虐。火山喷发将火山灰喷入空中，将磷喷入海洋，大量冰川形成又融化，氧气含量骤降又飙升。[2] 超过3/4的物种就此灭亡。这是史上最初也是最严重的大灭绝事件之一，甚至比致使恐龙灭绝的灾难更具破坏性。

奇怪的是，至少有一个物种不仅存活了下来，还在蓬勃发展。整片海绵森林生长繁茂。早在海绵宝宝表情包风靡网络之前，这种生物就已经统治了海洋。[3]

科学家起初发现海洋海绵时，猜测它们是一种植物。它们的形状通常像灌木丛，几乎完全静止不动，没有大脑、神经、器官和肌肉。但它们并不仰仗阳光生存，而是像动物一样自行觅食。海洋海绵如今被认为是地球上最古老的动物之一。[4]

你可能会把海洋海绵想象成厨房海绵的模样——它们可以吸收周围的一切。但海洋海绵不仅仅是被动地吸收食物和氧气。它们擅长过滤有毒物质和不健康的微粒。[5]它们的鞭毛看起来像细小的毛发，可以产生电流以吸收营养物质并排出细菌。它们通过外壁吸入水分，然后用类似微型嘴的部位排出。它们甚至能用毛孔打喷嚏，从而排出黏液。[6]

有些海洋海绵能存活两千多年。[7]尽管身体柔软多孔，但它们的骨骼结构坚固耐用。[8]当海洋海绵被强大的水流破坏或被捕食者啃食时，它们不一定会漂走或死亡。有些海洋海绵可以通过生存舱再生：一旦环境好转，生存舱里的细胞就能发育出新的海洋海绵。[9]这种吸收、过滤和适应能力使海洋海绵蓬勃生长。而这种能力对人类来说极为重要。

成为海绵不仅是一个隐喻，也是一种品格技能——一种主动性的体现，它对发掘隐藏的潜能至关重要。取得进步不取决于你寻找信息的数量，而取决于你吸收信息的质量。成长不在于你工作得多努力，而在于你学得有多好。

提高努力的回报率

梅洛迪·霍布森是芝加哥一位单身母亲的6个孩子中最年幼的一个，她的童年压力沉重。[10]她的母亲经常付不起账单。有时他们只能先用电炉把水烧开，再倒进浴缸才能洗澡。梅洛迪常常在放学回家后发现家里的电被切断了，或是电话停机了。当她的母亲忙于支付各种账单时，家庭财务危机爆发了。除了基本的水电被停供，他们家的汽车也被没收，还经常因房东的驱逐而不得不辗转搬家。

梅洛迪一心向往常春藤联盟，但她一开始就远远落后于同龄人。上一年级时，她很难集中精力，无法适应环境，也不知道如何阅读，因此被安排进了为学习有困难的学生开设的补习班。

如今，梅洛迪已经是一家成功的投资公司的联合首席执行官和星巴克董事会主席，她还被《时代》杂志评为"世界最有影响力的一百人"之一。梅洛迪不但考入了普林斯顿大学，而且即将成为第一位以她的名字命名一所寄宿学院的黑人。

如果你问梅洛迪是如何克服困难的，用不了多久你就会听到她传奇般的工作伦理。小学时，她乘坐的校车出了事故，同学们都在等待接送，唯独梅洛迪自己走去了学校。她在高中多次获得全 A，在学生会执行委员会任职，编辑年鉴的主旨版面，并自愿担任预防药物滥用俱乐部的财务主管和副主席，还做过当地小学生的家庭教师。

梅洛迪的逆袭似乎是一个典型的美国白手起家的故事。一个世纪前，伟大的社会学家马克斯·韦伯将非凡的成就归结为新教宣扬的工作伦理。[11] 他认为，在新教改革之前，劳动是一种必要的罪恶。马丁·路德在 16 世纪推行的教化使劳动变成一种使命。[12] 作为一名优秀的新教徒，你有道德义务通过生产劳动服务社会。[13] 毅力和纪律成为美德，游手好闲和铺张浪费成为恶习。这也许就是今天许多人会在奋斗的祭坛前顶礼膜拜，向司管坚持的大祭司祈祷的原因。但是，相较于付出了多少劳动，我们所走过的路程与劳动果实的关系更为密切。

不久前，经济学家萨沙·贝克尔和卢德格尔·沃斯曼决定对新教改革的影响进行一次大规模的测试，看看它是否影响了人们的成就。他们发现，随着新教信仰的传播，所有受影响的国家的经济增长速度都有所提高。[14] 但这并不一定是因为人们突然就开始更努力地工作了。

在新教占据统治地位的大多数地区，原本是天主教占统治地位。当时，天主教会对《圣经》严加控制，天主教徒通常是在教堂里听取《圣经》的口传教义。马丁·路德改变了这一状况：他编写了第一部有影响力的德语《圣经》译本，并主张所有城镇的所有学校都应教孩子们阅读《圣经》。这意味着人们必须学会阅读。人一旦获得了阅读能力，整个世界的信息便唾手可得。他们可以更快地学习其他知识。贝克尔和沃斯曼认为，新教改革带来的动力不是工作伦理，而是阅读识字。

看看图 2-1 和图 2-2，它们显示了截至 1900 年新教徒在不同国家所占的比例。图 2-1 为人均 GDP（国内生产总值），图 2-2 为识字率。除了北欧存在几个异常值（本书稍后会详细介绍），正相关性几乎相同。

新教徒较少的国家，如巴西、意大利和墨西哥，经济增长和识字率通常都较低。而被宗教改革席卷的国家——从德国到英国再到瑞典——经济增长和识字率都更高。

当然，我们无法从相关性中得出诸要素间的因果关系，因为这一小部分样本国家在很多方面都存在差异。因此，贝克尔和沃斯曼就德意志帝国的 450 多个县进行了一个自然实验。他们将新教改革的中心确定为马丁·路德所在的城市维滕贝格。在新教改

图 2-1　1900 年人均 GDP

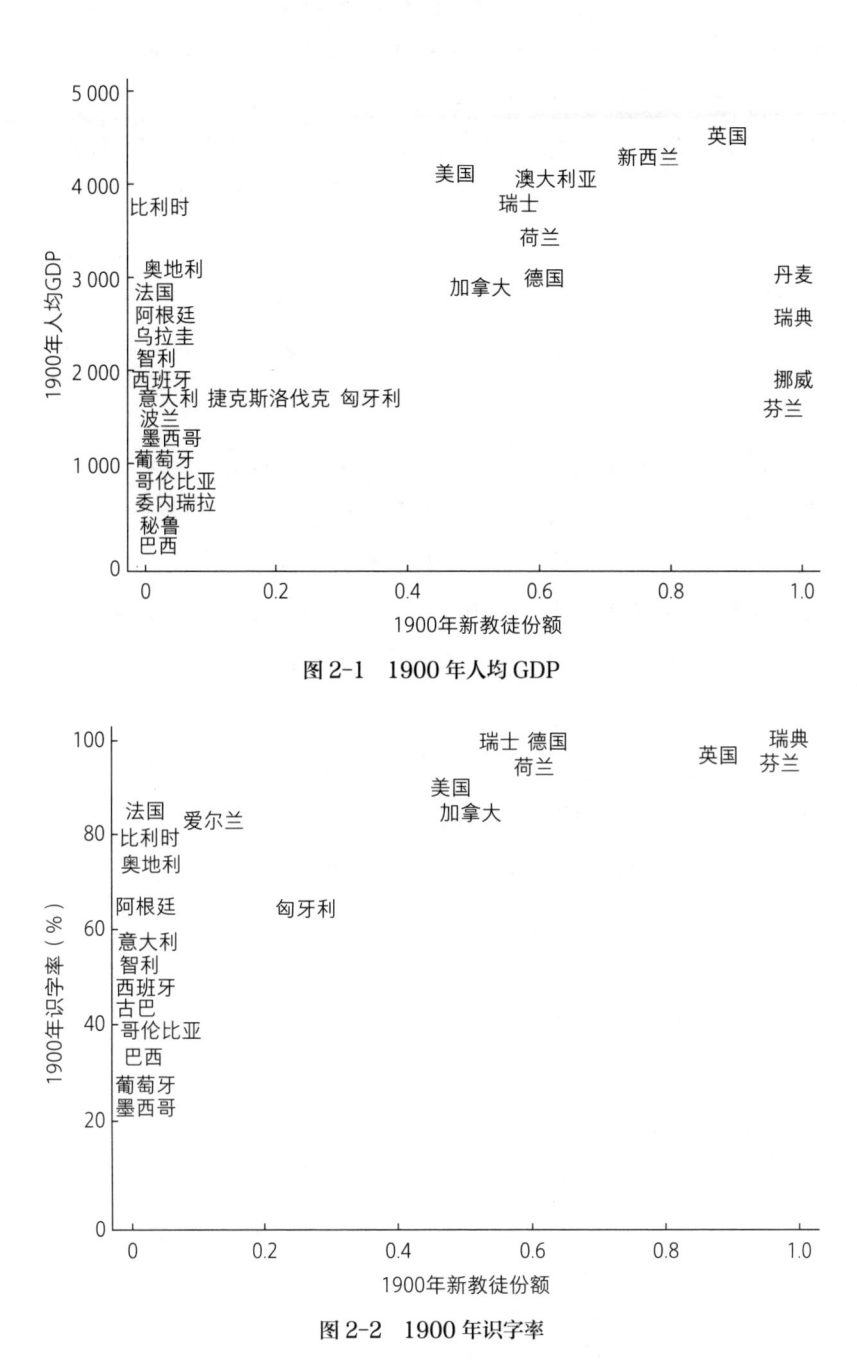

图 2-2　1900 年识字率

革前，一个县距离维滕贝格的远近对其教育或经济发展没有任何影响。由于距离维滕贝格较近的地区更有可能被新教吸引，经济学家可以以此检验这是否真的会让它们走上不同的道路。

结果表明，越靠近新教运动中心的地区，平均收入越高，识字率也越高。在控制了识字率后，距离维滕贝格的远近不再与收入的高低相关。从某种程度上说，居住在新教改革发源地附近能提高人们的收入，这完全归功于人们读写能力的提高。①

由此得出的经验是多层次的。我们通常将进步归因于更努力地工作，但进步的实际原因或许是更聪明地工作。认知技能并不是学习的充分条件，却是必要条件。具备基本的识字能力，就能更有效地利用品格技能——积极主动地学得更多、学得更快。人们吸收新思想、过滤旧思想的能力一旦得到增强，社会繁荣就会随之而来。

认知技能可以增强我们吸收和理解信息的能力，为成为海绵奠定了基础。当变得更像海绵时，我们就能更好地完成更大的事情。借用汉密尔顿的一句话，发挥主动性，你可以走得更远。梅洛迪·霍布森就是这样做的。

---

① 尽管关于新教改革是否、何时何地推动了经济增长仍然争议不断，但人们一致认为，在世界范围内，新教改革并不是推动读写能力提高的唯一因素。[15] 例如，研究表明，20世纪初城镇建立图书馆后，儿童的教育水平大幅提高，人们找到的工作也更安全、更具创业精神、更有声望。[16] 一项对获得卡内基图书馆拨款并获得初步批准建设的城镇进行的研究表明，修建图书馆的后续工作在随后的20年里带来了回报。[17] 专利率上升了8%~13%（主要是图书馆藏书所涵盖的技术类别），女性发明家和移民发明家的数量也有所增加。扫盲并非万能灵药，但它是学习机会的重要来源。

一位英雄和一位学者

二年级时,梅洛迪学会了阅读。那一年,她在一个短篇小说写作比赛中获胜,奖品是一本《夏洛的网》。虽然这第一本章节读物对她来说难度不小,但她决心将它从头到尾读完,并学会那些生词的含义。

随着年龄的增长,梅洛迪对文字和周围世界的求知渴望与日俱增。她能在约翰·罗杰斯那里得到一份暑期实习工作,也得益于这种渴望。约翰·罗杰斯创立了美国最大的少数族裔投资公司之一。约翰经常于周六早上在麦当劳看报纸,梅洛迪即使已经吃过早餐,也会去那里找他。她就是这样开始研究股市的。"一旦对投资产生了兴趣,她对沃伦·巴菲特的了解就不亚于我,"约翰对我说,"她致力于学习世界上让她感兴趣的一切事物。她就像一块海绵。"

我对梅洛迪的第一印象也如此。我初次见她是在10年前,当时我应邀向一群贵宾介绍我的研究。当走进会议室时,我认出了数位奥斯卡获奖电影的制片人和科技界的亿万富翁。梅洛迪是提问最多的人,也是唯一做笔记的人。她在寻求和吸收信息方面独树一帜。她的行为不仅仅是出于好奇:她具有社会科学家所说的非同寻常的吸收能力。

吸收能力是识别、权衡、吸收和应用新信息的能力。[18]它取决于两个关键习惯,首先是你获取信息的方式,即你是在事物进入视野之后做出反应,还是主动寻求新的知识、技能和观点。[19]

其次是你筛选信息时所追求的目标，即你关注的是满足自我还是促进成长。[20]

被动应对并以自我为导向，必然会造成学习短路。它将人们困在一个保护性气泡中，限制了人们对新信息的获取，人们也拒绝接受任何威胁到自己形象的信息。他们颜面很薄，骨头却很犟。

积极主动并以自我为导向，有助于人们打开获取更多信息的大门。他们不再被动消费信息，而是积极寻求反馈——但如果是负面反馈，他们就会将之剔除，这令人很不悦。他们对建设性的批评无动于衷，如同特氟龙一样：什么都不粘。

		过滤目标	
		自我	成长
吸收方法	被动	橡胶	黏土
	主动	特氟龙	海绵

当被动应对但以成长为导向时，人们会具备更大的学习可能性。能够改进自我的人就像黏土一样可塑。他们经常被称赞为可教或可学。他们不担心批评是否会伤害他们的自尊心，而是会接受随之而来的不适感，并用心考量任何可能有助于他们发展的意见。问题是，他们不去寻求那些不易获得的信息。这类人不会有太大的进步，除非有人扶持并塑造他们。他们的成长依赖于他人的指导——很少由自己来掌控。

能够积极主动且以成长为导向的人，站在了学习的"甜蜜点"上。他们此时已成为海绵。这类人不断地主动拓展自己，从而更好地适应环境。这种品格技能在对人们不利的情况下尤为宝贵，我们可以从两位年轻的非洲运动员身上领悟到这一点。

无师自通

朱利叶斯·耶戈在肯尼亚一个没有电也没有汽车的小村子里长大，他喜欢和哥哥比赛，看谁能把棍子扔得更远。[21]到了高中，他立志成为一名优秀的标枪运动员。但他没有适合的设施，没有理想的训练程序，没有关键设备。朱利叶斯甚至连教练都没有，他只能自己练习，尽力自学。在对阵最强大的竞争对手时，他处于非常不利的地位。

伊哈布·阿卜杜勒拉赫曼在埃及一个贫穷的村庄长大，他的家里人都不喜欢体育。[22]17岁之前，他只踢过足球。一位老师鼓励他尝试投掷标枪，他听了老师的话，并赢得了他参加的第一场比赛。仅仅两年后，他就闯进了世界青年锦标赛，并摘得银牌。

从理论上讲，朱利叶斯和伊哈布有很多共同点。他们都来自机会有限的非洲群体，而体育是他们通往美好生活的门票。两人起初都热爱足球，后来转战田径，最后致力于标枪。但就体格差距来看，他们是大卫对歌利亚。

投掷标枪是一项力量运动。一位顶级教练早先称伊哈布的手臂是"我见过的最好的手臂之一。他高大强壮，在投掷方面有着与生俱来的天赋"。伊哈布身高1.93米，体重96千克，仿佛为标枪运动而生。朱利叶斯则没有这些身体优势。他身高 1.75 米，体重 85 千克。可见，他的先天条件并不突出。如果想打败伊哈布，他就必须后天努力。

2010 年，经过 7 年的训练，朱利叶斯终于得以在非洲锦标赛上与伊哈布一决高下。他获得了一枚铜牌，而伊哈布夺得了金牌，即使是伊哈布最差的成绩也比朱利叶斯最好的成绩更远。

次年，在全非洲运动会上，朱利叶斯弯腰捡起一支标枪。他站起身，向后抬起手臂，将标枪投向终点。当向前曲臂将标枪抛向空中时，他险些摔倒。

朱利叶斯及时保持住了平衡，看着他的标枪飞过了几乎一个足球场的长度。他不但投出了个人最好成绩，而且刷新了肯尼亚的全国纪录。伊哈布位列第五名，朱利叶斯摘得金牌。这一次，他最差的投掷成绩足以击败伊哈布最好的成绩——大卫战胜了歌利亚。

我们来比较一下他与伊哈布的成绩轨迹，以及自 2008 年世界青年锦标赛开始其他每年都参加标枪比赛的优秀选手的成绩轨迹（如图 2-3 所示）。随着时间的推移，其他选手的进步速度有所放缓或停滞不前，甚至出现成绩倒退的情况。与此同时，朱利叶斯不但稳步前进，而且进步得越来越快。

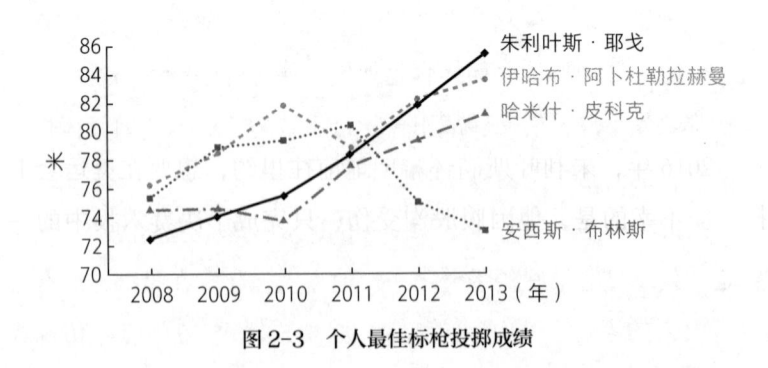

图 2-3　个人最佳标枪投掷成绩

伊哈布是个可塑之才。在获得前往芬兰（公认的世界标枪之都）训练的奖学金后，他与那里的一位顶级教练合作。他遵从教练的意见提高了投掷技术和速度。但他更像黏土而不是海绵，他的学习方法是被动的，而不是主动的。当无法从埃及标枪协会获得再次前往芬兰训练的资金时，他没有主动自学，而是完全放弃了训练，直到5个月后才恢复练习。

相比之下，朱利叶斯能够掌控自己的成长。当人们问他的教练是谁时，他说："优兔。"

2009年，朱利叶斯来到一家网吧，开始在优兔上观看顶级标枪运动员的视频。通过仔细观察他们的技巧，他开始指导自己。朱利叶斯说："我的训练被彻底改变了。投掷标枪需要技术、力量、灵活性和速度，而其中有很多方面我从未注意过。"

2015年，朱利叶斯赢得了世界标枪锦标赛冠军。92.72米的成绩是他14年来投出的最远成绩——只有两个人曾超出这个距离。

除了在芬兰接受过几个月的培训，朱利叶斯都是在自学，他积极寻求成长所需的信息。他的姿势仍然不拘一格。标枪投掷出去后，他经常是唯一一个脸朝地面、双腿高高跃起的运动员，就像他要跳一段名为"蠕虫"的霹雳舞一样。他吸收了他所看到的一切技法，并过滤掉不适合他独特风格的东西，调整了他的表现方式，从而成为世界最佳运动员。

2016年，朱利叶斯满怀希望地前往里约，想要在奥运会上摘金。不幸的是，他因腹股沟受伤，只完成了决赛六投中的一投，但88.24米的好成绩仍足以让他获得一枚奥运会银牌。

自行学习的方法对某些类型的学习颇为有效。如果在做一项相对机械的工作，比如投掷标枪，你可以通过吸收客观的技巧取得很大的进步。但在生活的许多方面，要想成为一块海绵，你必须过滤他人的主观指导。正如我在初入职场时所了解的那样，期望中的反馈可能根本不会到来，而搜集反馈也不像看起来那么简单。

得知残酷的真相

我的身体响亮而清晰地告诉我：你不属于这里。我内心忐忑，衬衫也被汗水浸湿。我根本就不应该站在舞台上。对害羞内向的我而言，仅仅是在课堂上举手发言就足以令我神经紧绷。在没有来电显示的年代，我甚至连接个电话都会紧张不已。

作为一名研究生，我决心用最快的方法克服自己对公开演讲的恐惧。我来不及在暴露疗法的浅水区浸泡，就一头扎进了冲击疗法的深渊。我自告奋勇地在朋友的本科课堂上做了一系列客座演讲。我需要通过他们的反馈来学习并进步。但是，这些朋友反馈给我的都是一些含糊其词的赞美。内容有趣。热情洋溢的演讲。

人们往往不愿意分享那些真正有见地的意见。我们甚至不愿告诉朋友他们的牙缝里有食物残渣。我们混淆了礼貌和善意。礼貌是为了让别人今天感觉良好而隐瞒意见。善意则是坦率地告诉他们如何才能让明天变得更好，是方式得当的直言不讳。我不想让你尴尬，但我意识到，如果没人告诉你你牙龈上有西蓝花，你会更尴尬。

当开始演讲时，你如果说"早上好！"，很多人回应说"说得好！"，你就知道自己有麻烦了。为了帮助学生克服出于礼貌的保留，我向他们分发了匿名反馈表。我想成为一块海绵：从听众那里吸收我所能吸收的一切，然后过滤掉无用的东西。殊不知，我走错了路。

学生们认为我的演讲乏善可陈：你紧张的呼吸声听起来就像达斯·维达。后来，我去一所顶尖大学面试我的第一份工作，招聘委员会拒绝了我，但没有人告诉我原因。直到几个月后，我的一位同事终于向我坦白：你缺乏自信，无法赢得学生的尊重。第二年，我第一次为美国空军领导人讲课，这些上校严厉抨击了我。我在那堂课上一无所获，但我相信老师应该获得了有益的启示。那简直是一堂以无用的批评打击士气的速成课。

成为批评者或鼓励者很容易，而成为教练要困难得多。批评者看到的是你的弱点，攻击你最糟糕之处。鼓励者看到的是你的优点，只赞美你最好的地方。教练能够看到你的潜力，帮助你成为更好的自己。

我如果想掌握公开演讲的艺术，就需要更好地进行过滤。我决定将我的批评者和鼓励者变成教练。过去，我曾试图通过征求反馈意见来做到这一点，但结果证明此路不通。

与其寻求反馈，不如追问建议。[23] 反馈往往关注你上次做得如何，建议将注意力转移到你如何在下一次做得更好。在实验中，这种简单的转变足以引出更具体的建议和更有建设性的意见。[①] 与其纠结于你的过失，不如让建议引导你正确行事。

---

① 人们有时会担心给人留下内心不坚定的印象，但寻求建议并不意味着缺乏自信。它反映出对他人能力的尊重。当你寻求他人指导时，人们会认为你更有能力：你是个天才！你知道来问我！[24]

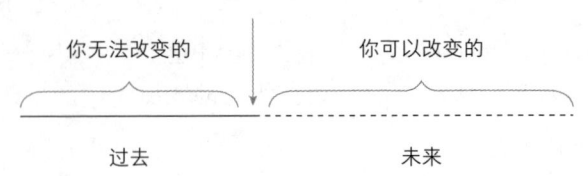

```
          你现在的位置
              ↓
你无法改变的    你可以改变的
    ⎵          ⎵
   过去          未来
```

我没有像往常那样设置反馈问题，而是代之以基本的建议征询。① 我能在哪件事上有所改进？人们突然开始给我一些有用的提示。除非你有十足的把握，否则不要用笑话作为开场白。观众并不总能理解我的冷幽默，而听到观众席上的窃窃私语更是会加剧我的焦虑。以自己的故事开场吧，那会更富有人情味。我试图让演讲围绕观众而不是我自己展开，却因此拉开了自己与观众的距离，没能与他们建立联系。

经过 10 年的磨炼，我收到了 TED 的演讲邀请。我以我投资沃比帕克失败的故事开场，并有意在整整 42 秒后才抖出第一个包袱，这个包袱引来了观众的阵阵笑声。后来的一个包袱也炸响了，你可以听出我在几个地方有些紧张，但演讲总体上还算顺利。在接下来的 5 年里，我又 3 次受邀站在 TED 的红圈里，而达斯·维达状态只是浅浅地客串了一下。

每次演讲结束后，我都会问主持人，我还能做得更好吗？这提醒我，并非所有建议都是等价的，收到的建议越多，你就越需

---

① 如果你不熟悉一项技能，征求建议并非总能奏效。心理学家发现，与批评相比，新手更愿意寻求和倾听表扬。而专家恰恰相反[25]：他们对改进性建议比对鼓励更敏感，反应也更迅速。这不仅仅是为了学习，也与激励有关。你如果是新手，发现自己的长处是一种肯定：它会激励你在这项活动上投入更多的时间。随着经验的积累，你会获得自信，相信自己能够出类拔萃。这时，你需要的就是信息，而不是肯定了。促使你采取行动的原因是，你发现自己没有取得预期的进展。你想知道如何才能缩小差距。

要筛选。毕竟，你怎么知道信息来源是否值得信任？

愿信任之源与你同在[26]

当梅洛迪·霍布森申请大学时，她兴奋地发现自己同时被哈佛大学和普林斯顿大学录取了。为了吸引她来报到，普林斯顿大学邀请她参加了一个只有高端校友才能参加的早餐会。她就坐在比尔·布拉德利旁边，他原本是NBA（美国男子篮球职业联赛）球星，后来成为美国参议员。梅洛迪不断向他提问，他被她的好学吸引，开始指导她。

一天，在午餐期间，比尔严厉地批评了梅洛迪。他告诉她，他当年打篮球时，见过一些有天赋的球员，他们从不传球，全靠自己投篮。她也有那么一种主宰全场的倾向，如果不注意这一点，她可能就会变成这样的球霸。梅洛迪听后，眼泪在眼眶里直打转。

把批评视为针对自己的个人问题并没有错，因为这表明你在认真对待批评。沮丧并不意味着你软弱，甚至不代表你在自卫，只要这种自我意识不妨碍你学习就好。

成为海绵的关键在于确定自己吸收哪些信息，过滤哪些信息。这个问题关乎你信任哪些教练。我喜欢把信任之源分成三个部分：关心、可信度和熟悉度。

信任的来源

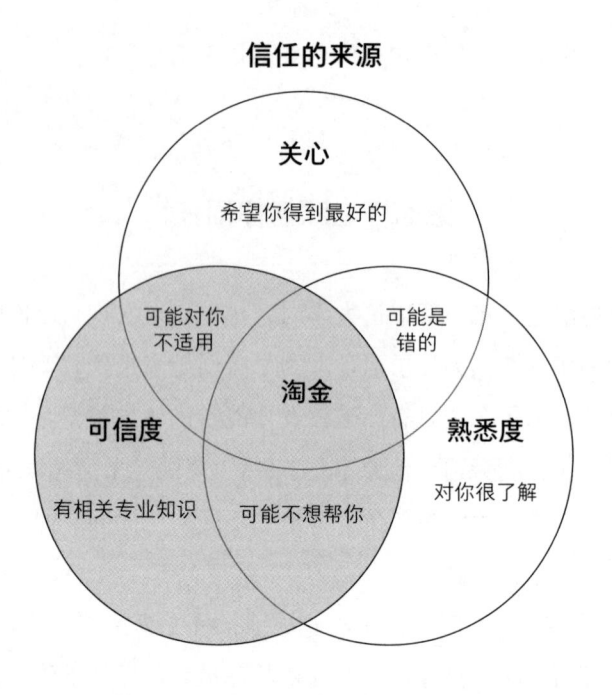

- 关心：希望你得到最好的
- 可信度：有相关专业知识
- 熟悉度：对你很了解
- 可能对你不适用
- 可能是错的
- 可能不想帮你
- 淘金

如果他们不关心你，你不必在意他们的反应。如果他们没有资格对事情做出评判，或者不够了解你的潜力，你也不必考虑他们的意见，还可以证明他们是错的。但是，他们如果很看重你，了解相关领域和你的技能，就会给你一些帮助你提升自己的信息。但这并不意味着你必须接受他们提出的每一条批评建议。你也不一定要认同他们的批评才能有所收获。试着弄明白是什么促使他们做出这样的反应，你就能从中得到启发，知道下次如何让他们刮目相看。

梅洛迪在反思比尔·布拉德利关于球霸的警告时，首先想到的是很少有人有资格听到他的反馈或建议。她心想，如果我哭了，他就不会再给我建议了。她意识到，他之所以花时间给予她严厉的爱，是因为他相信她的潜力，想要帮助她成长。比尔的可信度毋庸置疑——他具有篮球生涯和从政经历，他知道球霸是什么样子。而且，他在指导梅洛迪，所以他对她足够熟悉，清楚地了解她的技能和不足。

梅洛迪强忍着没让泪水流出，而是寻求改进的方法。她发现，球霸与其说是个弱点，不如说是个被过度使用或滥用的优点。她的吸收能力连房间的空气都不放过，她的求知欲会在不经意间压制其他声音。她认识到，她必须调整自己表达对知识渴望的方式。

梅洛迪建设性的回应促使比尔继续指导她，两人的关系由此变得更加深厚牢固。几年后，他把她介绍给星巴克创始人，后者邀请她加入董事会。在她结婚时，比尔陪她走过红地毯，梅洛迪称他给了她从未有过的父爱。

许多人无法从建设性的批评中受益，因为他们对批评反应过度，对自己的纠正也不足。梅洛迪决心反其道而行之，她告诉自己，想当冠军就要学会适应。她会开辟自己的园地。梅洛迪会表现出对他人的兴趣，并利用自己的吸收能力向他人提问，更多地了解他们的情况。就像她的教练对她做的那样，她会通过严厉的爱帮助他人成长。这成了她的标志性优势。作为董事会成员，梅洛迪挑战他人，让他们更广泛、更深入地思考问题；作为导师，她会毫不犹豫地说出真相，也因此赢得了声誉。这是我亲眼所见。

最近，梅洛迪恰好来听我的新演讲。演讲结束后，她的同伴对演讲赞不绝口，但我知道我可以从她那里得到指导。果然，当我联系她时，她给我回了电话，并指明了我需要注意的地方。令我最受益的建议是，我需要梳理出一个更清晰的脉络，这样听众才不会晕头转向。她不仅仅是为了自己吸收和运用信息，还想确保听众也能吸收和应用这些信息。这就是我最喜欢的海绵特性。

在过去的某个时刻，海洋海绵分化出了自己的进化支脉。[27]我们不是它们的后代，但这并不妨碍我们将它们视为我们优秀的祖先。

广泛阅读有关海洋海绵的资料后，我欣喜地发现，它们除了吸收能力，还具有更了不起的能力，那就是创造能力。海洋海绵不但能排出毒素，还能产生保护和改善生命的生化物质，这些物质具有抗癌、抗菌、抗病毒和消炎的特性。[28]从加勒比海海绵中提取的一种物质使人类免疫缺陷病毒、疱疹和白血病治疗取得了突破性进展。一种从日本海洋海绵中提取的化合物被开发成一种化疗药物，通过阻断细胞分裂延长了乳腺癌晚期患者的生命。南极海洋海绵中的一种多肽为疟疾的治疗带来了希望。

尽管近年来海洋海绵作用广泛，但海洋海绵对生命的最大影响可能发生在大约 5 亿年前。[29]几十年来，科学家一直认为，新的动物物种随着海洋中氧气的出现而出现。最新证据表明，海洋海绵实际上促成了这一过程。通过过滤水中的有机物，它们帮助海洋增氧，使动物得以进化。这意味着，海洋海绵可能参与了我们所知的所有复杂生命的生成过程。如果没有海洋海绵，人类可能不会存在。

成为海绵不仅是练就一种积极主动的技能，也是养成一种亲社会技能。若做得好，成为海绵不仅能帮助我们吸收成长所需的养分，还能让我们释放养分，助力他人成长。

第 3 章

不完美主义者

在瑕疵与完美之间寻找"甜蜜点"

万物皆有裂痕
那是光照进来的地方[1]
——莱昂纳德·科恩

当得知日本家乡发生地震的消息时,安藤忠雄尚在地球的另一端。他心情沉重地赶到机场,登上了从欧洲返回日本的第一班飞机。当乘船前往神户时,他度秒如年。他心中挂念的并不是自己的房子,他急切地想知道当地社区是否安全。他们委托他设计了许多建筑,遍及陡峭山坡上的住宅和佛教寺庙。

安藤忠雄理应感到紧张,因为他没有接受过任何正规的建筑设计培训。20 世纪 40 年代初,他出生于一个贫困的家庭,由祖母抚养长大。他们住在一栋木制长屋中,在寒冷的冬季,破碎的窗户让他们瑟瑟发抖,安藤忠雄只好逃进街对面的小木工店。无数个下午和晚上,他都在建造木船、吹制玻璃、加工金属。他梦想着能够建造自己的建筑。

因为上不起大学，安藤忠雄决定自学建筑。他一边打零工挣房租，一边仔细观察周围的建筑。他从朋友那里借来建筑学书籍，阅读了解材料、技术和风格的演变。为了磨炼自己的绘画技巧，他直接在建筑草图上描摹，就连书页都被他翻得泛黑了。

最终，安藤忠雄通过自学成功取得了建筑师资格证。1995年神户地震时，他已经在地震断层上设计了数十座建筑。不幸的是，地震造成超过 6 000 人丧生，整个街区被毁，20 多万栋建筑变得破败不堪。

到达现场后，安藤忠雄伤心欲绝。他面色凝重地看着满目疮痍的灾区，冒险走过中间开裂的道路，绕过仍在燃烧的电线，爬上坍塌楼房的废墟。让人惊叹的是，安藤忠雄建造的 35 栋建筑没有一栋坍塌。他在检查这些建筑物时，甚至找不到一条明显的裂缝。

建筑领域共有四个最负盛名的奖项，而安藤忠雄是有史以来唯一包揽这四个奖项的建筑师。他被誉为光与混凝土的大师。他开创了极简主义、坚固结构的建筑风格——从住宅到寺庙再到博物馆，这些建筑放大了周围自然物的魅力，因而备受推崇。他的建筑被誉为防震建筑，他的设计被称为视觉俳句。

当思考杰出建筑师的特质时，我首先想到的品质就是完美主义。要创造一个美学杰作，需要对细节煞费苦心，更何况是一个能抵御地震的建筑。如果不认真对待每个细节，你的设计就会有缺陷，建筑就可能倒塌。但后来我了解到，如果不想在建筑的品质上做出让步，建筑师就必须做出让步。我一直听说，在这一点上没有人比安藤忠雄做得更好。

安藤忠雄能够充分利用有限的预算是人们推崇他的重要原因。他之所以能做到这一点，是因为他完全摒弃了完美主义的观念。他知道，要想严守某些规则，就必须放弃其他规则。他的专长之一就是严格要求自己明确何时追求最好的，何时止步于足够好。对他来说，这往往意味着优先追求建筑的耐用性和设计感，其次考虑舒适度。他的标志性风格是在形式上一丝不苟，但在功能上却不那么严格。

安藤忠雄在设计他的第二套房子时，整块地还不到19平方米。² 如此有限的空间意味着追求完美只能是空想。他只好选用了一个存在根本性缺陷的设计方案。他建造了一个没有窗户的混凝土长屋，只在屋顶开了一个天窗。"在满足了通风、采光和日照的最低要求后，"安藤忠雄说，"我认为功能问题可以留给居住者来解决。"

从一间卧室走到另一间卧室，你必须顶风冒雨地穿过一个露天的院子。在雨天，你不得不在自己的房子里撑伞。这个项目在申请建筑奖时，一位评委写道："这个奖应该颁给在这种环境中过得下去的那位勇敢的房主。"

安藤忠雄接受了这些缺点，因为他不愿意牺牲自己作为城市游击队员的理想。他希望在城市中心打造一个设计精良且经久耐用的绿洲。密不透风的墙壁可以使住宅的外形看起来不那么丑陋，且可以使其免受喧嚣环境的影响。通过敞开室内天井，他将住宅与大自然的壮美和素朴融为一体。尽管存在不足,这栋长屋还是赢得了一个重要奖项,安藤忠雄也由此开启了自己的职业生涯。

我们通常将审美和技术实力与追求完美联系在一起。然而,在研究了杰出的设计师、舞蹈家和潜水员的习惯后,我逐渐明白,挖掘隐藏的潜能与追求完美无关。容忍瑕疵不仅是新手需要做的事情,也是专家需要保持的做法。你越是精进,就越清楚自己可以接受哪些瑕疵。

何为正确——学生的错误

在成长过程中,我的母亲经常对我说,无论学校成绩如何,只要我尽力了,她都会为我感到骄傲。然后她又补充说:"但如果你没有得到 A,我就知道你没有尽力。"虽然她说话的时候带着笑意,但是我当真了:无论何时何地我都不能满足于不完美。

获得成功和避免失败是一回事。我猜你并不看好一名只满足于做好本职工作的心脏外科医生。但是,完美主义将人们的期望带到一个与之完全不同的高度。[3] 我最大的弱点就是过于追求完美——我说的并不是人们在求职面试时常用的台词,而是比这更极端的现实行为。

完美主义者追求无可挑剔,他们的目标是零缺陷:没有错误、没有瑕疵、没有失败。我的一位大学同学就是如此,他对自己的 SAT(美国高中毕业生学术能力水平考试)满分甚为着迷,他甚至把电子邮件都设置成了 IGot1600(我得了 1 600 分)。他就是这类学生,在毕业 10 年后仍会在简历和领英资料上展示自己 4.0 的平均学分绩点。这种朋友看似在互联网上活得很精彩,却会出于羞耻感而掩饰身体和情感上的伤疤。

有确凿证据表明,多年来,完美主义在美国、英国和加拿大逐渐兴起。[4] 这显然不能归因于社交媒体。这一现象从 20 世纪 90 年代就出现了——比人们在照片墙上发布精选图片早了整整一代的时间。在竞争日益激烈的世界里,父母施加给子女的压力越来越大[5],孩子们要求自己做到完美,如果做得不够好,就会受到严厉批评。他们学会了以完美无瑕来判断自己的价值,每个缺点都会打击他们的自尊。[6] 我就是这样长大的。

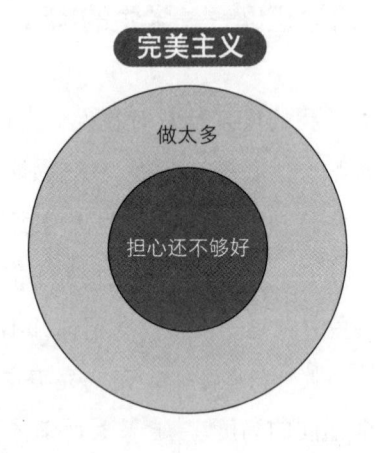

完美主义

做太多

担心还不够好

在五年级世界探险家知识竞赛中,我赢得了冠军,却因为错了一道题而自责不已。我怎能忘记发现通往印度新航线的人是达·伽马,而不是麦哲伦?当我杀进《格斗之王》比赛的决赛并赢得了当地一家电影院的终身观影券时,我并没有为此庆祝,因为在我看来,第三名是第二个失败者。当在数学考试中分数最高时,我仍旧很失望:只考了 98 分?还不够好。

完美主义者善于处理简单而熟悉的问题。上学时，他们擅长做选择题和填空题，选择题只有一个正确答案，填空题则能让他们从记忆里寻找答案。米开朗琪罗的大理石建筑构件镶嵌在薄薄的蓝灰色石板上。这句话是我在大学一年级复习期末考试的一个周末记下的，它至今仍印在我的脑海中，虽然我并不知道它是什么意思。

现实世界要比校园复杂得多。一旦离开了学术考试这个可预测、可控制的茧房，对"正确"答案的渴求就会带来反效果。在一项元分析中，完美主义与工作表现之间的平均相关性为零。在完成任务方面，完美主义者并不比他们的同龄人做得更好，有时他们甚至做得更糟。[7] 那些使人们在高中或大学的班级中名列前茅的技能和倾向，在他们毕业后可能就不那么奏效了。

各领域的大师最初在学校的成绩并不完美。一项对世界一流雕塑家的研究表明，他们在学生时代表现平平。其中 2/3 的人高中毕业成绩为 B 和 C。[8] 在对美国最有影响力的建筑师和那些未能在这一领域有所突破的同龄人进行比较时，研究者也发现了类似的模式。杰出的建筑师很少是优等生：他们大学的平均成绩通常为 B，而他们那些奉行完美主义的同行虽然成绩优异，建造的出彩建筑却很少。[9]

研究表明，完美主义者在追求完美的结果时，往往会犯三个错误。[10] 其一，纠结于无关紧要的细节。他们会忙于解决琐碎的问题，以致无法确定正确的问题是什么，从而只见树木，不见森林。其二，逃避可能导致失败的陌生环境和困难任务，这使得他们只能完善现有的极其有限的技能，而不会努力发掘新技能。其三，因犯错而过分自责，这让他们更难从错误中学习。他们没有意识到，回顾错误不是为了羞辱过去的自己，而是为了教育未来的自己。

完美主义螺旋

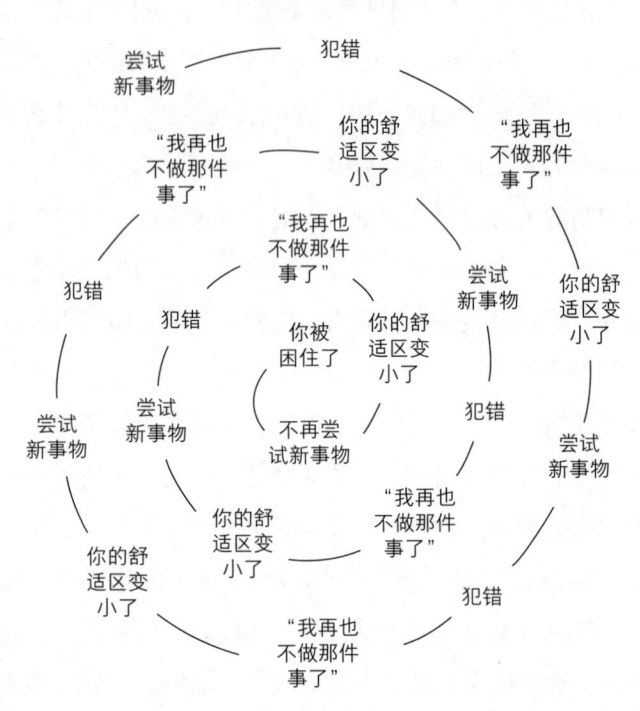

（图示：以"你被困住了""不再尝试新事物"为中心，向外依次为"你的舒适区变小了"、"我再也不做那件事了"、"犯错"、"尝试新事物"的螺旋循环）

如果完美主义是一张药方，那么它的标签上一定有提醒我们需要注意的常见副作用。警告：可能导致发育迟缓。完美主义会让我们陷入视野狭隘和规避错误的旋涡：它让我们无法看到更大的问题，并使我们所掌握的技能越来越狭窄。

即使认为自己并非完美主义者，你也可能在做对你很重要的任务时产生这种倾向。在对待对我们非常重要的工作时，我们都会有这样一种冲动：不断地修改和完善它，直到正确无误。但是，要想走得更远，我们就必须认识到，完美只是海市蜃楼，我们需要学会容忍适当的不完美。

具体的可能性

相传，有一个年轻人曾向一位大师请教日本茶道。大师考验他，让他打扫花园。年轻人除去杂草，耙扫落叶，把花园打扫得纤尘不染。当回顾自己完美无瑕的工作时，他总觉得尚有不足，便走到一棵樱树前，摇了摇那棵树，他看到落英缤纷之景。他在不完美中发现了美，这表明他已经准备好成为大师。[11]

这一传说可以追溯到16世纪，当时日本的茶道经历了翻天覆地的变化。完美无瑕的茶具被破损的茶碗取代。人们用磨损和老旧的陶器饮茶，并称这种做法为"侘寂"。

"侘寂"是一种尊重不完美之美的艺术。它不是指故意制造残缺，而是接受瑕疵的存在是不可避免的这一事实。但存在瑕疵的事物并不意味着与崇高无缘，这也一直是安藤忠雄建筑和生活的主题。他是一个不完美主义者：他有选择性地决定自己要做好的事情。

你若追问起安藤忠雄的学生时代，他会告诉你，他的学习成绩并不理想。他完全能够接受不完美的成绩。高中时他甚至连建筑学课程都没有学好，尽管他对这门学科充满热情。即使付得起学费，他的成绩也让他进不了建筑学院。于是他成了一名职业拳击手。

在拳击场上，安藤忠雄进一步加强了他对不完美的适应能力。拳击比赛不存在完美无瑕的表现，因为他总会被击中。如果想获胜，他就不能畏首畏尾地掩盖自己的弱点，或是回避挑战。

他没有必要自我打击，因为他的对手会打得他满地找牙。如果想保护自己的脸和头，他就必须让身体暴露在外挨拳头。"在拳击比赛中，要想充分发挥自己的技术优势并最终赢得比赛，你就必须铤而走险。"安藤忠雄指出，"面对新的建筑项目也需要同样的心态……向未知领域多迈一步至关重要。"

两年后，安藤忠雄放弃了拳击。他开始自学建筑，磨炼自己的眼光。他追求的不是完美，而是"完全可以接受"。他选择用混凝土砌墙——与他同期的建筑师认为混凝土有审美上的局限性，往往对这种材料避之不及，他则被混凝土的坚韧和"复杂的粗糙度"吸引。由于早期的项目没有足够的预算来遮掩混凝土，他最终决定让混凝土裸露在外。

裸露在外的混凝土成为安藤忠雄的标志性外观。建筑的每一面墙上都有明显的瑕疵。你可以看到接缝处的纹路，以及只用灰浆填充了一部分的孔洞。为了确保不影响周围的美观，他会小心翼翼地将混凝土抹平，直到表面呈现出丝绸或羊绒般的质感。正如一位承包商所说，安藤忠雄希望将混凝土"振动得像黄油一样"。这种材料在人们眼中仍不完美，但一旦具有了完美光滑的触感，它就变得可以接受了。

安藤忠雄设计建造的最著名的建筑之一是"光之教堂",它将安藤忠雄标志性的混凝土墙壁展现得淋漓尽致。他将这栋建筑的设计锚定在大多数建筑师认为的明显缺陷上:混凝土中的缝隙使后墙向室外敞开。但是,这些缝隙却作用惊人,因为它们的存在,光线能够以十字架的形状照射进来。由于与外界连通的教堂太冷了,安藤忠雄便折中地在透光处安装了玻璃。每次去拜访时他都会开玩笑说,他仍然希望有一天能把玻璃拆掉,而牧师们会恳求道:"请不要拆除玻璃。"

侘寂是一种品格技能。它给予你一种自律,让你将注意力从不切实际的想法转变为可实现的标准,然后随着时间的推移调整这些标准。但是,在不完美中发现美,往往说起来容易做起来难。作为一个正在克服完美主义的人,我深有体会。

找对不完美之处

我几乎整个暑假都待在屋里打电子游戏,我的母亲气急败坏地把我拉到了当地的一个游泳池。我望向深水区,看到一名救生员以非同寻常的优雅姿态走上跳板,纵身一跃,身体蜷成球状,然后飞速旋转起来。在做了两个空翻和一个俯冲后,他消失在水中,没有溅起哪怕一点儿水花。我觉得真是叹为观止。

在暑假剩下的时间里,我学习了一些基本的跳水动作,并以高中一年级学生的身份参加了跳水秋季选拔赛。跳水队教练是埃里克·贝斯特,他后来培养出了多位奥运会奖牌得主。埃里克说,他有一个好消息和一个坏消息。坏消息是:跳水需要优雅性、柔韧性和爆发力。而我走起路来就像弗兰肯斯坦，不弯曲膝盖就碰不到脚趾，就连他的祖母都比我跳得好。对不起，你刚才是不是说还有好消息？

好消息是，埃里克不在乎我的天赋有多差，他永远不会放弃一个想成为跳水运动员的人。跳水是一项怪才运动——它对那些缺乏体格、速度或力量，无法在更主流的体育项目中成为明星的运动员更具吸引力。他预测，如果我努力学习，到高三时，我一定能进入州跳水决赛。

这点燃了我的斗志。虽然只是跳水初学者，但我下定决心一定要把动作做到位。当要换人练习时，我会恳求教练："让我再来一次！"

练习结束时，埃里克不得不把我赶出泳池。在我抹去每一处缺陷之前，我不想离开。

评判跳水的标准是完美。跳水者的每一处失误都有可能被扣分。旋转不足或旋转过度；离跳板太近或太远；脚尖未触及板面或脚尖未指向板面；甚至溅起一点儿水花都会被扣分。你需要完美的起跳、完美的屈体动作和完美的入水。

我原以为我的完美主义会成为我的优点，结果它却成了我的缺点。我花了好几个小时试图消除入水时的小水花，而不是努力克服更大的障碍，即改善我垂直起跳的乏力感。除了关注点出错，我还畏首畏尾。

我开始进场，走上跳板，然后跳到终点。但就在起跳前，我会停下来。我会为此找一长串借口，我的身体过于前倾或过于后仰，跳板的动势不是太快就是太慢，我有些向左或向右倾斜。我那时就像"金发姑娘"一样——希望一切都恰到好处。

当需要尝试新的跳水动作时，我尤其畏葸不前。在一次练习中，我在跳板上来回走了 45 分钟，却一次也没有尝试。我呆呆地站在那里，不仅浪费了时间，还让自己失去任何进步的可能。我没能学会高难度的跳水动作，只是在简单的跳水动作上稍有改进。我需要克服我的完美主义。①

当我做得很好时

真不错

当我犯了小错误时

为什么我喜欢……我从不做任何事。我开始做这件事了吗？这是可能发生的最糟糕的事，它发生了，就像它经常发生的那样。我在自己的职业生涯中无法做任何正确的事，我要去哪里？

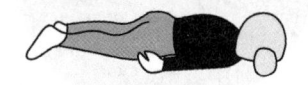

但我们该如何改变？完美主义者不知道其他行事方式。即使不是完美主义者，当专注于一个目标时，你也很难自律地选择优先做什么、在什么事情上投入最小的精力、何时停止，以及如何接受不可避免的缺陷。

---

① 完美主义者更容易出现心理障碍。试想西蒙·拜尔斯迷失在东京半空中的情景。体操运动员和跳水运动员称其为"扭曲症"，当你的身体突然无法执行大脑过去可以自动启动的动作时，这种症状就会出现。在不同的运动项目中，它也有不同的名称——蹦床运动中的"迷失动作综合征"，高尔夫球和棒球运动中的"鳖脚动作"。初步研究表明，这种心理障碍在完美主义者中更为常见[12]，因为他们容易受到成绩压力和焦虑的影响，从而无法做出自动行为，并扭曲肌肉记忆。我在一次跳水中遇到了这种情况，我已经跳了好几年了——屈体翻腾一周半。但我的头没有率先入水，而是有意或无意地多翻了半圈，面朝相反的方向平躺入水。尽管只是击打到水面，但我还是感到非常害怕。

大量证据表明，不追求完美，而是拥有高标准的个人要求，才能更快地成长。[13] 很多人把这句话理解为建议从"尽善尽美"转变为"竭尽全力"。但竭尽全力并不是最好的选择。数百项实验结果表明，相较于随机分配给人们具体而困难的目标，鼓励人们做到最好会使人们表现得更差，学到的东西也更有限。[14]

竭尽全力并非完美主义的救世良方。它会使目标过于模糊，从而难以指引努力的方向，也无法衡量你已经做了多少。你会找不到自己的目标，不知道自己是否取得了有意义的进步。完美主义的理想药方是一个精确且具有挑战性的目标，它能将你的注意力集中在最重要的行动上，并告诉你何时该适可而止。

埃里克告诉我，当播音员极力宣扬满分 10 分的跳水成绩时，他们犯了一个错误。世界上不存在完美的跳水。即使是在奥运会的评判规则中，10 分也不代表完美，而是代表卓越。他在教我"侘寂"的艺术。

这让我受益匪浅：我不需要做到完美。我只需要瞄准一个清晰、高远的目标。埃里克和我一起为每次跳水设定我能力范围内的目标。在练习屈体向前翻腾跳水这个最基本的跳水动作时，我们一开始设定的目标是 6.5 分。但在做更复杂的翻腾动作时，我只需要得 5 分就行了。如果我在学习一个新的跳水动作，我们的目标是 0 分以上，即完成动作，不失败就可以了。每次我从水里出来，埃里克都会给我打分。然后他让我改进动作，并提醒我，如果想更接近正确，我就必须体会错误。

我不再等待完美的方法，而是开始尝试第一个足够好的方法。我不再回避高难度动作，而是开始挑战自己的能力极限——几年后，我就能完成翻腾两周转体一周的跳水动作。我不再为过去的失败而自责，而是专注于最新的进步，至少大多数时候如此。在跳水队的庆功宴上，队长给我颁发了"如果"奖。他们给我画了一幅漫画，上面写着："如果在参赛时用左脚小脚趾点跳板，我就能得 8.5 分，而不是 8 分。"

我如果没有竭尽全力，还是会感到沮丧。当跳水运动员告诉埃里克自己今天状态不好时，埃里克往往喜欢问两个问题：你今天让自己变得更好了吗？你今天让别人变得更好了吗？如果这两个问题的答案都是肯定的，那么这就是美好的一天。他的姓可能确实是贝斯特（Best，最好），但他总是追求更好。

我开始明白，即使对自己的跳水表现不满意，我也有自己可以做到的事情。我发现了另一种摆脱完美主义的方式。在心理学中，它被称为心理时间旅行。[15] 没错，这是一回事。

随着成绩的提高，人们的期望值也会提高。你做得越好，对自己的要求就越高，你就越难注意到自己的进步。试想过去的你会如何看待现在的成就，这会使你欣喜于自己的进步。如果 5 年前的你知道自己现在的成就，你会有多自豪？

那个 14 岁连空翻都做不好的孩子，一定会惊讶于我在几年内取得的进步。我开始观看自己早期的跳水视频。它驱散了我的羞耻感，也标志着我的成长。

自责不会让你变得更加强大，只会让你遍体鳞伤。善待自己并不是要忽视自己的弱点，而是允许自己从挫败中吸取教训。想要成长，我们需要接纳而不是惩罚自己的缺点。我们要让自己感受错误。

完美主义者常常担忧，哪怕只是一次失败，也会让自己成为一个失败者。[16] 但有 8 项研究表明：人们不会根据一次表现来判断你的能力。[17]这就是所谓的过度推断效应。人们很少会因为你做了一道难吃的菜就认为你是一个差劲的厨师。人们也不会因为你用手指挡住了相机镜头就断定你是个糟糕的摄影师，他们知道，这只是一张在一瞬间被完成的快照。

事实证明，人们在评估你的技能时，会更看重你的最高水平。[18]即使你碰巧看到塞雷娜·威廉姆斯屡屡发球失误的情景，但只要看过一次她的王牌发球，你也会意识到她的卓越。即便史蒂夫·乔布斯在丽萨（Apple Lisa）项目上一败涂地，人们也会因为他在麦金塔（Mac）上的成就而认可他的远见。我们通过莎士比亚的代表作（如《哈姆雷特》和《李尔王》）来评判他的天才，而不会关注他那些被人遗忘的剧本（如《雅典的泰门》和《温莎的风流娘儿们》）。人们会从你最好而不是最差的时刻来判断你的潜能，你能否给予自己同样的宽容？

我的跳水成绩有明显的上限，我永远也进不了奥运会代表队。但我确实超越了自己设定的目标。我在高中毕业前就入选全美跳水队，并两次获得参加青少年奥运会的资格。不过，最令我自豪的是埃里克告诉我，我比他训练过的任何跳水运动员都进步更大，尽管我天赋不如他们。我意识到，成功并不在于你多接近完美，而在于你一路上克服了多少困难。

演出必须继续

体育运动中的卓越相当客观。跳水动作有难度公式，完成度也有评判规则。但在许多领域，成功是更主观的判定。一个人眼中的"白月光"可能是另一个人眼中的"丑小鸭"。因此，决定接受哪些不完美颇具挑战性。

2002年夏天，1 000多名观众排队进入芝加哥一家剧院，观看一部音乐剧的首演。演出第一幕时，观众显得非常痛苦，十分困惑，主创人员甚至担心他们会在中场休息时离开。剧评人迈克尔·菲利普斯在一篇评论中尖锐地称该剧"烦冗、混乱……品质参差……构思拙劣"。

这部音乐剧是特怀拉·萨普的心血[19]，她曾为米凯亚·巴瑞辛尼科夫编排过芭蕾舞剧，也曾担任过《头发》和《莫扎特传》等电影的编舞，这些作品让她声名鹊起。她梦想着用比利·乔尔的歌曲编一场"两小时的舞蹈盛宴"，不设计任何对白。她筹集了850万美元的资金，并希望这部剧能够一鸣惊人，让舞者这一在表演艺术中长期被低估的群体从中受益。

临近百老汇首演，观众糟糕的观感让萨普产生了严重的自我怀疑，不知这部剧是否真的存在重大缺陷："我不知道我或者其他任何人能否让它成功，这是场豪赌。"她不清楚是否应该重新构思情节、加入对话、丰富人物或删减歌曲。她所做的任何调整都需要演员重新学习和排练。

就在首演惨败的一个月后，萨普在芝加哥演出快结束时推出了经过改良的演出。当评论家迈克尔·菲利普斯再次来到剧场时，他对演出的改进感到惊喜。他写道，"全面的修改……使演出更清晰、更令人满意"，"很多地方都令人振奋"，"萨普的修改让该剧更有可能在百老汇获得成功"。她没有编排出完美的演出，但瑕不掩瑜——这要归功于她的快速转向调整。

在硅谷，"转向"是一个很流行的概念，人们常说"完成胜于完美"。为了快速迭代和改进，创业者和工程师倾向于打造最小可行性产品。但是，卓越是一个更高的标准：对我来说，卓越意味着至少要做出一款讨人喜欢的产品。

为了打造讨人喜欢的剧目，萨普需要找出人们讨厌什么。她知道自己应该成为海绵，但她不知道该相信哪些批评和评论。她需要吸收和采纳最重要的反应，同时过滤掉其他反应。她的儿子杰西制作了一个网格表，将重要的评论按主题分类。

研究表明，衡量他人评论价值的最佳方法之一是寻找评定者之间的趋同之处。[20] 如果一个人发表了负面评论，那么这可能与此人的特殊品位有关。但如果十几个人都提出了同样的问题，这个问题就更有可能客观存在。这就是评定者信度。

萨普和她的儿子做出了一个过滤器，让他们能够在噪声中找到改进的信号。他们认为，任何由两位以上评论家独立提出的问题都不是个人品位问题，而是作品质量问题。"结果证明，这些评论非常有帮助。"萨普回忆道，"愿上帝保佑他们那煤炭般的心肠。"

网格表显示，观众一致抱怨的是第一幕，而非第二幕。萨普想做的事情太多了。一名观众被不同的刺激源弄得不知所措，以至她在一首歌中捂住了眼睛，在下一首歌中又捂住了耳朵。萨普需要修正这个问题，她知道时间不多了。"我不需要完美地解决所有问题，但我确定需要一个可行的解决方案——解决很多问题。"

至少是讨人喜欢的作品

如果要使演出更加完美，萨普就必须从头再来，在歌舞之间穿插对话。但她是一个不完美主义者——她追求卓越，而不是完美无瑕。为了使作品最起码是讨人喜欢的，她只需要简化故事情节、阐明人物性格、控制期望值。为此，她做了一个音乐剧迷们都很熟悉的简单补充：序幕。

增加序幕意味着她必须在几天内编排出新的开场舞。她没有争分夺秒地从头开始设计完美的舞蹈，而是从自己曾经的编舞中借用了一些东西。她的制片设计师注意到比利·乔尔的一些音乐节拍与萨普几十年前为另一场演出编排的舞蹈有惊人的相似之处。萨普只花了几个小时就把这套再次利用的舞蹈教给了20多位舞者。现在，他们的开场舞既介绍了角色，又具有视觉冲击力。第二年春天，《破浪而出》获得了10项托尼奖提名，萨普获得最佳编舞奖。她找到了"侘寂"的感觉：观众和评论家都认为，一个不完美的故事也可以成就一部优美的音乐剧。

不一定非得在最后一刻争分夺秒地确定修补哪些不完美之处。如今，特怀拉·萨普并不满足于将自己的命运托付给那些黑心肠评论家。在开始一个新编排后，她会邀请一小群人审查她正在进行的工作。他们会帮助她发现并解决那些近在眼前却难以发现的问题。但他们不仅是教员，还是法官。他们的作用是评定她走的是不是一条前途光明的康庄大道。她建议我们都成立一个评审委员会，帮助我们把控质量。我的委员会是基于我的跳水生涯成立的。

从跳水队退役后，我很怀念那种清楚地知道自己的表现从失败到优秀的感觉。我做了一个决定，每写完一篇文章或一本书章节的初稿时，我就把它发给一群值得信赖的同事。

十多年来，我为每个重要作品都成立了评审委员会。它们不是永久的结构,而是临时鹰架。我把它们看作临时的工作坊。对于每个作品,我都会召集5~7名具有互补技能的业内外人士。评判小组根据实际情况进行组合、拆解和变形。

我的第一个要求不是反馈或建议,而是打分。我要求评委们用0~10分给我的作品独立打分。从来没有人打过10分。然后,我问他们怎样才能接近10分。

我的目标分数随我的技能和任务的重要程度而变化。对于像本书这样的重要作品,我设定了两个目标:一个理想目标(9分)和一个可接受的结果(8分)。[21] 当评判小组都打到8分时,我知道我可以对自己的进步感到满意。不过,要是我能再精进一点儿就更好了……

得到一个精确的评分不仅仅是信息,更是动力。当多位评委的评分低于7分时,他们就更想指导我,我也更愿意接受指导。我知道我不能满足于微小的调整——我需要进行一次大修。我想缩小作品和理想之间的差距。没有什么能比初稿4.5分的得分更让我兴奋了,这能够帮助我为接下来的反馈和建议做好准备。我个人最喜欢"不够吸引人"的评价。我会在之后继续修改,直到每个评委都至少给出8分,有些给出9分。这才是最起码的讨人喜欢。我认为人生就像跳水:如果你有幸得到10分,那不是因为完美,而是因为卓越。

我们必须谨慎对待评委的打分。大量研究表明,完美主义者倾向于以他人的标准来定义优秀。[22] 这种专注于在他人眼中塑造完美的形象的做法容易导致抑郁、焦虑、职业倦怠和其他心理问题。[23] 追求社会认可是有代价的:对超过7万人进行的105项研究表明,重视人气和外表等外在目标,而非成长和关系等内在目标，会降低人们的幸福指数。[24] 寻求认可是个无底洞：对地位的渴望永远不会得到满足。[25] 但是，如果外部评估可以成为一种促进成长的工具，那就值得一用。

归根结底，卓越不仅仅是满足他人的期望，还关乎如何达到自己的标准。毕竟，你不可能取悦所有人。问题在于，你是否会让对的人失望。毕竟，让别人失望比让自己失望要好得多。

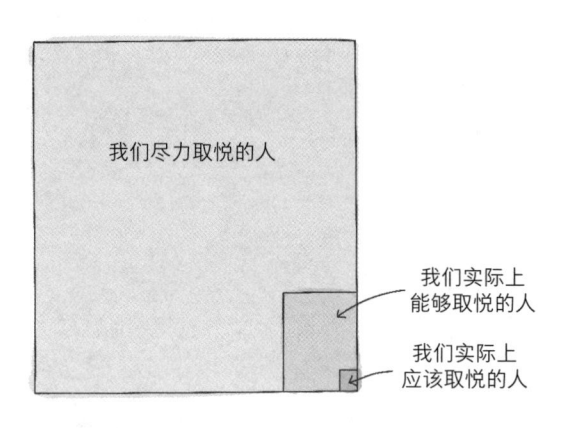

```
┌─────────────────────────────┐
│                             │
│                             │
│      我们尽力取悦的人          │
│                             │
│                             │      我们实际上
│                             │      能够取悦的人
│                       ┌──┐  │
│                       │  │──│      我们实际上
│                       └──┘         应该取悦的人
└─────────────────────────────┘
```

*包括你自己

在向世界发布这些内容之前，还值得考虑最后一个评判者的观点：你自己。如果这就是你此生唯一为世人所见的作品，你会为此感到骄傲吗？

安藤忠雄经常问自己这个问题。"别人怎么看我的作品并不是我的主要动力，"他说，"满足自己、挑战自我，才是我所期望的。"

神户地震后，安藤忠雄希望保护过去的艺术品，并重新燃起对未来的希望。他在远眺群山的海滨设计了一座艺术博物馆。露台上有一个他制作的雕塑：一个巨大的青苹果。"生活最好是青色的，而且越青越好，"安藤忠雄宣称，"青苹果是青春的象征。"安藤忠雄现在已经80多岁了，但他对成长的渴望将让他永葆青春。

渴望保持青色是对持续成长的承诺，亦是未完成状态的绵延。尚未成熟的苹果是不完整的，也是不完美的，但这恰恰是它的动人之处。

第二部分

动力结构

攻坚克难的鹰架

在实现目标的道路上，我们难免会遇到重重障碍。这些障碍虽是外在之物，却往往会使我们的内心备受折磨。经年累月的折磨起初会令我们不胜其烦，最终将使我们精疲力竭。停滞不前易导致一蹶不振。当无法完成过于困难的任务时，人们就会垂头丧气地自我怀疑。我们甚至连自己能否触底反弹都不确定，遑论继续前行了。

品格技能并不总是足以支撑我们长途跋涉。许多新的技能并不会自带使用手册，我们需要用梯子才能爬上更陡峭的山峰。鹰架就是这样的梯子：一种临时的支撑结构，使我们能够攀登仅凭一己之力难以企及的高度。鹰架帮助我们建立坚韧性，有了坚韧性，我们方能战胜那些可能会令我们难以承受的、限制我们成长的障碍。

心理学家在实验中研究坚韧性时，经常让受试者观看一些痛苦压抑的视频片段，从而让他们产生一种烦闷难耐的内心体验。试想你最近一次在电视剧或电影中看到令你紧张不安的场景，比如你最喜爱的角色被光剑斩首于外太空,或是被蝙蝠怪吞噬于逆世界。你是否也像我的妻儿一样,即使在影片最后一幕结束很久之后,还在情不自禁地反复回想这些场景,让这些画面萦绕在脑海中。(创造了这些情节的)达菲兄弟,我谢谢你们!但是,心理学家发现,凭借一种特殊的支架,我们就可以送走我们脑海中的这些不速之客。

起初,我以为这是一种治疗方式。心理学家也许会让你反复观看令人压抑的影片片段,让你系统地脱敏(暴露疗法);或是帮助你重新构建这些场景,认为它们不会伤害你(认知重塑)。但是我想错了。心理学家其实是用《俄罗斯方块》搭建增强坚韧性的鹰架。

没错,就是《俄罗斯方块》。

一个令人极度压抑的电影片段,会在人们看完之后的一周里闪回 6~7 次,让人惴惴不安、心绪难平。但是,如果随机安排这些人在看完影片之后马上玩上几轮《俄罗斯方块》,那么在随后的一周内,闪回的次数就会减半。[1] 在某种意义上,这种旋转、移动以及丢弃几何小方块的行为能够保护我们免受侵入性想法和厌烦情绪的影响。

需要明确指出的是,《俄罗斯方块》并不能帮你戒断,或治愈创伤后应激障碍。游戏并不能代替治疗或药物干预。不过,许多不同的研究团队在实验中都证实了这一效应。[2] 最初,我只是单纯地觉得这一点很神奇。当深入研究这些例证后,我发现《俄罗斯方块》效应其实对应了鹰架的 4 个特征。

第一,鹰架通常由他人搭建。我从未想过玩《俄罗斯方块》能够让人忘记令人不悦的画面,这个想法只有具备相关经验和专业知识的头脑才能想出来。当外界环境威胁、将要压垮我们时，我们可以向外求助相关领域的导师、教师、教练、榜样或同伴，而不是仅仅向内自我消化，孤军奋战。我们面对的挑战各种各样，所以他们提供的鹰架也各有其形，但是其效果是相通的：给我们一个立足点，或推动我们前行。

第二，鹰架是为你前行道路上的障碍量身定制的。心理学家之所以建议人们选择《俄罗斯方块》，是因为它具备一个特殊的优点：它可以改变大脑构建心理意象的方式。如果对人们的脑部进行扫描，我们就能够发现，《俄罗斯方块》能够激活视觉空间回路，从而阻止那些令人不悦的图像侵入我们的大脑[3]——我们满脑子都是不断落下的图形，无暇顾及影片画面带给我们的不安与威胁。其他类型的游戏，比如智力问答，就无法减少这种闪回。《俄罗斯方块》之所以是有效的鹰架，是因为它可以帮助你绕过特定的挑战。

第三，鹰架会出现在一个关键的时间点。在看电影之前玩《俄罗斯方块》毫无助益——你的脑海中并没有需要被阻断的图像。[4]当观看了令你心神不宁的影片后，这一鹰架结构才会发挥效用。接下来的 24 小时至关重要。[5]如果间隔时间太久，记忆已经固化，你就需要先激活有关那些场景的记忆，再用《俄罗斯方块》来阻断它们。

第四，鹰架是临时性结构。你不需要在余生的时间里一直玩《俄罗斯方块》来忘记某部恐怖电影。你只需要玩 10 分钟，就可以干扰记忆的固化过程，有效减少你闪回压抑画面的次数，让你从恐怖影片的阴霾中抽身而出。一旦得到了自己需要的支撑，你就不再需要鹰架了——撤走它你也可以毅然前行。

日复一日，我们总需要新的鹰架。我们应对的挑战因时而异，找到的支撑来源也不尽相同。我们或许会向教练或导师求助，他们会让我们看到，看似不可逾越的障碍其实可以变成促使我们进步的阶梯。我们或许会依靠队友或同学的建议，他们会告诉我们，我们缺失的关键部分也许就在拐角处。若前路崎岖，我们更需同舟共济、齐心协力，才能攻克重重难关，更进一步。

很多时候，我们犯下的错误堆积如山，而成就却无迹可寻。只要在合适的时候找到合适的支持，我们就能够攻坚克难，逐步成长。为了学习如何才能建立这样的支撑结构，我找到了那些曾在相当长的一段时间里身陷肉体和情感囹圄的人。曾战胜困难的登山者、音乐家、新兵和运动员让我对鹰架的看法发生了转变。即便不是体育迷，你也能欣赏他们的洞见——它们适用于生活的方方面面。

鹰架帮助我们开辟了原本看不见的道路，让我们释放出隐藏的潜能。它让我们在日常琐事中找到前行的动力，并将困难和疑虑转化为力量之源。

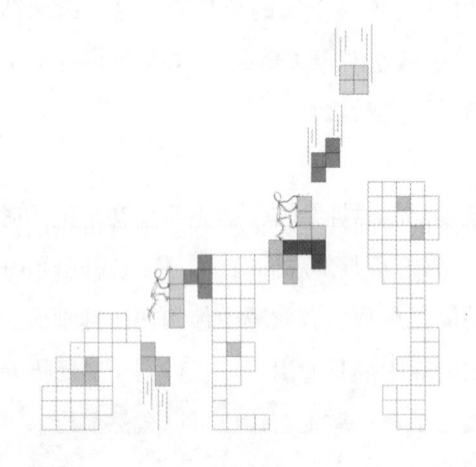

第 4 章
转化日常琐事
将激情注入实践

> 让我们满足的,既非工作,也非娱乐;
> 既非目的,也非无目的,
> 它在中间翩翩起舞。[1]
> ——伯纳德·德科文

在为自己的申请做了最后润色之后,年轻的伊芙琳·格伦尼开始忐忑不安起来。[2] 她在苏格兰的一个农场长大,一直梦想着成为一名音乐家。她总能在周遭的各种声响中找到韵律,轰轰作响的拖拉机、哞哞低吟的奶牛、铁匠铺叮叮当当的敲打声、簌簌的林间风声,都对她产生了无尽的吸引力。她苦练了 4 年打击乐演奏,练习钢琴的时间甚至更久一些。她觉得自己已经做好了万全准备,便向英国最负盛名的音乐学院之一英国皇家音乐学院递交了申请。

英国皇家音乐学院只接受最出类拔萃的学生。艾尔顿·约翰、安妮·蓝妮克丝都是该校的校友。面试地点在伦敦,伊芙琳只有20分钟的时间展示自己的演奏技艺。她用定音鼓演奏了一曲《威廉·泰尔序曲》,用小军鼓和木琴演奏了各种曲子,还用钢琴演奏了莫扎特的奏鸣曲。

专家小组中的多数人都对录取伊芙琳持反对意见,他们担心这个女孩能力不足。他们断言,她没有希望成为一名职业音乐家,学院因此没有录取她。

然而,不到10年,伊芙琳就成为世界上首位全职打击乐独奏家。

在音乐界,人们并没有那么热衷于成为一名打击乐手。打击乐手的演奏往往只能作为管弦和键盘演奏的背景音,就好像林戈总是坐在约翰和保罗的身后。但是伊芙琳凭借出众的才华赢得了听众的认可。她每年都会举办上百场世界独奏巡演,而音乐会的门票通常都会被抢订一空。

她曾三次获得格莱美奖,分别是最佳古典乐独奏奖、最佳室内乐表演奖和最佳古典混合音乐专辑奖。她曾与比约克同台演出,在《芝麻街》中出演,还被英国女王授予爵士头衔。2015年,她成为首位获得普拉音乐奖(相当于音乐界的诺贝尔奖)的打击乐手,与艾尔顿·约翰、马友友、保罗·麦卡特尼、琼妮·米歇尔、保罗·西蒙、布鲁斯·斯普林斯汀和史蒂夫·旺德齐名。

严格来说,英国皇家音乐学院对伊芙琳能力不足的判定也没有错。她的确没有音乐鉴赏力——她根本听不到音乐。世界上首位也是最出色的打击乐独奏家实际上患有重度听力障碍。

伊芙琳的听觉从8岁开始逐渐衰退,12岁时,她已经很难听到别人在同她说什么了。一位听觉专家诊断她患有神经退化,并认为演奏对她来说是不可能之事,选择这条路难度太高,离成功太过遥远。

对于重度失聪的人而言,演奏音乐并不容易。伊芙琳并没有选择无止无休地呆板苦练。她所在学校的打击乐老师罗恩·福布斯也没有强迫她完成烦冗乏味的训练计划,而是与她一起搭建了一座鹰架,让她享受学习的过程。

当伊芙琳第一次拜访罗恩的时候,罗恩问她如何能听到音乐。她说别无他法,只能以异于常人的方式聆听乐声。她解释道,虽然自己的耳朵听不到不同的音高,但她能够感受到自己手臂、腹部、颧骨以及头皮的震动。她会试着将自己的整个身体想象成一只巨大的耳朵。于是罗恩敲响定音鼓,让伊芙琳用手感知定音鼓外壁的震动,学习将不同的音高与身体不同部位的震动联系起来。她能用面部与脖颈的震动感知一些高音音符,而低音音符则通过在她的腿部和双脚产生的共振来感知。为了更强烈地感受乐器带来的震动,她开始赤脚练习。

每堂课开始时,伊芙琳都很享受感知声音的挑战。随着她对音符的掌握逐渐熟练,罗恩缩短了各个音符之间的演奏间隔。这就像电子游戏中的升级:她仅用指尖就能够分辨出各音符之间的细微差别。罗恩很快又给她设置了一系列新挑战,进一步激发了她的学习热情。"看到这首巴赫的曲子了吗?你可以用小军鼓演奏它吗?"通过不断地变换任务,提高标准,罗恩将学习变成了一件快乐的事。"乐趣与努力之间从来没有分别,"她告诉我,"我就像一块海绵。"她继续用当代鼓乐的演奏风格编创起巴赫的乐曲。

人们经常告诉我们,如果想要发展自己的技能,我们就需要长期全身心地进行单调的练习,只有这样我们才能有所长进。但是，解锁隐藏潜能的最佳方式并非忍受日常苦役般的折磨，而是将这些苦役转换成快乐的源泉。在音乐领域，"玩"就代表"练习"，这并非巧合。

调和激情

如果你想要成为某一领域的专家，仅靠天赋异禀是不够的。没有人天生就能用风笛吹奏出《奇异恩典》，或是生来就能用烤炉烤出冒着气泡的火焰冰激凌，抑或可以同时将7个球连抛连接，甚至拼出"拟声词"（onomatopoeia）和"蛋黄酱"（mayonnaise）这样难的词语。只有不断练习，你才能掌握一项技能。

按照一万小时定律，人们投入一万小时的时间去练习一项技能，就能够成为该领域的大师。自从这一定律席卷全球以来，教练、家长、老师们就醉心于一种特殊的训练：刻意根据明确目标和即时反馈安排练习，让练习者有组织地重复一项任务，从而提升他们的技能。[3] 然而，你需要的练习时长与我们认为的一万小时之间存在细微的差别。

研究表明，达到卓越所需的练习时间因人因事而差异巨大。能够明确的是，刻意练习对提高那些动作单一、可预测的任务的技能有很大的价值，如高尔夫球挥杆、解魔方或拉小提琴。

众所周知，即便是神童，也需要有意识地倾注很长的时间去练习自己的技能。莫扎特的父亲是一位小提琴家，他为莫扎特制订了严格的练习和演出计划，并让他完全按照计划行事。[4] 一位传记作者甚至称这是"无条件的奴役"。但是，这种疯狂的练习是有代价的。莫扎特在信中吐露了他的疲惫，才十几岁，"我就要弹太多太多的曲子了，我的手指都在隐隐作痛"。[5] 年近 30 岁，他"已经筋疲力尽……还要进行那么多演出"。[6] 我们有理由认为，尽管他被迫做了那么多练习，但他成功的原因却不在此。

研究表明，有些人比同龄人在工作上倾注的时间更多，却并没有比其他人表现得更出色。[7] 这些人往往更容易感到身心俱疲。刻意安排的单调练习很有可能诱发倦怠，继而使人"闷爆"。没错，"闷爆"是一个心理学术语。倦怠指你在超负荷工作时产生的情绪疲惫，闷爆则指你因为处于低刺激性状态而产生的情绪麻木。[8] 即便为了实现更大的成就需要刻意练习，我们也不应当透支自己，扼杀练习中的乐趣，将其变为一种难耐的负担。

一项研究调查了那些在 40 岁之前就获得世界声誉的钢琴家，他们中鲜有人沉迷于弹琴这项技艺。他们早年每天只练习一小时的钢琴。他们并没有被奴隶主或军官那样的练习督促者鞭策，他们的父母会热情回应他们的内在学习动力。到十几岁时，他们努力练习的时间会稳步增加，但他们不会为此而感到困扰，更不会将之视为一种苦役。"他们之所以会练习，是因为他们乐在其中，"心理学家洛朗·索希尼亚克解释说，"因为他们喜欢和老师一起努力。"[9]

精英音乐家很少会被强迫症驱使，他们的练习动力通常来自心理学家所说的"和谐的激情"。[10] 拥有这种激情的人在练习的过程中会享受快乐，不会为现实结果而令自己压力倍增。你的练习不再笼罩着"应该"的阴霾。我应该学习。我应该练习。你被拉扯进一张欲望之网。我想学习。我迫不及待地想练习。这让你更容易进入心流：你陷入一个绝对专注的空间，在那里，世界融化了，你与你的乐器融为一体。练习不是掌控你的人生，而是丰富你的人生。

激情的重要性并非音乐界独有，对超过 4.5 万人进行的 127 项研究表明，当人们怀揣激情去做事时，点滴坚持更有可能外化为出色的表现。[11]① 问题在于，如何搭建鹰架，养成学习者的激情，使之能够付诸实践。我最喜欢的答案是刻意游戏。

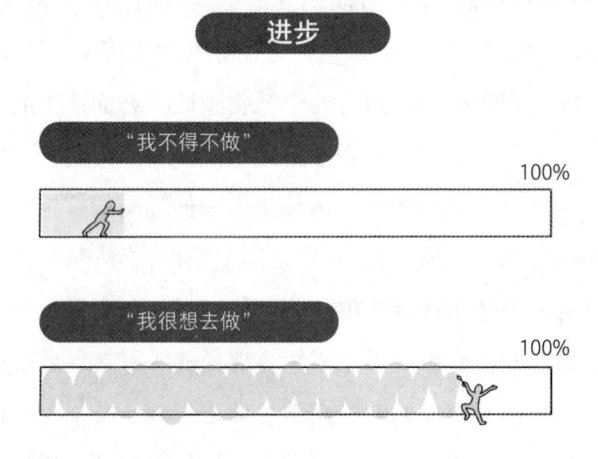

进步

"我不得不做" 100%

"我很想去做" 100%

寓教于乐

刻意游戏是一种结构化的活动，旨在让培养技能的过程充满

---

① 我的同事南希·罗斯巴德发现，长时间工作的代价取决于你对它们的看法。[12] 当人们是为了不得不做的差事而开夜车时，他们罹患抑郁、失眠、高血压和高胆固醇的风险会增加，但当出于激情做那些事时，他们就能避免这类风险。还有证据表明，强迫的意念将给你的工作和生活带来更大的冲突：你挣扎着摆脱工作的状态必然导致倦怠。[13] 同时，和谐的激情与满意度的提升和工作、生活的平衡相关——当没有无休止的工作压力时，你更容易让不同的优先事项保持平衡。

乐趣。[14]它将刻意练习与自由游戏的元素融合在一起。[15]刻意游戏像自由游戏一样有趣,但它专为寓教于乐而设计。刻意设计的游戏能够将复杂的任务拆解成更简单的部分,从而帮助人们磨炼特定的技能。

当我问伊芙琳如何练习时,她表示她几乎一直都在进行刻意游戏。每当对一种乐器的兴味有所减淡时,伊芙琳就会去演奏另一种乐器,从而使自己优雅地辗转在不同的打击乐器之间。"我最近在练习马林巴琴,如果想保持对它的兴趣,我就会时不时地去敲敲架子鼓。"她对我说。混合练习可以使练习不再单调,让她能够调和自己的激情,使练习激情长久地处于和谐状态。"我绝对不是在做乏味的惯常练习,"她笑着说,"那会让我感觉自己是个傀儡。"

刻意游戏通常会让练习变得新颖且多样。它的作用可以体现在你的学习方式、使用的工具、设定的目标,以及与你互动的人上。根据你试图培养的技能,刻意游戏可以呈现为比赛、角色扮演或即兴练习等形式。

在我第一次读到有关刻意游戏的研究时,它便让我看到了对任何一种技能练习保持和谐激情的可能性。我开始思考,我是否可以据此改变传统枯燥的工作培训?在一项针对医疗专业人员的实验中,我和我的同事发现,当我们助推他们在压力最大的任务中加入一些刻意游戏后,他们的职业倦怠感有所下降。[16]一位负责过敏症的护士自称"快枪手护士"(操作很快),这一自我介绍马上就让她年轻的患者放松下来。她还让患者给她计时,他们下次来就诊时,会主动点名要求让她为他们注射,并让她挑战之前的速度。

现在，已经有人发起了将刻意游戏引入职业发展的运动。医学院已开始提供即兴喜剧课程，这类课程让学生在轻松愉快的氛围下攻克非语言暗示解读的难关。[17] 在一项名为"外国电影"的练习中，学生们看着同学喊出无意义的词语，并试图通过观察说话者的手势和面部表情来解读那些词语的含义。学生们表示，这种刻意游戏不仅令人愉悦，还能让他们成为更出色的医生[18]——课程的初步成果颇为鼓舞人心。药学院在一门交际课程中加入这类即兴表演课程后，学生们在诊断患者时的表现有所提高。[19] 他们能够更好地把握患者的主要诉求，并对患者的担忧感同身受。

刻意游戏的受益者并不局限于医疗保健领域。在一些销售课程中，学生们通过扮演销售人员和顾客的角色来学习销售技能。[20] 在练习过程中，"顾客"会拿着一个盒子走过来，"销售人员"需要询问盒子里装的是什么，并让对话持续 3 分钟，不能有丝毫停顿。在接下来的一个月里，学生们被派去销售一支职业运动队的赛事门票，进行过角色扮演练习的学生比没有完成这种培训的对照组学生多卖出 43% 的门票。前者也更喜欢这门课程。

刻意游戏的鹰架通常由老师或教练搭建，但你自己也可以进行刻意游戏，取得真正的进步。如果想提高钢琴视奏能力，你可以挑战自己，看看你在演奏新乐曲时弹对了多少个音符，并逐周记录自己的进步。如果你是一名拼词游戏玩家，希望提高自己的拼词能力，你可以练习随机抽取一组字母牌，看看自己能在一分钟内拼出多少个单词。

刻意游戏在体育运动领域尤其流行。大量证据表明，过早专攻某一运动项目的运动员往往会迅速达到巅峰，但他们的光芒很快就会消散。[21] 从小就全身心地投入运动，会使他们面临更大的身体和心理健康风险。[22] 而通过刻意游戏进行训练，更容易让运动员保持训练的乐趣，帮助他们取得更大的成就。

在体育运动中，刻意游戏通常围绕着某一技能或比赛的某个子项目进行。[23] 例如，在网球比赛中，你可以通过挑战自己连续发球的次数来磨炼发球技巧。击败对手、超越自我或提前完成都意味着你的成功。你不是在计算练习时间，而是在追踪自己的进步。你的得分不是胜利的象征，而是衡量进步的标尺。

在巴西进行的一个小规模实验中，运动心理学家比较了刻意游戏和刻意练习在年轻球员篮球教学中的优劣。[24] 一部分运动员将一半以上的训练时间用于刻意练习。他们并没有在每次练习中都设置防守球员，而是由教练带着练习运球、传球和投篮，并定期给予反馈。

其余的运动员花了近3/4的训练时间用于刻意游戏。他们的教练没有带着他们训练，而是设计了一些有助于技能发展的游戏项目。有时，球员会拥有一位队友，但他只能传球，不能投篮。有时，球员们会在比赛中成为弱势一方——他们需要应对一对二，或三对四的局面。几个月后，心理学家测试了两组球员的控球能力和创造力，评估他们在球场上跑空位和传球躲避防守的能力。结果表明，能够推动人们取得显著进步的是刻意游戏，而非刻意练习。

刻意游戏能够激发和谐的激情，从而避免倦怠和闷爆的发生。虽然刻意游戏听起来可能与"游戏化"很相似，但二者存在本质的区别。游戏化通常是一种噱头——尝试在枯燥的任务中添加一些花里胡哨的东西，目的是激起一种多巴胺冲动，从而使人们转移无聊情绪或暂时缓解疲惫感。当然，游戏排行榜可能会激励你硬着头皮投身苦役,却不足以让你喜欢上自己讨厌的日常工作。① 而刻意游戏则是在帮你重新设计任务本身,让你拥有足够的动力去完成自己的任务,同时又能发展自己的技能。我所见过的最好的刻意游戏是一位篮球教练想出来的。

无游戏的单纯练习

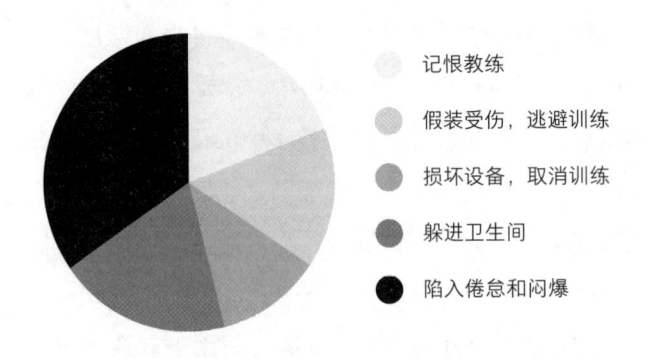

- 记恨教练
- 假装受伤,逃避训练
- 损坏设备,取消训练
- 躲进卫生间
- 陷入倦怠和闷爆

投身练习

我一读到布兰登·佩恩的训练哲学[26],就给他打了电话。布兰登在夏洛特郊区长大,打篮球是他最大的梦想。作为篮球教练的儿子,他很早就学会了篮球的基本原理。他会在下午、晚上和周末在自家车道上练习投篮,这些训练使他成为一名以漂亮罚球和三分球著称的神射手。但是,当怀着进入篮球队的愿望来到温盖特大学后,布兰登却遇到一个问题。他无法甩开对方球员跑向

---

① 我最近了解到,跑步机设计的初衷是被用作刑具。[25] 19 世纪初,英国囚犯每天必须连续约 6 小时踩在一个抽水或驱动磨坊的大轮子的辐条上。一名狱警写道,"其恐怖之处"不在于其"严重性",而在于其"单调的稳定性"。

空位。当试图用假动作绕过对方球员时,他始终无法摆脱对方球员。最终,布兰登疲惫至极,无法继续打篮球。有人告诉他,他的篮球生涯将就此结束。"这让我很崩溃,"布兰登感叹道,"你还热爱篮球,有人却告诉你,你已经走到头了。没有比这更糟糕的感觉了。"

布兰登虽然喜欢打篮球,但他并不喜欢练习投篮以外的技能。为了甩开防守球员,创造自己的投篮机会,他需要提高自己的速度和灵活性。"我的运动能力有限,"他承认,"我没有做我该做的事情。"他没有做必要的短跑练习来提高速度,没有做必要的伸展运动来增强灵活性,也没有做必要的脚步练习来改善步法。

布兰登转行当了篮球教练。现在,他不得不激励球员做一些他曾经逃避的练习。球员厌恶全场冲刺,因为这会让他们累到浑身发软,气喘吁吁。重复乏味的步法练习也让他们感到厌烦。和布兰登一样,他们酷爱练习投篮。但这种激情并没有和谐均衡地蔓延到最枯燥的篮球训练中——对投篮的热爱似乎让那些本就无趣的训练变得更加乏味枯燥。跳投的快乐加剧了球员对无休止运球的恐惧。

我和我以前的学生申智海在研究中发现了一种模式:对某项任务的热情会让我们疏忽自己手上不那么令人兴奋的任务。[27] 我们在一项针对韩国销售人员的研究中发现,他们对自己工作中最喜欢的任务越是热爱,在最不喜欢的任务上的表现就越差。我们在一项实验中复制了这一效果。我们给人们布置了一项无趣的任务:从电话簿上誊写姓名和号码。如果我们随机分配他们在誊写前先观看精彩的优兔视频,他们在抄写时就会犯更多的错误。两个任务之间的反差让数据录入变得更加无趣。

练习总是涉及多种技能，人们很难对全部技能都无比热爱。布兰登开始寻找方法让球员对练习的每个环节都产生和谐的激情。虽然无法减少球员在练习中的痛苦感，但他可以为他们在练习的过程中增加乐趣。他不再试图强迫球员完成最难熬的训练，而是重新设计训练，吸引他们主动参与其中。布兰登回顾道："我想创建一个系统，确保没有球员重蹈我的覆辙。"他将搭建鹰架，并利用球员对这项运动的热爱，帮助他们发挥潜能。

2009年，布兰登成立了一家篮球运动员培训中心。有一天，他遇到了一位年轻的NBA球员。球探们一眼就能看出这位球员的弱点，一位球探写道："他糟糕的身体条件极大地限制了他的发展。"另一位则感叹道："他要身高没身高，要力量没力量，横移速度和跳跃能力也乏善可陈……他还缺乏爆发力，他可能永远都无法从球队中脱颖而出。"

布兰登在这位球员的身上看到了自己的一些缺陷，便把自己的名片递给了他。第二天一早，他们就开始了合作训练。在跟随布兰登训练后的第一个完整赛季中，这名球员就创造了NBA三分球命中最多的纪录。几年后，他连续两个赛季被评为NBA最有价值球员。这位球员就是斯蒂芬·库里。[28]

改变游戏

斯蒂芬·库里被公认是NBA史上最出色的射手。人们常说，库里的三分球堪比迈克尔·乔丹的扣篮——他将篮球比赛变成了一场投篮比赛，从而彻底改变了这项运动。此前两位职业生涯投中三分球最多的纪录保持者打了 1 300 多场比赛才创造了他们的得分纪录。而库里只用了 789 场比赛就超越了他们。

尽管父亲是 NBA 球员，但库里并没有获得过哪怕一项顶级大学篮球项目的奖学金。高中毕业时，他还被严重低估了：在五星级标准中，他只被评为三星级新秀。高三前的一个夏天，戴维森学院的教练去看了他的比赛。"他太糟糕了。他把球扔到看台上，传球失误，运球不稳，投篮也投不中，"教练回忆道，"但在那场比赛中，他从来没有对裁判有半句怨言，也没有对队友指指点点。他总是坐在替补席上欢呼……他从不退缩。这让我印象深刻。"

库里的品格技能在此之前就有所显现。当还是个孩子时，他就经常在父亲的球队里闲逛，他父亲球队的一名球员就曾经注意到，库里"仿佛一块小海绵……无论走到哪里都能吸收信息"。在高中时，即使他的比赛打得很艰难，他也能保持冷静，驰援队友。但研究表明，最自律的人实际上是最少管束自己的人。我的同事安杰拉·达克沃思发现，他们并不依靠意志力来克服困难，而是通过改变环境使其变得不那么艰难。[29]

一个明显的例子可见于棉花糖测试研究。[30] 它是心理学史上最著名也最容易被误解的研究之一。你可能对这项研究的经典版本并不陌生：心理学家在盘子里放上一块棉花糖，告诉几个 4 岁的孩子，如果能等待几分钟，先不要吃掉棉花糖，他们一会儿就能得到两块。学龄前儿童如果能克制住立刻吃掉棉花糖的冲动，那么他们在青少年时期在美国高中毕业生学术能力水平考试中的得分就会更高——这一结果最近又得到了证实。[31]

在第一次观看棉花糖测试的视频时，我本以为自己会看到一群意志力超群的孩子。然而，我却看到孩子们为自己搭建了鹰架，如此一来，他们便不再需要用意志力去抵御棉花糖的诱惑：有些孩子捂住了眼睛，或是遮住了棉花糖；还有的孩子坐在自己的手上；有一个孩子把棉花糖团成一个小球，然后把它当成玩具弹着玩。他们即兴创造了自己的刻意游戏。① 这就是布兰登·佩恩为斯蒂芬·库里所做的事情。

热爱练习

布兰登对库里的训练已经持续了十多年。他告诉我，他们的训练基于一个基本原则："我们的训练毫不枯燥。"他搭建了鹰架，以使练习中最难的部分变得容易一些，从而帮助库里取得更大的进步，同时减少他对纯粹自律的依赖。

为了寓教于乐，布兰登设计了一系列刻意游戏。在名为"二十一分"的游戏中，你有一分钟的时间通过三分球、跳投和上篮（1分值）来获得21分。但在每次投篮后，你都必须冲刺到球场中央，再返回投篮点。球员会在游戏的过程中被累得气喘吁吁，如此一来，这一游戏便模拟出他们在真实比赛中的疲劳

---

① 早期的棉花糖研究假设延迟满足是一种自律的表现——一种优先考虑长期目标而非短期回报的能力。但是，最近重复进行的一项棉花糖研究表明，儿童是否会等待额外的棉花糖，可能与他们成长的社会环境有着更强的关系：在更有教养的环境中长大的孩子可能更容易相信研究者会兑现奖励承诺。[32] 与此相反，那些立即吃掉棉花糖、想要马上沉浸在美味喜悦中的孩子都来自社会经济条件较差的家庭。当在一个物资匮乏和充满不确定性的世界里长大时，你就不能指望自己以后会得到更大的回报了。[33]

感。"每次训练都是一场比赛,"布兰登解释道,"总有一个需要被超越的时间,总有一个需要被刷新的数字。如果你刷新了数字,却没有赢得时间,你还是个失败者。"

与他人竞争存在一个弊端,即你可能在毫无进步的情况下仍然获胜。你的对手可能在竞赛当天状态不佳,或者你可能会因运气好而占优势。在布兰登的刻意游戏中,你的竞争对手是过去的自己,而你追赶的目标是未来的自己。你的目标不是做到最好,而是追求更好。成长,才是通向胜利的唯一道路。

我原以为最理想的发展技能的方法是先练习一项技能,让自己在这项技能上取得进步,然后练习下一项技能。但布兰登并没有重复于某一项具有挑战性的技能训练,而是将各种技能训练混合起来。每隔20分钟,布兰登就让库里从一项"投篮—快攻"训练跳转到另一项训练中去。多样化的训练不仅能够激发他的练习动力,还能推动他更好地学习。数以百计的实验表明,当交替运用不同的技能时,人们会进步更快。[34] 心理学家称之为"交错学习",它适用于从绘画到数学的各个领域。当人们正在培养的各项技能比较相似或较为复杂时,交错学习法尤其适用。即使是对练习进行很小的调整,比如交替使用粗细有别的画笔,或者用不同重量的篮球训练,也能对练习起到很显著的作用。[35]

刻意游戏对改良难熬的夏季练习尤为重要。如果每周有很多场比赛,很多运动员就会失去比赛积极性。但在休赛期,球员又容易失去运动兴趣。后起之秀卢卡·东契奇就是如此,在季前赛亮相时,他的身材已然走形。后来,他开始跟随布兰登一同训练。布兰登的训练帮助他成功减轻体重,也使他的运动速度有所提高。"除非持续打球,否则有时你会觉得夏天无比漫长。但如果只是训练,你就会感到有些单调。"斯蒂芬·库里对记者说。刻意游戏"营造出一种与赛场上非常接近的压力氛围",他说,这意味着"你必须全身心参与且注意力高度集中"。

经过十余年的训练,库里最终解锁了自己隐藏的潜能。他身高 1.88 米、体重 84 千克,这样的身体条件对篮球运动员而言的确是一种劣势,但他现在已经用爆发力和投篮的准确性弥补了自己客观条件上的不足。他认为,这主要归功于布兰登组织的刻意游戏——刻意游戏使他的训练充满和谐的激情。他的决心也让他从这样的训练中获益匪浅。库里的长期教练史蒂夫·科尔表示:"他喜欢这个训练过程,这也是所有伟大的运动员的共同特质之一。他每天都在做日常训练……但每天都乐在其中。他能保持训练激情,这种激情支持着他日复一日地投身日常训练。当像他们一样热爱一件事并为之付出努力时,你所取得的进步也将助推你一直坚持下去。"

刻意游戏虽然不一定能够让你成为职业运动员,但可以增加你的练习动力,为你的技能发展提速。有一天,我在优兔上看到一个视频,视频中的人会每天跟着斯蒂芬·库里训练两小时。[36] 起初,他的三分球命中率只有 8%。而 50 多天的刻意游戏使他取得了巨大的进步,在与之前相同的条件下,他的投篮命中率已经达到 40%。

很显然,刻意游戏可以激发并维持和谐的激情。但这种激情能长期保持吗?伊芙琳·格伦尼给出了肯定的答案——她已经将这样的激情保持了半个世纪。但她也知道,研究表明,即使是刻意游戏,也不应当练一整天。她从惨痛的教训中领悟到了这一点。

你可以休息一下，当你……

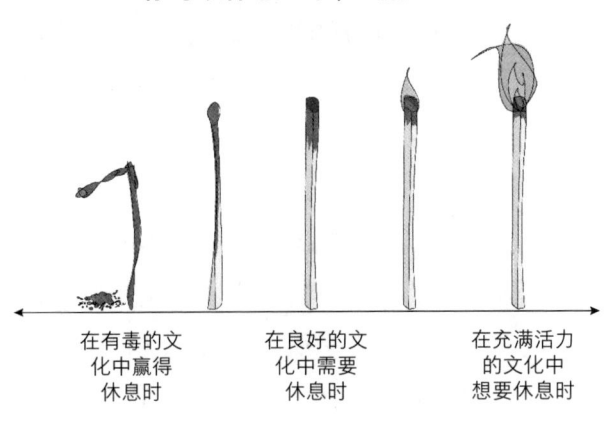

| 在有毒的文化中赢得休息时 | 在良好的文化中需要休息时 | 在充满活力的文化中想要休息时 |

适时休息

在 2012 年的伦敦奥运会开幕式上，主办方为了让现场气氛达到高潮，邀请伊芙琳带领 1 000 名鼓手表演，我正是在那时第一次看她现场演奏。她先是有节奏地敲击面前的多面鼓，继而转换成快速敲击，昂扬的鼓声点燃了整个体育场的热情。后来，当一位奥运冠军高举奥运火炬进入体育场时，伊芙琳奏响了她参与设计的一种乐器——格伦尼音乐阿鲁风，从而让全世界听到了一种全新的声音。阿鲁风看起来像一组蘑菇形的钟，当她用 4 根木槌敲击它时，它就会发出如同管状铃一样温暖且振奋人心的声音。我那时不知道她身体有残疾，更没有发现她甚至听不到自己奏出的音乐。

让我们回头去看少女时期的伊芙琳，那时，她正在参加英国皇家音乐学院的面试，专家组的专家根本不相信一个失聪的女孩能成为职业音乐人。她对专家的疑虑发起挑战，请他们关注自己的演奏水平，而不是自己的听力障碍。在第二次面试后，学院不仅录取了她，最终还因为她而改变了整个英国的申请规则：以演奏能力而非身体条件来评估申请者。

成为英国皇家音乐学院的全日制学生后，伊芙琳仍旧酷爱练习。刚开始时，她每天练习两三个小时，但没过多久，她就感到有压力，需要延长练习时间。当看到同龄人的练习时间更长时，她的脑海中就会悄然浮现出一种强迫感。她问自己应该练习多久，也想知道自己是否应该更频繁地练习。为了延长练习时间，伊芙琳开始提前一小时起床，晚上也会练到更晚。但是，沉重的责任感让她打击乐的节奏不再轻松愉快，继而，她感到自己不再有创造力，也不再进步。她开始意识到何为"过度练习"。为了不让演奏成为一种折磨，她决定定期休息一下。

事实证明，适时休息至少有三个好处。其一，暂停练习，让自己休息一会儿，有助于保持和谐的激情。研究表明，即使是5~10分钟的短暂修整，也足以减轻疲劳，提高精力。[37]这不仅仅是为了防止倦怠。研究表明，在夜间和周末工作，会降低我们工作的积极性，也会使我们更难从工作中体会到乐趣。[38]即便只是有人提醒你周六你还在工作，也足以降低你的内在动力——你会意识到你本可以在这个时间放松一下，去做一些有趣的事情。马友友会将自己每天的练习时间限制为3~6个小时，并努力克制自己不在清晨和深夜练习。肖邦则会敦促他的学生，夏季每天的练习时长不要超过两小时。[39]

其二，休息能激发新想法。[40]我在与申智海合作研究时发现，当对某项任务保有和谐的激情时，适当的休息能提高创造力。[41]你对该任务的兴趣会让与之有关的问题始终活跃在你的脑海中，你也更有可能在放松时有新的构思，找到意想不到的解决方案。林·曼努尔·米兰达轰动一时的音乐剧《汉密尔顿》，正是在度假做着白日梦时构想出来的，彼时，他正悠闲地坐在泳池的漂浮床上，手里还端着一杯玛格丽特酒。[42]这也是贝多芬、柴可夫斯基和马勒经常散步的原因，他们散步的时间几乎和工作时间一样长。[43]

其三，休息有助于深化记忆。一项实验表明，学生学完知识后休息10分钟，记忆力会提高10%~30%[44]，而对于中风者和阿尔茨海默病患者来说，休息对提高记忆力的效果更明显。约24小时后，我们学到的知识就会开始从记忆中消退——我们的遗忘曲线将进入下降阶段。[45]我们可以通过间歇性复习，即穿插放松时间的练习，来避免遗忘。[46]这一方法的作用已经得到业界公认。刚开始，你可能需要一小时练习一次，随后你就可以延长自己的休息时间，直到你将练习频率调整为每天一次。

强迫症会使我们将休息视为松开油门。不将自己逼到精疲力竭我们不会停下来——这就是追求卓越的代价。如果能够保持和谐的激情，我们就更容易认识到，休息其实更像是为我们添加燃料。只有定期放松，我们才能保持精力，避免倦怠。

放松不是浪费时间，而是对健康的投资。休息不会分走你的注意力，而是会给予你调整注意力和酝酿想法的机会。游戏不是无聊的活动，它是快乐的源泉，是通往纯熟技能的路径。

现在，你如果观看伊芙琳演奏就会发现，她独自练习时所流露出的快乐与她在面对全世界表演时的快乐别无二致。但她的每项练习很少超过20分钟，之后她会休息一会儿。"有时我真的很想拿起鼓棒去演奏；有时我又会想，'不，我只想坐在这里盯着墙壁'；还有的时候，我可能想在笔记本上写点儿什么，或者想要读一本好书。"

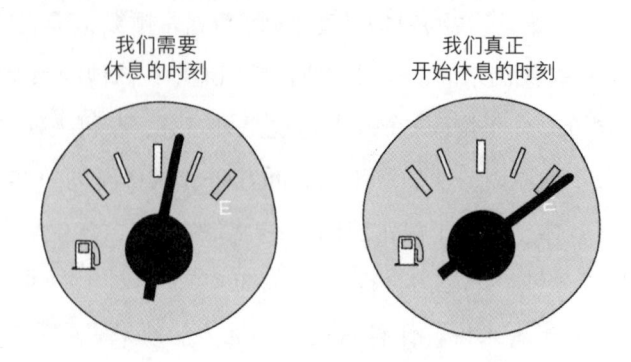

我们需要
休息的时刻

我们真正
开始休息的时刻

她告诉我，当失去演奏兴趣或无法集中注意力时，她就会完全停止演奏。"有价值的练习才能让人进步。练习重在质量，而非数量。你需要在练习中有所转变——当走出练习室时，你已经与之前的自己不同了。"

不久前，一位母亲向伊芙琳咨询，她的女儿在通过了一系列音乐考试后，就对练习小提琴失去了兴趣。这位母亲希望伊芙琳能给她加油打气，激励她继续练琴。

然而，伊芙琳却反其道而行之。她临时设计了一些刻意游戏：让女孩挑战倒着拉曲子；让她想出 10 种不拉琴的方法，并把她最喜欢的电视节目和最喜欢的动物的声音融入小提琴演奏。女孩在离开伊芙琳时，脸上挂着灿烂的笑容。以前，女孩的练习都高度关注"被评判的练习成果"，伊芙琳说，刻意游戏让她明白，"真正的练习成果是让自己快乐"。如果我们不能在技能练习中感到愉悦，我们的潜能就会被隐藏。

第 5 章
摆脱困境
前行之路迂回曲折

> 每个极点既是起点,也是终点。[1]
> ——乔治·艾略特

七年级时,他是人们口中的奇才。到了高二,专业球探纷纷来到棒球比赛现场,想要一睹他的风采。大学期间,他作为美国队的首发投手,将一枚奥运会铜牌收入囊中。同年,得州游骑兵队在第一轮遴选中就选中了他,并提供给他 80 多万美元的签约奖金。他将从他们小联盟的顶级赛开始,一两年内,他就可以跻身大联盟——他就是 R.A. 迪奇。任谁都会认为,R.A. 迪奇前程似锦,今后大有可为。

但是,突然间他就跌落神坛了。

1996 年,当迪奇去游骑兵队签约时,一位球队教员发现他手臂的悬垂角度不太正常,于是建议他先做个 X 光检查。他们此前并不知道迪奇的右手肘部少了一根韧带。这块组织对手臂的投球动作有着至关重要的影响,这块组织的缺乏将会明显限制迪奇投球潜能的进一步开发,这就意味着他可能永远也投不出速度理想的快速直球。游骑兵队把签约金降至不到 8 万美元,并把他列为小联盟系统中的最低阶球员。这是第一击。

正所谓世事难料。棒球是迪奇暗淡人生的救赎。[2] 他在纳什维尔的穷乡僻壤长大,母亲总拉着年仅 5 岁的他去当地酒吧喝酒,一直喝到酒吧关门才离开。几年后,他的父母便离异了。对迪奇而言,父亲仿佛人间蒸发了一般,鲜少露面。迪奇体会到一种被遗弃的感觉,这让他产生了想要证明什么的想法。

迪奇在棒球小联盟中苦苦挣扎了整整 7 年。他觉得自己似乎在浪费职业生涯的黄金时期。他无法投出技惊四座的快速球,便转而磨炼起改变球速,以及让球高速旋转的能力,以达到迷惑击球手的效果。终于,他在快 30 岁时取得了重大突破:游骑兵队让他进入了大联盟。

没过多久,迪奇就意识到自己水平不够。球探和记者对他的表现和潜力做出了残忍的评价:老投手、边缘投手、平庸之徒。他给了对手太多跑垒机会,有他在的比赛总是输多胜少。他知道这意味着什么。他已经变成了一个彻头彻尾的失败者。

游骑兵队大联盟的第三个赛季刚过半时,迪奇的经理们与他进行了一次严肃的谈话。他们说他"一事无成"。他反思道:"面对这个评价,我实在难以反驳。我已经无所适从很久了。"于是他们将他调回小联盟。这是第二击。

迪奇立志要重返大联盟。在休赛期,他对着煤渣砖进行了无数次投球练习,他还在车里放了一个棒球,以便在开车时练习自己的握力。他前所未有地努力起来。

在随后的赛季中,游骑兵队给了他一次上场机会。重返赛场后，他首战就一举追平了大联盟的一项纪录。

但这个纪录并非得分纪录。迪奇在仅仅三局比赛中就让对手打出了六个本垒打——全场再也找不到比他更差的投手了。在观众的嘘声中，游骑兵队再一次把他踢出比赛，调回了小联盟。三振出局。

棒球投手通常在二十五六岁时达到职业巅峰，30岁出头就会退役。[3] 显然，31岁的迪奇想要东山再起已经太晚了。他仿佛在不断地碰壁，而那墙壁上的字赫然提醒他：他的棒球生涯结束了。

在磨炼一项技能的过程中，陷入困境是最令人沮丧的事情之一。你不再有任何进步，一直停滞不前的状态让你觉得自己仿佛已经达到智力或体力的极限。停滞不前标志着成长的结束，也意味着衰退的开始。你会认为自己的全盛期已经过去，自此一切都在走下坡路。我们会想当然地认为，外科医生在其视力和反应能力衰退时，就会陷入职业的停滞和衰退期；科学家的神经元死亡后，科研能力就会停滞和衰退；运动员的力量和速度一旦减弱，运动能力就会不可避免地停滞和下滑。但其实并非如此，现实远比我们想的更振奋人心。

迪奇在35岁时终于彻底打破了自我禁锢，离开了自己常驻14年的小联盟，重新杀回大联盟。那一年，他拿到了让他成为全美棒球十佳投手的平均跑垒分，并与纽约大都会队签订了一份数百万美元的多年合同。在他的选秀小组中，有9名投手的成绩在他之上，其中8名已经退役，第九名也无望重返大联盟。与这些投手不同，迪奇刚刚发现自己隐藏的潜能。

他最终能够取得胜利是因为曾有很多人帮助他搭建鹰架。鹰架的搭建者不尽相同，搭出的鹰架也形态各异，迪奇用了很长一段时间才把这些分散的鹰架拼凑成一个整体。但是,如果他的教练没有让他从头再来,他就永远都脱离不了苦海。

即使长期处于低谷,也不意味着你无法东山再起;即便已经攀上高原,也没有人可以确保你能久居顶峰。这些极端情况只是向你传递了一个掉头信号:也许是时候该去寻找新的道路了。陷入困境通常是因为你选错了方向、走错了路,或是耗尽了燃料。只有原路返回,重新规划路线,你才能重获前行的动力——哪怕这样做有违初衷。于你而言,新路可能是陌生的、迂回蜿蜒且崎岖不平的,但你要明白,进步很少是一条直线,它通常是回环辗转的。

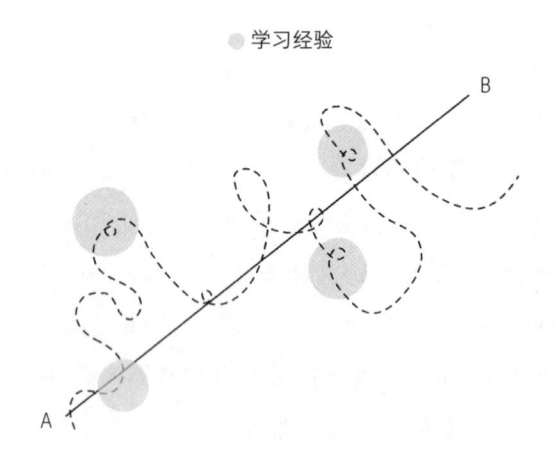

● 学习经验

以退为进

人们的技能不会随着练习时间的累积而稳步增长。技能的提高就像开车上山:我们不断向高处行驶,前路越发陡峭艰险,而沿途的收获却越来越少。当动力耗尽时，我们就会停滞不前。面对这种情况，只踩油门无济于事——虽然我们的车轮还在转动，但我们无法前进分毫。

认知科学家韦恩·格雷和约翰·林德施泰特在一项有关进步的研究中得出了一条迷人的弧线。他们分析了一个多世纪以来与人类进步相关的证据，发现我们的技能水平在停滞一段时间后，并不会直接恢复进步态势。在此之前，我们总会经历一定程度的退步。[4] 从玩《俄罗斯方块》到打高尔夫球，再到记忆事实，当人们在各领域出现技能停滞时，后续的技能提升通常都出现在技能退化之后。

当山穷水尽、走投无路时，我们可能不得不掉头下山才能继续前行。只要退得足够远，我们就能寻到另一条路——这条路将帮助我们积蓄足以支撑我们到达山顶的力量。

我们往往很难接受主动退步一事，因为这意味着我们必须心甘情愿地放弃现有计划，从头再来。选择放弃已经取得的成果势必带来更多暂时性的退步。但这其实是我们在以退为进。"在创造、测试、否定或接受新方法期间，人们的表现会受到这一过程的影响"，格雷和林德施泰特解释道，在"新方法大获成功……超越之前所达到的水平"之后，我们就会有所提升。

寻找正确的方法有如摸着石头过河，需要不断试错。有些方法可能一开始就存在问题，会让我们深陷泥淖。但是，即便尝试的是更好的方法，最开始我们也难免会走一段下坡路。这些退步是正常的，而且在很多情况下，经历这样的退步是必要的。

如果你一直用"二指禅"的方法打字，那么你每分钟能打出30~40个字。⁵在这样的前提下,无论你练习得多努力,打字的速度都不会变快。如果你想让打字速度加倍,每分钟打出60~70个字,你就必须尝试一种新方法——盲打。但在使用新方法提高打字速度之前,你将不得不先放慢打字速度。因为你需要投入一定的时间,才能熟记每个字母在键盘上的位置。

你想要磨炼的技能越是高级,与之相关的学习曲线就越是陡峭。⁶如果你要复原魔方,最简单的方法是一层一层地复原。⁷你可以先在一面转出一个蓝色的十字,再将边角转满,而后开始复原另一面。约130步后,你便大功告成了。如果想要更迅速地复原魔方,你就需要记住一系列公式。一开始,记住并应用这些公式需要花费你很长的时间,但这些公式最终可以将复原魔方的步骤缩减到60步。在转变方法的过程中,你还需要重建你的肌肉记忆——摒弃旧习惯,改用新习惯。

出人意料的是,即使你并非有意以退为进,这种退步也能为你创造进步条件。在一项对超过28 000场NBA比赛所进行的研究中,研究人员调查了球队在明星球员受伤后的表现。⁸不出所料,球队会一蹶不振。但是,一旦明星球员康复归队,球队获胜的次数甚至比其退赛前更多。为什么明星球员的暂离最终会帮助球队变得更好?

没有了明星球员,球队就被打回原形,不得不寻找新的成功之路。他们会重新定位自己的角色,让外围球员能够走上中心,并制定新的战术来发挥他们的优势。当明星球员归队后,球队的投篮分配会变得更平衡。他们不再只寄希望于明星球员像英雄一样扛起整支球队了。①

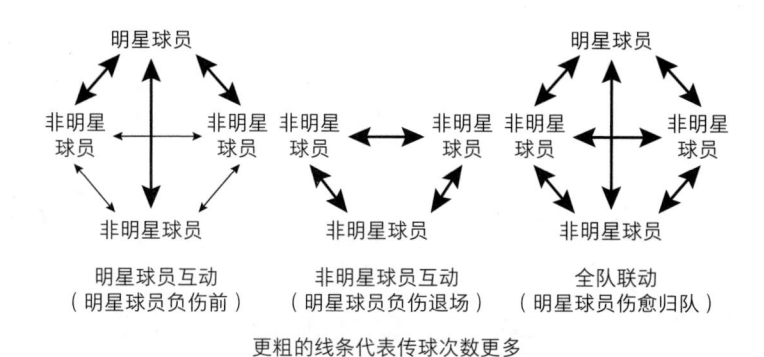

```
      明星球员                                    明星球员
        ↕                                          ↕
非明星 ↔ 非明星      非明星 ↔ 非明星       非明星 ↔ 非明星
球员     球员        球员     球员         球员     球员
        ↕                                          ↕
      非明星球员                                  非明星球员

  明星球员互动        非明星球员互动          全队联动
（明星球员负伤前）  （明星球员负伤退场）  （明星球员伤愈归队）
```

更粗的线条代表传球次数更多

在美国国家冰球联盟的冰球队中，你也能看到与 NBA 明星球员受伤后的篮球队类似的进步模式。冰球队越是试着让不同的球员组队上场，队员的表现就越好。9

我们本不应该在受伤这样的极端情况发生后才停步、掉头、改变路线。但事实上，我们总是害怕后退。我们认为放慢脚步就会失去优势，我们把后退视为放弃，将改道视为偏离航线。我们会担心一旦开始走回头路，我们就会彻底丧失立足之地。而这意味着，我们会留在原地——固然站得安稳，却始终停滞不前。我

---

① 受伤持续时间很重要。如果 NBA 明星球员只缺席一两场比赛，那么在他归队后，球队并不会有明显的进步。因为这样似乎没有足够的压力或时间让他们设置新的角色定位，学习新的打法。如果明星球员缺席时间过长，比如缺席半个赛季或更长时间，也不会给球队带来任何好处。这可能是因为球队队员已经完全习惯了新的身份定位和新球路，故而在明星球员归队后很难在新体系中有效地运用他的能力。在希望你钟爱的球队能让其明星球员多打几场比赛之前，你应该知道，为了让缺席的代价得到补偿，一支普通球队的明星球员若缺席 15 场比赛，就需要在归队后补打约 43 场比赛。不过，这也确实为不让明星球员出战提供了一个新的理由和方法。通常情况下，负荷管理包括让球员在比赛中不时休息，以避免他们受伤和感到疲惫。一支球队在陷入困境时，让明星球员连续几场比赛不上场，可能会扭转颓势——这是重新安排球员角色，提振全队战斗力的机会。

们需要学会接受暂时的迷失带给我们的不适感。

一记挥空

主动后退让我们进入一个新的领域——我们正处于一个未知的领域。我们将会沿着一条全然陌生的道路，奔赴一个从未到过的目的地，甚至可能在一开始就看不到峰顶。为了找到路径，我们需要借助一些基本的导航工具，用它们来搭建一座鹰架。

坏消息是，这世上并不存在完美的地图。没有人会为我们画出一条确切的路线——甚至可能连路都没有。我们或许不得不自己开辟出一条道路来，边走边想路线，在行进的过程中转过一个又一个弯。

好消息是，我们其实并不需要依据地图的指导才能出发。我们只需要用一个指南针来判断自己行进的方向是否正确。

我们认为出发时需要的	我们实际上需要的
一张有关未来的完美地图	一个大致的方向

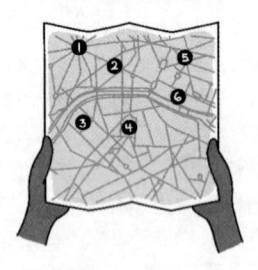

你可能会在书本、网络或与他人的谈话中找到指南针，而指

南针的式样取决于你所学技能的特征。好用的指南针会在你偏离方向时发出信号,并指引你走向正确的方向。如果在学习 C++ 时停滞不前,你很快就可以在网上检索到将你导向 Python(一种计算机编程语言)的指南针:它更容易上手,而且同样可以帮助你完成各种任务。如果你的油画表面总是有很多硬块,你或许会在与一位经验丰富的艺术家聊天时找到指南针,他会建议你使用某种溶剂来稀释你的颜料。如果你是一名棒球投手,你正在试图摆脱长期低迷的状态,某位教练可能会给你一个指南针,他会告诉你,你的快速球投得太慢了,并为你指出新的投球方法。

R.A. 迪奇的转变就是从这里开始的。我之所以找到他,是因为我从未见过一个人在停滞了如此久、退步了如此多之后,还能取得如此巨大的进步。如果说这个世界上还有一个人知道如何摆脱困境,那么这个人一定是他,他从自己领域的垫底之人一跃成为最佳选手。

在做了近 10 年的小联盟投手后,迪奇依然在棒球事业和养家糊口之间苦苦挣扎。为了在休赛期支付账单,有一年春天,他从鳄鱼出没的咸水湖里捞出高尔夫球进行售卖。10 年间,他搬了 30 多次家,却发现自己还在原地踏步。他仿佛陷入了流沙:他越想挣脱,就越是深陷其中。①

31 岁时,迪奇最后一次参加小联盟比赛,他的投球教练递

---

① 根据流沙科学(是的,确实存在这样一门科学),人类不可能被流沙吞没。[10] 只要受到一点儿压力,沙子、土和盐水的混合物就会液化,把我们拖下流沙——人体的密度太大,流沙只能没过我们的下半身,但即便如此,我们还是很难从中挣脱:仅仅把一只脚拉出来,就需要能够抬起一辆汽车的力量。要想挣脱流沙,就得摆动双腿,让水流把困住你的沙子冲开。然后换成仰躺的姿势,将你的重量分散到沙面上,减轻沙子受到的压力,让自己浮起来。随后,你就可以用仰泳的方式离开了。

给他一个指南针。他们告诉他，他走错了方向：以目前的投球情况来看，他永远不可能重返大联盟。为了挽救他的职业生涯，教练们给他指出了一条神秘的道路，这条路人迹罕至，晦暗不明。这么多年来，迪奇偶尔会投出一种奇特的球——迪奇将它命名为"怪球"，这也是他的杀招之一。他的教练认为，他的握球方法与蝴蝶球的握球法相近，而后者是一种极为罕见的投球。他们鼓励迪奇将这种投球练精练熟，使它成为他比赛时的必杀技。

　　蝴蝶球的飞行速度并不快，球在飞行时也不会极速旋转，这种投球会在空中尽可能平缓地飞行。你在投球时不是用手将球完全握住，而是用食指和中指的指甲抠住球。让这两个手指的关节立在球面上，蝴蝶球这一标志性的名称由此而来。这种与众不同的握法让投出的球无法旋转，球在空中以"之"字形不规则地飞行，从而迷惑了击球手。[11]

　　蝴蝶球如此难以预测，以至捕手们只有戴上特大号手套才能接住它。而投掷蝴蝶球不需要很大的力量，也不会对手臂造成严重的拉伤，因而可以延长投手手臂的使用年限。蝴蝶球固然很难被击中和接住，但是想要投出蝴蝶球也绝非易事。正如迪奇后面会发现的那样，要让自己熟练掌握蝴蝶球投法，真是难上加难。

　　迪奇不知从何处着手培养自己的技能，没有明确的道路可走。他的投球教练此前从未指导过蝴蝶球投手——他们无法给他提供一张地图，因为他们没有相关的地图，他们也没有任何有关蝴蝶球的教科书或训练教程。他们能提供给迪奇的只是一个指南针，为他指出投掷蝴蝶球的大致方向。

由于缺乏前人经验的指导，迪奇需要先后退，才能开始理解蝴蝶球投法。他的手腕应该尽量保持固定，这样才能防止球体旋转。但是，他从小接受的理念是在投球时要迅速转动手腕：投快速球时手腕要后旋，投曲线球时手腕需上旋，投沉球时手腕应侧旋。"我必须重新学习这些，"迪奇告诉我，"重新学习投球技巧。重塑技能之前我需要大量解构，我必须从零开始重建。"没人能向他保证，他的努力一定会得到回报。

迪奇完全掌握了寻求不适感的品格技能。但他刚开始在比赛中使用蝴蝶球时并不顺利。他第一次在小联盟比赛中投蝴蝶球，就在6局中丢掉了12分。首次使用蝴蝶球在大联盟比赛时，他追平了全垒打历史最差纪录，游骑兵队因此彻底解雇了他。尽管如此，他还是坚信自己有投出好球的潜能，他只是不知道如何将自己的潜能挖掘出来。

指南针的不足之处在于，它只能指明方向，却不能提供指导。它可以帮助你离开错误的道路，并为你指出一条更好的道路，但是你还需要一个向导，才能在这条新的道路上走得更稳健。

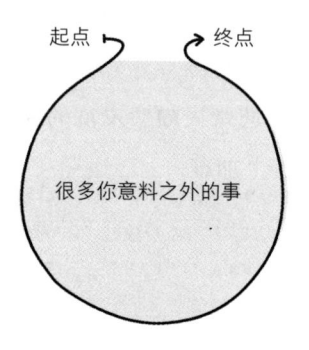

能者不能教

如果对通往目标的道路知之甚少，我们通常会向专家寻求指导。众所周知，我们应当取法乎上。我们会向特级厨师学习烹饪，会为孩子报名参加职业网球教练的网球课。人们总想让自己所在领域的巨星做引路人，学习如何跟随他们的脚步。在上第一堂物理课时，还有比爱因斯坦更好的老师吗？

事实证明，确实存在不少。在一项设计巧妙的研究中，经济学家想知道学生是否真的能从专家那里学到更多东西。他们搜集了 2001 年至 2008 年美国西北大学所有新生的数据，调查了如果新生的入门课程由资历更高的教师教授，他们在第二阶段的课程中是否会有更好的表现。你可能会认为，学生跟从专家（终身制教师或终身教授）学习基础知识，会比向非专家（专业知识较少的讲师）学习更有收获。但调查显示了相反的结果：由专家教授指导入门课程的学生，在下一阶段课程中的成绩反而更差。

各个领域都存在这种现象：在各个学科中，跟从专家学习入门课程的学生收获都较少。[12] 上述研究持续了数年，超过 1.5 万名学生参加，都是在难度较高且评分较容易的课程中进行的。专家们尤其不擅长教授那些学术积淀不足的学生。[①]

[①] 这项研究为重新思考大学终身教职提供了有力的依据。大学终身教职的典型模式是要求教师在发表研究成果的同时，还要教授课程，而我们早就应该为不擅长教学的研究人员设立第二种职位，为不做研究的讲师创造第三种选择。无论如何，研究与教学是两种不同的技能：研究成果与教学效果之间的平均相关性为零。[13] 研究人员可以审核课程的严谨性和全面性，而讲师可以为有效教学的研究提供信息。

事实证明，如果你要走一条新路，最权威的专家往往是最差的向导。专家很难为初学者指出一条适合他们的好路，因为他们的意见对普通人而言遥不可及——他们已经走得太远，很难设身处地考虑初学者的需求。这就是所谓的"知识诅咒"：你知道的越多，就越难理解何为无知。[14]正如认知科学家西恩·贝洛克所总结的："你的技能越出色，你传授这一技能或帮助他人学习这种技能的能力往往就越差。"[15]

这就是爱因斯坦授课的魔咒。[16]他的学识过于渊博，而他的学生所知甚少。他的头脑里有太多的想法，他甚至很难条理清晰地将其表达出来，更不用说向初学者解释引力如何使光弯曲了。虽然他当时是物理学界一颗冉冉升起的新星，但他的教学实在乏善可陈，甚至在他首次讲授热力学课程时，只有三名学生来听课。他的教学内容常常超出学生的理解范围，这也导致他开设的第二学期课程未能吸引更多的学生，爱因斯坦不得不取消了这门课。几年后，校长对他的教学能力不太满意，他差点儿因此丢掉了另一个教职。

人们常说，能者行之，不能者为师。[17]更准确地说，才能出众的人往往不知道如何教授基础知识。对很多专家而言，知识是不言而喻的——只可意会，不可言传。[18]你对技能的掌握越纯熟，就越难自觉地注意到基础知识。实验表明，技能娴熟的高尔夫球手和葡萄酒爱好者很难描述他们的挥杆和品酒技巧——即使只是解释自己的方法，也足以干扰他们的表现。[19]他们往往处于自动驾驶状态。当第一次看到一位优秀的跳水运动员做四周半翻腾时，我请教他如何才能达到这样的转速。他只是回答："像球一样转就行。"专家往往对前行之路有直观的理解，但他们很难清楚地描述所有的步骤。[20]他们的"大脑回收站"里已经堆积了一些垃圾。

专家的指导不仅不能帮助你找到方向，还容易让你陷入困境。更糟糕的是，他们会让你觉得是你自身的局限性阻碍了你的进步。我在高中时最喜欢的两门学科是心理学和物理学，所以我在刚进大学时颇为纠结，不知该选择哪个作为自己的专业。后来我进入一位著名天体物理学教授的班级，这让我激动不已。有一天，他宣称宇宙就是一切，并指出宇宙正在膨胀的证据……却没有解释它将膨胀成什么样子。我对这门课程的热情一落千丈，自我感觉也从自信变为自怨自艾。虽然他充满热情，对学生也关怀备至，但他离自己的初学阶段太过久远，现在他已经有了异常丰富的知识储备，根本无法理解我贫乏的头脑。我自此再也没有上过物理课。

即使你求助的专家能够引导你走上他们的路线，你在请教他们时也会遇到第二个挑战。你们的优势和劣势不尽相同——他们路途上的山丘和山谷与你所面对的地貌并不一致。你们的目的地可能相同，但你与目的地的距离却比他们的要远得多。盲目地跟从他们会使你既不清楚他们所走的道路，也不了解你自己要走的道路。

当然，熟悉你的向导会给你提供更个性化的建议。人们都愿意求助值得信赖的导师，希望他们能够明确给出正确的建议，但人之智识有涯，哪怕是专家也很难凭一己之力洞悉所有的方向。在一项有关律师如何晋升为合伙人的研究中，你可以看到这一点。仅接受一位导师的指导，不会对晋升产生任何影响。[21] 但与没有导师引导的律师相比，有导师帮助的律师对工作更满意，工作更投入。如果一位律师想要晋升为合伙人，那么寻求多位导师的指导就显得格外重要。不同的导师能够与他分享不同的晋升秘诀。不过，他也不需要求助太多导师——两三位导师的指导就能帮助他晋升为合伙人，让他避免陷入停滞不前的状态。

就像我们不应该向最杰出的专家寻求最基本的指导一样，我们也不应该只依赖某位向导的指引。没有人知道你具体应当如何前行。但如果咨询多个向导，将向导们提供的路线结合在一起，你就会发现一条你从未看到的路线。前路越是晦暗不明，山峰越是高耸难攀，你需要求助的向导就越多。[22] 真正的挑战在于，你如何才能将各种指导整合起来，找到一条适合自己的路线。

编写自己的指南

我们应当向多位向导求教，但不能简单直接地询问："我能借用你的大脑吗？"求助向导是一个反复互动的过程。况且，借用大脑的形象也不那么讨喜。我们不可能用守株待兔的方式获取信息。我们所生活的世界并非"黑客帝国"，向导不可能将洞见上传到网页上供我们下载。

跟从向导的意义不在于盲目听从他们的指引，而在于在他们的指引下，与他们共同规划出可行的探索路径。要做到这一点，你必须让他们表达出深藏于心的知识。要成为海绵，你固然需要先征求向导们的意见，但并不是要求他们直陈建议，而是让他们回顾自己走过的路线。

这样做，你的向导会用地图钉标记出他们在攀登过程中遇到的关键点和转折点。为了让他们重新想起那些早已忘却的记忆，你可以询问他们曾在路途中遇到哪些十字路口。这些可能是他们曾经追求的技能、采纳或忽视的建议，或是他们做出的改变。告诉他们你迄今为止走过的路，也有助于他们提出更适合你发展的建议。如果你的向导们了解了你以前的际遇，也知道了你现在所处的位置，他们可能就会注意到他们原本忽视了的进步路径。

你无法仅凭收集到的地图钉组成一张完整的地图。有些标记可能并不适合你——其中一个地图钉可能会指引你渡过一条小溪，但此时你骑着自行车，不能像划船一样泰然涉水。有些地图钉的标记于你而言可能根本不适用——此路已然不通。你可能会在那片区域来回绕圈，才能找到正确的道路。你的向导很可能不知道，那里有一座最近才修建的桥梁。

进步

我们想让它像快速球　　　　　它实际上更像蝴蝶球

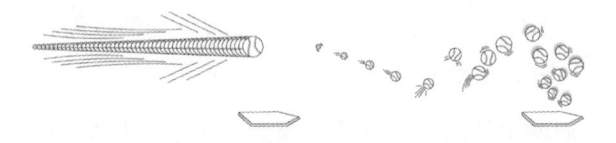

当我问迪奇，他是如何找到自己的道路时，他首先提到的一件事就是求助的向导必须足够多。他没有固定的导师。当迪奇2005年开始练习蝴蝶球时，蒂姆·韦克菲尔德是大联盟中唯一的现役蝴蝶球投手，其他选手甚至很少尝试蝴蝶球，退役球员中也只有十几个人成功投出过这种球。没有一位专家能解开蝴蝶球的所有奥秘，也没有教练能给予他完备的指导。他不得不像海绵一样寻找可靠的信息来源，过滤掉与自己无关的技巧，并相应地调整自己的投球方法。

经过几个月的独自挣扎，迪奇终于决定主动寻求指导。他要走的道路漫长又曲折，所以他需要参考各种各样的观点。他开始接触为数不多的几位在世的蝴蝶球奇才。他希望能从他们那里得到一些地图钉。但他们也没有可以倾囊相授的现成解决方案，只是提出一些可供参考的想法。

2008 年，在与蒂姆·韦克菲尔德所在的球队比赛前，迪奇说服他指导一下自己。这就是蝴蝶球之路的孤独体验：一名球员会把自己的商业机密交付给自己的对手，只为让蝴蝶球投法得以延续。在观看了蒂姆的投球并询问了一些问题后，迪奇想到一条可尝试的新路径：他应该确保自己在投出球时，手臂能够顺着身体中心落下。第二年，他朝圣般地求教于名人堂成员菲尔·尼克罗——史上最伟大的蝴蝶球投手。尼克罗注意到他投球时臀部没有向前推，这也让迪奇看到了另一条进步之路。迪奇还曾多次求教于另一位已经退役的蝴蝶球投手——查利·霍夫，霍夫教他如何调整握球姿势，捋顺投球动作。为了防止球旋转，迪奇想象自己站在一扇门里，在投球过程中，不能让身体碰到门框。这种想象限制了他的手臂运动，他感觉自己像一头霸王龙，但这也成为一个关键的转折点。

迪奇还必须忽略一些地图钉的指示。他的投球教练一直建议他把球速放缓，从而投出韦克菲尔德和霍夫擅长的慢速蝴蝶球，即将球速控制在每小时约 97 千米。但在尝试了不同的球速后，迪奇发现自己投出的最佳蝴蝶球的速度通常为每小时约 129 千米。

有时，我们需要自己去发掘一些向导无法提供给我们的方向，并写下它们。经过反复尝试，迪奇发现自己需要学习一项新技能：修剪指甲。为了投出一个漂亮的蝴蝶球，他的指甲不能太短，因为长一些的指甲才能对球体产生牵引力；但他的指甲又不能过长，太长容易断。可以说，他成了自己的美甲店。

经过三年的兜兜转转，迪奇终于不再迷惘困顿，走上了一条前进的道路，这还要归功于他自己编写的指南。

即便如此，这条前进之路也并非坦途。他的向导们曾警告他，他要面对的情绪挑战可能会像身体挑战一样让他难以承受。由于投掷蝴蝶球并不是枪弹射击，所以他无法做到瞄准某处精准打击——他能做的就是让球像蝴蝶一样飞走。他必须接受不完美：他的表现会像球的飞行轨迹那样飘忽不定。"如果不与那些和我有相似经历的人交谈，我根本不会相信我的未来会有转折，"迪奇告诉我，"希望是不可思议的燃料。我有幸遇到了一些能够帮助我维持希望的人。"

据他估算，在掌握稳定的投球技能之前，他曾向砖墙、煤渣砖和球网投掷过3万多个蝴蝶球。缓慢的进步速度让他一度怀疑自己能否在大联盟中站稳脚跟。更糟的是，他在2008年再次刷新了"史上最差"纪录。也许他注定要以"一局四投四失先生"的"美名""名垂青史"。正如他向我描述的那样："当全身心投入某件事却看不到结果时，你着实会感到沮丧气馁。"

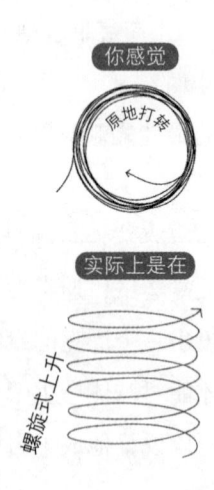

你感觉

原地打转

实际上是在

螺旋式上升

勉强支撑

当决定掉转方向后,人们总会感到气馁,气馁也是新路线上常见的障碍。因为从原有的路线倒退后,并不总能直接走向新的高峰。你有时会陷入困境,这并不是因为你走错了路,而是因为你得在这条路上一次次绕圈,最终才能到达顶峰。当迂回绕圈时,你根本看不出自己在前进。当看不到足够的进步时,你前行的动力便难以为继了。

这种感觉就叫"颓靡"。[23] 颓靡是一种停滞和空虚的感觉。这个词由一位社会学家(科里·凯斯)创造,并由一位哲学家(玛丽亚·凯里)发扬光大。

颓靡是一种停滞不前的情感体验。你可能并没有陷入抑郁或倦怠,但你肯定会感到活着了无生趣。日子周而复始,而你只是浑浑噩噩地挥霍着时光,看着灰暗的生活在眼前倏忽而逝。①

在写这一章时,我一直在努力寻找合适的喻体来架构这种非线性的进步。我尝试了无数个比喻——拆除和翻新建筑、挖掘隧道、凿穿围墙、移植植物,却都行不通。我的评判委员会在阅读了相关稿件后,只给它们打了4分(满分10分),他们已经够宽容了。他们提出了一个咒语般的观点:将植物斩草除根。我从头

---

① 2021年,我在为《纽约时报》所写的一篇文章中首次谈到了"颓靡",称其为心理健康中被忽视的中间孩童:抑郁与心盛之间的空白地带。[24] 此观点一出,我从未见过人们如此有精神地谈论一种自己完全提不起精神的状态,尽管他们在谈论这一问题时一般不超过一个音节:嗯。

修改我的稿子,但仍然没有引起他们的任何共鸣。我便试图复活我栽种的这株植物,重新用植物做喻体,他们干脆给我推来了除草机。

我连续几周反复绕圈,最终陷入了颓靡的状态。我竟在"摆脱困境"这一章身陷困境,这对我来说不无讽刺。我简直要气死了,一点儿都不好玩。作为一个线性思维者和自律的作家,我通常会在早上就对自己当日要写的内容有清晰的规划,继而就会坐在计算机前敲击键盘写作。找不到明确的目标让我坐立难安。我盯着空白屏幕上闪烁的光标,决定考察一下光标(cursor)这个词的由来。它被称为光标,是为了致敬所有诅咒过它的作家吗?我就这样耗到了晚饭时间,感觉自己浪费了一整天——这着实可气。为了找点儿事来掩盖这一章对我的消极影响,我在深夜吃冰激凌,和朋友莫妮卡、钱德勒四处闲逛。我还不得不与睡前拖延症说你好。[25]这些事只能让我的状态变得更糟,我的油箱快空了。①

在研究隐藏的潜能时,我意识到颓靡不仅指一种陷入困境的感觉,它还会让你停滞不前。研究表明,颓靡状态会分散你的注意力,削弱你的行动力。颓靡正像那吊诡的"第二十二条军规":你知道自己需要做一些事情,但你又不确定做这些事情是否有意义。这时,你需要在高速公路上找到一个休息区停下来,为你的车补充燃料。

---

① 你是否也想知道,cursor一词源自拉丁语currere,意思是"跑",有时也译为"奔跑的信使"或"跑腿男孩"。它最初指计算尺上一种来回移动的部件,一部分计算机先驱借用了这一名称。有一段时间,他们试着叫它"小虫子",但老实说,没人会喜欢"小虫子"。[26]

绕道而行

当我询问人们怎样才能取得更大的成就时，最常见的一个答案是：你需要全神贯注、一心一意地向目标前行。你要加倍努力，舍弃一切有可能消耗精力或分散注意力的事物。如果想在工作中出类拔萃，你就得早出晚归，在工作上投入更多时间。要分清主次，把业余爱好放在次要位置……绝对不要做副业。你肯定不想看到自己在工作中分心，落得精疲力竭的下场。

但事实并非如此。偏离目标不一定会分走你的注意力，它也可以成为你的能量源泉。

一项研究表明，在晚间从事副业的人，第二天会有更优异的工作表现。[27] 他们在夜间取得的进步，能够让他们在第二天早上的工作中如虎添翼。他们从副业的激励中得到的益处，要远超他们为自己的分心所付出的代价。

业余爱好也有类似的积极作用。另一项研究表明，私下认真发展自己的业余爱好，有助于提升人们在工作中的自信心——前提是业余爱好必须与工作所涉及的领域不同。[28] 如果你是一名陷入颓靡的艺术家，那么兼职做陶艺并不能激发你的掌控感。但如果你是一名感到生活了无生趣的社会工作者或会计，那么陶艺于你而言可能是一条新的进步之路。

在所有的研究因素中，进步感与日常动力的关系最为紧密。[29] 你不能一直翘首盼望那些毫无增益的事情为你带来动力。有时，你可以绕道而行，先抵达一个新的目的地，并以此唤起动力。

绕道而行是指走上一条偏离主干道的路线，你可以在这条路上补充燃料。你没有止步不前，也并非无所事事。你只是暂时偏离了方向，但你仍在前进。你在朝着不同的目标前进。

心理学家发现，并非只有巨大的成就才能为我们带来进步感，微小的突破也能为我们补充燃料。[30] 即使已经偏离了主路，你在路途中取得的进展也会提醒你进步的可能性。你不会再因为前路漫漫而畏葸不前，你已经准备好进行下一个转弯。

当陷入这一章的创作瓶颈时，我意识到我需要运用自己介绍的方法打破僵局。我选择的消遣方式是在线拼字游戏，这也是我的一个长期爱好。几轮游戏后，我看到了一组字母：r-a-l-g-n-o-i，我把它们拆开，又将它们用一个 i 连接起来，从而拼出了一个 original。这种微小的胜利正是我所需的动力，我认为自己已经准备好回到主路，便再次着手创作这一章。

我首先重新设定了我的期望值。我不打算一口气完成一整章。与其坐以待毙，苦等一张完美的地图，不如自行转弯。我试着放弃植物这一喻体，找到了一个更好的总体隐喻（导航）。又选择了一个关键工具（指南针）。我一直避免使用这些工具，因为我的方向感很差。我的方向感真的很差，我的转弯甚至被岳父岳母戏称为"亚当式转弯"。在取得了几次小突破后，我加快了写作速度。虽然有时我在转弯后反而会后退，但是若将我转过的一个个弯合起来看，我无疑是在进步——就像迪奇一样。

起初，迪奇并不用绕路而行就能够取得小的突破。他会计算自己能投出多少不旋转的球，并以此来追踪自己的进步。投出的每个不旋转的球，对他而言都是一次激励。在短短几年内，他投蝴蝶球的成功率就从 50% 攀升至约 75%。

2010年，大都会队招募迪奇时，35岁的他已经是大联盟投手中的中流砥柱。但他仍未达到蝴蝶球的投掷巅峰。如果他投出快速蝴蝶球后，球的飞行路线不是之字形，或是不太符合之字形，该球就会被击球手击中。为了继续前进，他需要向油箱里加更多油。

他决定拒绝经理们的建议，攀爬一座新的山峰，以此为自己补充能量。迪奇的攀爬，就是字面意义上真正的攀爬。

永攀更高峰

2012年冬季，迪奇决定去攀登非洲最高峰——乞力马扎罗山。自少年时读到海明威的小说后，他就一直梦想着能够征服这座高峰。迪奇此行也是为了慈善：他为解救身陷孟买性交易的青少年筹集了超过10万美元。

大都会队试图劝说他放弃这个念头，他们甚至给迪奇发了一封信。信中声称，如果他因此而受伤，球队有权取消他的合同。冒着失去新赛季全薪的风险，迪奇也要坚持攀登这座高峰。他在坦桑尼亚与一支登山队一起，与高原反应、极度疲惫以及凛冽的寒风搏斗，历时7天攀登上了约4 877米的高山。攀上乞力马扎罗山顶后他写道："不知为何，我比任何时候都能感到自己的渺小，这种感觉令人无比陶醉。"

那一年，迪奇打出了他棒球生涯中的最佳赛季。他突破了自己快速蝴蝶球的舒适区，创造出一种极其缓慢的蝴蝶球。这种蝴蝶球可以不断变幻飞行速度，击球手必须猜测自己应该在何时、何处挥棒。有时，击球手会因自己的严重误判而大笑，自嘲不止。迪奇也因此获得了一个绰号：迷惑者。

迪奇在 37 岁时取得了更大的成就。他第一次参加全明星赛，在连续两场比赛中只失一安打，并创下大都会队连续 32 局无失分的纪录。他的三振出局数在全联盟遥遥领先，这也使他成为史上第一位获得赛扬奖最佳投手的蝴蝶球投手。

"是乞力马扎罗山把纽约大都会队的投手变成了全明星投手吗？"一位记者询问。这个问题很有启发性。作为一名社会科学家，我有信心给出答案：也许是。

关于副业和爱好的证据表明，攀登乞力马扎罗山可能有助于迪奇投球技能的改善，但也可能只是巧合。不过，当我询问迪奇时，他毫不犹豫地给出了肯定答案："我不认为这是巧合，这对我而言非常重要。我喜欢挑战自我。"

绕行攀爬乞力马扎罗山可能是迪奇最后一次为自己的电池充电。为慈善机构筹款给了他一种贡献感；感觉自己渺小减轻了他在赛场上的压力，让他有动力去做更重要的事情；成功问鼎全明星投手让他信心大增。"我在追寻，"他回忆道，"我的这一年始于非洲之巅，终于棒球之巅。"

在观察人士看来，这个具有突破性的赛季似乎是突然出现的。但事实远非如此，迪奇已经在小联盟打了 7 个赛季，他用整整 7 年的时间磨炼自己的蝴蝶球技能，才得以一战成名。重大的胜利通常由微小的突破积累而来。[1]

---

[1] 当种下一颗毛竹种子时，你可能会浇水数月甚至数年，却看不到一棵新芽。[31] 种毛竹的地方看起来毫无异样。直到有一天，新竹终于破土而出。继而，在短短几周内，它就能长到 6 米多。种子在地下扎根、储存能量的过程是不可见的。它在地表下缓慢而坚定地生长着。植物就这样在我的笔下复活了。

当你在驱车爬山途中遇到困难时，倒车是比原地逡巡更好的选择。当掉头和绕路时，你会觉得自己好像在原地兜圈子。直线前进会在短期内快速进步，但从长远看，环形上升才能让你到达最高的山峰。

进步很少能在瞬间就有所显现——它通常会在你行进了很长一段时间后才会显露出来。如果只执着于某段特别困难的时期，你就很容易感到困顿失落。只有将自己几周、几个月或几年的发展轨迹连起来审视，你才会感激自己走过的路。

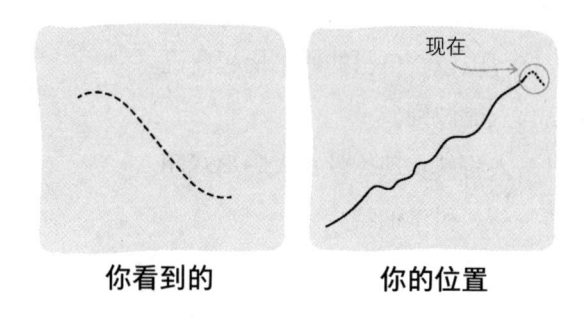

你看到的　　　你的位置

第 6 章
超越重力
自拉靴带，翱翔长空

> 我相信你可以拉着自己的靴带抬起自己。
> 我相信有人能做到。
> 我见过一人将其实现，就在太阳马戏团。[1]
> ——斯蒂芬·科尔伯特

有些人突然收到了神秘的信息，该信息以不同的方式传递到这些人手中，这让他们绷紧了神经。杰西·阿伯原本正在打扑克牌，忽然有人告诉他，楼下有一辆车等着他，他的火车将在35分钟后发车。时间紧迫，他甚至来不及取出洗衣机里的衣服。詹姆斯·海尔原本已经乘拖船出海，又被送回岸上，去取一个大号棕色信封。他拆开信封上的红色蜡封，发现里面装的并不是邀请函，而是一份前往芝加哥北部某地报到的指令。

1944年1月，全美各地共有16名男性收到了这份指令。他们的年龄从20多岁到30多岁不等，职业各异——包括机械师、装订工、搬运工、律师和钣金工。彼时，他们对自己未来的遭遇一无所知。在二战的滚滚硝烟中，他们将有机会创造历史，成为第一批进入美国海军接受军官培训的黑人。

众所周知，在各军种中，美国海军的种族偏见尤为严重。就在 25 年前，海军还禁止黑人公民入伍。就算后来政策有所调整，黑人也只能为白人士兵做饭擦鞋。埃莉诺·罗斯福对这一问题施加了政治压力，为黑人敞开了晋升为军官的大门，但许多长官依旧不相信黑人有能够指挥白人士兵的聪明头脑。

当抵达军官训练营后，这些黑人准军官被分到单独的队列中，与白人海军相隔离。军队为他们安排了教官，但这些教官会对他们进行种族辱骂和人格贬低，而他们只能忍气吞声。黑人准军官们的前景很明显：他们注定会失败。

有些人还会因其他方面的不足而陷入自我怀疑。他们中有几个人曾在学业上苦苦挣扎。杰西·阿伯是 C 等生，连经济学的入门课程都没有及格，查尔斯·利尔的求学之路到十年级就结束了。而威廉·西尔·怀特刚刚完成新兵训练营的基础训练，毫无军事经验。"他们要求很严苛，"怀特回忆道，"军官训练就像在黑暗中战斗。"

更糟糕的是，由于国家处于战争状态，他们的训练时间被缩短了一半。准军官必须在短短 10 周内完成整个学期的课程。他们每天早上 6 点起床去军营，上 8 个小时的课，直到深夜还在学习。他们的任务是在创纪录的时间内掌握航海技术、导航、重炮射击、法律、海军规章、飞机识别、旗语、莫尔斯码，以及生存技能。

通常情况下，一个海军军官训练班只有 3/4 的准军官能通过考试。但第一期黑人准军官均以优异的成绩通过了考试——他们16人都远超及格分数线。身在华盛顿的长官们听闻此事，立即心生疑虑。为了证明自己没有在考试中作弊，以及评分没有出现任何差错，黑人准军官们不得不重新参加一些科目的考试。他们在补考中取得了更出色的成绩，全员平均绩点达到了3.89（满分4.0）。多年后，他们才知道自己那时取得了海军历史上的最高分。他们解锁了自己隐藏的潜能。

最终，16位准军官中的13人被任命为海军军官。[①]他们成为美国第一批佩戴金色星条旗的黑人，被人们称为"黄金十三人"。[2] 黄金十三人没有被重力拽倒在地，而是成功地挣脱重力，一跃而起。正如塞缪尔·巴恩斯所言："纵有千斤在肩，吾辈也胜意满怀。"

黄金十三人做出了一些正确的选择，而其他人在面对这些选择时却常常做错。当遇到看似不可逾越的障碍时，我们往往会轻言放弃。我们会认为困难过大，阻力太强。但越是在这种时刻，我们越是应该自力更生，拉着自己的靴带把自己拽起来。这句话看似让我们审视自己的内心，寻找隐藏其中的自信和知识储备。但实际上，它的含义在于跳出自我，向他人求助，与他人共享资源，在相互帮助的过程中发现并开发自己隐藏的潜能。当我们遇到困难时，超越自我才能让我们展翅高飞。

[①] 16名最初的黑人准军官中有3人没有被任命为军官，即奥古斯塔斯·阿尔维斯、J.B. 平克尼、刘易斯·"木乃伊"·威廉斯，其原因至今仍是个谜。至于这16人当初为何会被选中，也是个谜。

你已然度过的最糟糕日子的百分比

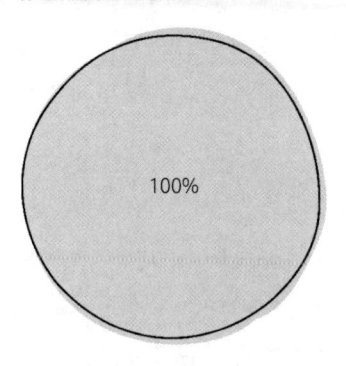

100%

互相学习

想要完成一项艰巨的任务,既需要能力,也需要信心。我们能否提升自己的能力和期望值,首先取决于我们如何理解眼前的障碍。大量证据表明,如果把障碍视为威胁,我们往往就容易退缩和放弃;但如果将其视为有待征服的挑战,我们就会坚定地迎难而上。[3]

一个人能否将障碍视为挑战,一定程度上取决于此人是否拥有成长型思维模式,即相信自己有能力提高。但是,提出这一理念的先驱,心理学家卡罗尔·德韦克最近证明,如果没有鹰架的支持,成长型思维模式并不能发挥其效用。一项对超过 1.5 万名学生进行的严谨实验表明,只有当老师认识到学生的潜力,并且学校具有拥抱挑战的文化氛围时,学生的成绩才能通过成长型思维模式获得提高。[4]

如果不够幸运,找不到给我们搭建鹰架的人,或许我们就得自己搭建一座鹰架,这就是自拉靴带法。自拉靴带法是指利用现有资源，使自己摆脱困境。这个词的来源或可追溯至一个民间故事：一位男爵和他的马被困在沼泽里，为了自救，他像拽绳子一样拽着自己的马尾辫，把自己从沼泽里拉了出来。在后来的流传中，故事中男爵的头发可能被替换成了靴带。

自拉靴带法通常被视为一种个人技能。你不需要依赖别人的帮助，只需拉住自己靴子后面的绳圈，将自己拉起来，你就能越过障碍。这听起来像一种纯粹的个人主义表达，即这是一种独立的行为。然而，自力更生者只有彼此扶助，才能获得克服障碍的能力和信心。我在自己的课堂上看到了这种情况。

有一年秋天，我告知沃顿商学院的学生，那个学期期末考试的题目出奇地难，并给他们发下了部分样题。他们再来上课时，就对做选择题产生了畏难心理。我本想激励他们认真复习，却适得其反，打击了他们的信心。

我再次强调，我希望他们都能通过考试，并会提供一定的支持。我甚至承诺，如果班级平均分较低，我会把他们的分数整体抬高，但他们仍然感到压力很大，疑虑重重。于是，我决定再降低一点儿考试难度，给他们每人一次豁免求助的机会，当遇到棘手的选择题时，他们可以写下一个自己认为可能知道答案的同学的名字。如果那位同学的答案正确，他们也可以获得相应的分数。这就相当于《百万富翁》学术版中的救命锦囊。

考试结束后，他们的成绩令我大吃一惊。与去年的考试相比，全班的平均分上升了好几分，而这种进步并不是因为那个救命锦囊。在随后的几年里，我教的每个新班级的成绩都在持续攀升。我开始思考对这种现象的可能解释。试题难度并没有下降，每届学生也并不比往年更聪明。最终，我发现了原因所在：小小的救命锦囊对学生的备考产生了很大的影响。

要想在考试中取得优异成绩,学生们仍然必须掌握所有知识——这并不是简单地给知识分类和熟悉教材。但是,如果想要在自己做不出来的问题上得分,他们就必须知道其他同学知道什么。因此,他们不再是孤军奋战,而是共同学习。他们开始组建学习小组,分组研讨并归纳关键概念。

学生们为自己搭建了鹰架。后来,有一个班级将合作学习推向了新的高度:他们将整个学期的知识绘制成一张巨型地图。一名学生预订了一个房间,并邀请全班同学在周六下午前往此地一同学习。其他人也主动与他人分享自己的阅读摘要、学习指导和练习题目。学生们意识到自己不能闭门造车,因为最强大的自力更生往往是他们共同打造的。

大量证据表明,与学识渊博的同事一起学习有助于成长。如果你想预测美国情报机构中哪些团队的工作表现最出色,最重要的评估因素就是同事之间相互教导和指导的频率。[5] 在医学院,学生通过互相指教学到的知识,与在教师的指导下学到的知识一样多。[6] 在我所教班级自行组建的周六课堂中,没有一个学生走进来时就是专家。他们必须依托于小组的集体智慧,共同解决学习难题。我们有理由相信,他们的确通过互相教学学有所获。

教学是一种非常有效的学习方法。在对 16 项研究进行的元分析中,一些学生被随机分配去辅导自己的同学,而正是这部分学生最终在自己所教内容的测试中取得了更高的分数。[7] 辅导阅读的学生阅读成绩有所提高;辅导数学的学生数学成绩有了显著进步。他们辅导同学的时间越长,自己学到的知识也就越多。正如一组研究人员所总结的那样:"和他们帮助过的孩子一样,辅导者对自己辅导的学科有了更好的理解，他们变得更乐意学习这门学科。"[8]①

心理学家将这种现象称为导师效应。[13]它甚至对初学者也颇为有效：学习某样事物的最佳方式就是去教授它。回顾所学知识，可以强化你对所学之物的记忆；向他人解释所学知识，你对这些知识的理解会更透彻。[14]在自己还一知半解时，就得坐上讲师的宝座，这种事往往会让你感到不适。然而，你需要接受这种不适。当你需要教导他人时，你会督促自己更努力地学习。[15]

这也是对"能者不教"的另一种诠释。那些还做不好的人，可以通过教学来学习。历史学家亨利·亚当斯通过教授中世纪历史课成为中世纪史方面的专家。[16]他曾向学生坦言，一开始他什么都不懂，每堂课也只比他们多一节课的知识储备。画家乔治亚·欧姬芙在教授艺术课的过程中，磨炼了自己的炭笔和水彩抽象画技巧。[17]物理学家约翰·普雷斯基尔通过报名讲授量子计算

---

① 导师效应有助于揭示人类思维的一大奥秘：为什么长子长女比次子次女的认知能力强？[9]尽管也有例外，但大量严谨的大规模研究表明，即使考虑了家庭规模、社会经济地位、父母智力等一系列因素，研究者还是可以在智力测验中得出这样的结论：一个家庭中年龄最大的孩子的智力往往略优于年龄较小的孩子。我们可以排除生理因素和出生前因素的影响：一项在24万余名挪威青少年中进行的研究表明，如果晚出生的孩子的哥哥姐姐在婴儿期夭折，他们就会像长子一样被抚养长大，这样的孩子最终也会获得更高的智力分数。[10]一个家庭中年纪最大的孩子在学习上有更多的优势，其实并非天生，而是得益于后天的培养。一种流行的理论认为，父母会对长子长女倾注更多的时间和精力。父母的关注可能是原因之一，但这无法解释为何独生子女，即得到父母最多关注的孩子，在测试中表现得不如有弟弟妹妹的长子长女。[11]这就是导师效应的作用。如果你是独生子女，你就不能像教导学生一样教导你的弟弟妹妹，你就会像那些最年幼的孩子一样，这实际上限制了你的发展。如果你是一个大家庭中的长子长女，你就可以通过教育弟弟妹妹来学习。有趣的是，做家教的导师效应的好处往往在孩子12岁左右开始显现，这时哥哥姐姐有更多的东西需要教，而弟弟妹妹也更愿意学习。[12]

课程来学习这门课程。[18]黄金十三人也是通过教授他们想学习的东西，在海军军官考试中取得了优异成绩。

意外潜能

军官培训初期，黄金十三人大多认为自己不可能在这么短的时间内学会如此多的知识。正如乔治·库珀所说："我们每个人……都说，'让它见鬼去吧，这实在太离谱了'。"几乎没有长官支持他们，他们最大的希望就是相互扶持。他们身处一个以残酷闻名的环境中，别无选择。

人们都知道，依据美国海军的传统，只有一部分准军官能够入选军官。故而，准军官们往往相互敌对，不会将他人视为队友。然而，黄金十三人聚在军营中，立下了团结一心的忠诚誓言：人人为我，我为人人。"我们在培训初期就决定，要么全军覆没，要么一起上岸，"库珀表示，"幸运的是，我们中至少有一个人熟悉我们要学的几乎所有科目。"

为了应付繁重的课业，黄金十三人决心互帮互助。他们像海绵一样，汇集和过滤自己学到的知识。每个成员都会把自己专业领域的知识教授给组内的其他成员。在他们拿到教材，翻看要点时，有人会喊："我来负责这部分。"

库珀、格雷厄姆·马丁和雷金纳德·古德温是数学高手，他们与约翰·里根一起，负责教授许多分析性科目中的技术问题。历史迷塞缪尔·巴恩斯和丹尼斯·纳尔逊负责讲授军事历史。利尔虽然没有接受过正规教育，但他在领导能力、航海技术和系绳结方面经验丰富,因此他和阿尔维斯一起负责这些科目。阿伯接受过高级航海培训,并且拥有丰富的航海经验,小组成员在他的指导下,实现了莫尔斯码速成——他敲击墙壁,并在同伴敲击回应时给予提示。他们就这样将自己的靴带绑在了一起。

军营会在每晚 10 点 30 分准时熄灯。黄金十三人便日复一日拿着手电筒挤在浴室里学习,直到午夜过后才去休息。为了确保不被其他人发现,他们会把床单挂在窗户上挡住光线。

我之所以对黄金十三人有所了解,是因为我有幸读了海军历史学家保罗·史迪威的一本重要著作,他在书中收录了大量有关黄金十三人生前经历的资料。我在翻阅他的大量访谈,查阅了其中的故事、引语和洞见后发现,他们成功的原因显而易见,即他们能够向有能力的同伴学习。而后,我想到其中应当也有导师效应的作用:分享知识的行为增强了授课者的能力。他们建立了自力更生者同盟,让靴带变得更结实有力。

初学法律问题时,黄金十三人都不约而同地向身为律师的怀特求教。但怀特表示,他对海军法一无所知,他只能查阅资料,现学现教。他在教授海军法的过程中学习这些法律,而后将自己新学到的知识讲给新兵训练营中的同伴,这一学习方法成效显著。教学的经历也让怀特对所学知识有了更深刻的理解。

弗兰克·萨布利特曾是一名机械师,他因此与多尔顿·鲍一起讲授机械、重炮射击和锅炉方面的知识。但是,他们遇到了很多无法回答的问题。当指定的教师不具备相关知识时,黄金十三人会全员轮流交流讨论。这让他们每个人都有机会讲授一些相对陌生的知识。他们就最佳阐释达成共识之时,也是对问题进行"深度钻研"和"反复研讨"之时。相互问答的学习方法为每个人创造了更多分享所学知识的机会。当萨布利特看到大家都发表了自己的见解时，他意识到，"我们营队的人有能力掌握这些知识"。黄金十三人的靴带很结实。他们都胸有成竹地走向考场，以优异的成绩通过了所有科目。

听从己见

教导他人可以培养我们的能力。指导他人能提升我们的自信。鼓励他人克服困难，也可以帮助我们获得动力。作为一名家长，我曾见识过指导的力量。

我在准备第一次 TED 演讲时非常紧张，便决定向我的大女儿寻求建议。乔安娜当时只有 8 岁，还是个非常羞怯的孩子，她告诉我，要在观众中寻找一个微笑点头的人。回家后，我兴奋地告诉她，我因前排一张灿烂的笑脸而备受鼓舞。

几周后，乔安娜要在学校话剧中扮演一个角色，我和妻子阿莉森都觉察到，她为此焦虑不已。演出那天，我们在观众席上微笑着等待她上场。她刚走上舞台就看到了我们，然后我们一同绽放出灿烂的笑容。她没有要我们给她什么建议，而是记住了自己的建议，并让自己按照建议去做，从而克服了紧张焦虑的情绪。这次演出是一个转折点：自此以后，我们看到她对自己的期望越来越高。没过多久，她就自告奋勇地做了一次演讲，老师们也对她的风度和自信赞赏有加。

我认为这就是教练效应。[19] 指导他人克服困难，也会让我们更自信地克服自己生活中的艰难险阻。心理学家洛朗·埃斯克雷斯-温克勒曾牵头进行过一系列优雅的实验,教练效应就是从这些实验中得出的结果。在一项实验中,研究者将高中生随机分配到低年级班级,让他们向低年级学生传授保持学习积极性和避免拖延的方法,此后,这部分高中生在包括数学在内的多门考试中都取得了更优异的成绩。在另一项实验中,初中生被随机分配至低年级班级,向低年级学生提供激励性建议,而不是听取专家教师的激励性建议。相较于这些学生从前的表现,在提出建议后,他们会投入更多的时间完成自己的家庭作业。那些身陷努力存钱、减肥、控制情绪和求职困境中的人在向他人提供建议后,往往比自己听取建议更有动力。

教练效应与导师效应不同,导师效应强调我们如何通过分享我们想要习得的知识来学习。教练效应的作用在于,我们可以通过向他人提供自己也需要的鼓励,从而调动自己的积极性。通过指导他人,我们会发现自己已经具有的工具,这提高了我们对自己的期望。

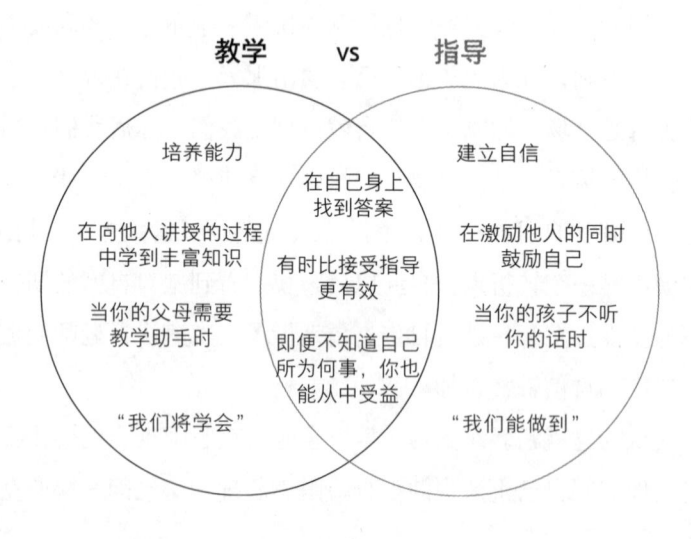

教学   vs   指导

教学	交集	指导
培养能力	在自己身上找到答案	建立自信
在向他人讲授的过程中学到丰富知识	有时比接受指导更有效	在激励他人的同时鼓励自己
当你的父母需要教学助手时	即便不知道自己所为何事,你也能从中受益	当你的孩子不听你的话时
"我们将学会"		"我们能做到"

在需要帮助时，我们通常会选择的做法刚好与指导背道而驰。身处困境，我们的第一反应往往是拨打电话寻求建议。但更好的做法是：静下心来回顾我们提出过的建议，或者打电话给处于类似情况的人，向他们提供一些建议。我们应该听一听我们给别人的建议，因为这些建议也是我们自己需要的。

我在研究中发现，给予比接受更能激发人的动力。[20] 接受是被动的，如果总是接受指导，你就会对他人的指导产生依赖。而给予是主动的，指导他人会提醒你，你能够帮助他人。它让你相信，你的力量足够强大，足以支撑你走出困境。因为你已经看到它们帮助了其他人。

黄金十三人的互相帮助和鼓励持续了整个冬天。为了将他们凝聚在一起，利尔首先站了出来。在他们艰难地摸索六分仪的导航功能时，他鼓励大家不断尝试，并为他们提供技巧上的指导。所有人都看到了他为集体所做的贡献。

在互相指导的过程中，黄金十三人不仅为彼此提供建议和鼓励，还互相问责。"我们每个人或许都不止一次想要举手投降，"乔治·库珀回忆道，"而其他人必须在旁边说，'哦，不，伙计，我们必须这样做'。"格雷厄姆·马丁告诉他们必须做出成绩，并在他们找借口偷懒时严厉地批评他们。如果有人分心，其他人会叫他回神，并交流集中注意力的秘诀。他们拉着彼此的靴带，相互提携，他们对自己的期望在这一过程中也有所提高。

在采访了黄金十三人中的大多数人之后，保罗·史迪威因他们的回答而惊叹："他们对自己的要求如此之高，甚至高过最严厉的教官所提出的要求。"对他们而言，面前的艰巨任务不再是一种威胁，而是一种挑战。他们不再怀疑自己的个人能力，而是相信集体的能力。正如乔治·库珀所说:"我们深信,只要我们中的一个人取得了成功,我们大家就都能成功。"

黄金十三人找到了一种方法,从而弥补了他们最初在信心和能力上的欠缺。长官对他们的质疑足以让他们怀疑自己的能力。你可能会因其他人对你的怀疑而束手束脚,也可能会因此而改变方向。不被尊重是成长过程中的一种特殊障碍,我们需要用一种特殊的鹰架去克服。

最近,我遇到了一个成功应对这种挑战的人。我多年前就听说过她,但那时我只知道她是一位演讲者,而且在我登上演讲舞台之前,她就已经深得观众的喜爱了。当我终于见到她时,她对我讲述了一些震撼人心的事,教会了我要如何在艰苦的战役中找到动力。

敢于质疑

空气稀薄,艾莉森·莱文已经气喘吁吁,她开始怀疑自己的决定是否正确。[21]2002年,艾莉森正带领一支美国女子探险队首次攀登全球最高峰——珠穆朗玛峰。艾莉森已经到达了攀登过程中最险峻的地方:昆布冰瀑。她的头顶上悬垂着约610米的冰面,在阳光照射下,冰层热量增加,冰面会变得越来越不稳定。她需要快速前进,以防冰面开裂或突发雪崩。

但是,快速行进并不是艾莉森的强项。她身高约1.63米,体重约51千克,这就意味着她的身材和力量都不足以让她迈出有力的大步。那时她已经30多岁,而攀登经验只有短短几年。

年幼的她曾在菲尼克斯度过炎热的夏天，彼时，她阅读了有关北极探险家的书籍，还看完了所有关于登山者的电影。进行极地探险是她梦寐以求之事，但身体条件的限制让她无法在冰天雪地中追逐梦想。

艾莉森有先天性心脏穿孔，她本不可能成为一名探险家。十几岁时，她偶尔会晕厥，是急诊室的常客。多次手术后，医生终于成功封堵了她心脏上的孔洞，她终于可以实现她的登山梦了。但艾莉森仍然面临一个重大障碍：循环系统疾病。如果气温过低，她的动脉就不再向手指和脚趾输送血液，这会导致她的手指和脚趾僵麻，而且极有可能造成重度冻伤。

但这并没有阻挡艾莉森攀登珠穆朗玛峰的脚步。她用几个月的时间招募了企业赞助商，组建起一支由优秀的女性户外运动员组成的登山队。现在，她们正站在一起，凝视着冰川上的一个巨大的洞口，她们需要穿越这个洞口。有人如果在行进时失足滑倒，就会命丧黄泉。

当艾莉森踏上登山梯时，一个声音从她身后传来。"以你们的速度永远也到不了峰顶，"一名男性登山者喊道，"如果你不够快，你就不该来这儿。也许你应该放弃登山，回家去吧。"她尽量不理睬他，缓慢而坚定地前进着。

她和她的登山队最终通过了冰瀑。不久，一名登山者险些在一个突发雪崩的路段上丧生。这并不是登山队员唯一一次与死神擦肩而过：一架运送登山队穿越昆布山谷的直升机在返回附近山峰时坠毁，机上无人生还。她们曾在大本营结识了一名登山者，后来他因不慎滑倒而丧生。艾莉森知道，他们命悬一线，而那根线则摆荡在无数个细微的决定，以及他们无法控制的条件之间。

经过近两个月的攀登，艾莉森和她的队友终于行至通向峰顶的最后一段路程。这一路段被称为"死亡地带"——因为海拔过高，大多数人都会在此严重缺氧。艾莉森即便携带了辅助供氧，也要呼吸 5~10 次才能迈出一步。纵使万分艰难，队员们还是继续前行，山顶终于出现在她们眼前。

就在这时，暴风雪突然袭来，周遭狂风大作，白茫茫一片。这样的条件非但无法继续前行，甚至连原地等待都太过危险。于是，在攀登了 8 800 多米后，她们在距离山顶约 91 米的地方被迫放弃登顶。她们决定掉头返回，也因此未能成为最早登上珠穆朗玛峰的美国女性。在艾莉森的带领下，她们返回了山脚。

一回到家，艾莉森就不得不面对记者的连连追问：恭喜，你没有成功。放弃的滋味如何？艾莉森知道自己不应该看网上的评论，但她还是点开了网页：她们不够格。她们不配在那里。她在晚宴上遇到了贬低她努力的人：不要再说你攀登过珠穆朗玛峰了……如果你没有登顶，那就算不了什么。

艾莉森因此陷入自我怀疑和抑郁的旋涡。她觉得自己让登山队、赞助商和国家失望了。她的脑海中不断回响着她身后那位登山者的声音：你不够快。她发誓，此生再也不会踏上珠穆朗玛峰半步。

点燃星火

他人给予我们的期望恰似预言，能够预见我们的自我实现。旁人对我们潜能的肯定就像一架梯子，可以帮助我们树立更远大的抱负，勇攀更高的山峰。数十项实验表明，在工作中，如果领导对员工寄予厚望，员工通常会更努力地工作和学习，表现更优异。[22] 在学校里，如果教师对学生抱有较高的期望，学生会更聪明，成绩也会有所提升——这尤其体现在那些起初表现并不优异的学生的身上。[23]

高期望值帮助我们向上攀登，而低期望值往往会绊住我们前行的脚步——它会让我们的靴子沉如灌铅。这就是所谓的高莱姆效应：他人对我们的轻视会让我们的努力和成长偃旗息鼓。[24] 在那些受轻视的群体中，此类自我实现的预言体现得尤其明显，因为这一群体总是被低期望淹没。[25] 但是，我的同事萨米尔·努尔莫哈米德曾进行过一项开创性研究，这项研究为我们理解高莱姆效应提供了一个新的方向。有时候，别人的低期望可以转化为你自己的优势。[26] 你不必因他人的轻视而止步不前——你可以抓住它们，借力向前。

在一个实验中，萨米尔给人们布置了一个任务：用鼠标点击移动的圆圈。当他们完成一轮练习后，观察者给他们每人随机发送了一条信息。一部分人会接收到写有高期望的信息：在这项任务中，你的表现会惊艳全场……我认为你有能力打败所有人。其余的人则收到写有低期望的信息：在这项任务中，其他人的表现会让你大吃一惊。……我认为你能力有限，你谁也战胜不了。

给予我们期望的人不同，我们受到的影响相应地有所不同。如果这些期望来自了解任务的人，他们的期望越高，被期望者就越努力，表现也就越好。但如果观察者并不可信，并对任务一无所知，他们的期望就会起到反作用：当他们没有给出鼓励而是质疑时，人们反而会更加努力，做得更出色。

当你朝着一个目标努力时，专家的质疑对你而言是一种威胁。他们的话或许可信，但因为他们看不到你的潜能，所以无法像教练一样帮助你进步。他们对你的不信任很快就会令你感到不安，这些轻视还会打击你的信心，扼杀你的成长。这是一个有关自我实现的预言。

		可信度	
		一无所知	所知甚多
期望	怀疑者	被挑战： 我会证明他是错的	感受到威胁： 我有所欠缺
	信任者	不为所动： 他们太容易被触动	备受鼓舞： 我会证明他们是对的

但研究表明，当你的潜能被非权威人士否定时，他们的低期望值会成为一种自我否定的预言。这些否定会驱使你打破他们的成见，萨米尔称之为劣势者效应。

于你而言，被无知者质疑是一种挑战，他们的质疑能点燃你的斗志。因为他们对你和你的目标一无所知，所以在面对他们的贬低时，你既不会因之忧心忡忡，也不会对其置若罔闻。你会抖擞精神，竭力证明他们的判断是错的。我会证明给你看。那些有可能摧毁你信心的质疑声，也可以成为你的试炼，增强你的信心。在这个过程中，你宛如一位排除万难、英勇前行的劣势者。① 就像艾莉森·莱文那样。

在 2002 年登顶珠穆朗玛峰失败后，那些否定者的声音就一直萦绕在艾莉森的脑海中。她很清楚，这些人的话不足为信。键盘侠、记者和她的点头之交对登山一无所知。她身后的那位登山者也根本不知道，以她的身材和体重攀登高峰需要付出怎样的努力。"我害怕自己下一次也无法成功登顶，但我想证明那些否定我的人是错的，这种渴望甚至压倒了我的恐惧，"艾莉森告诉我，"当不知实情的人怀疑你时，你会觉得他们在向你宣战。我不想让否定者称心如意，我想让他们打脸，收回他们所说的话。"

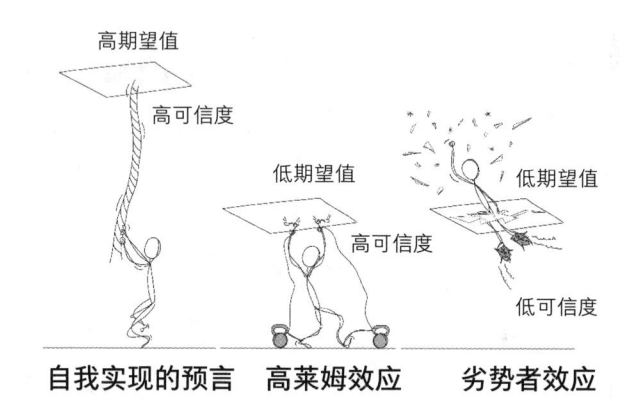

高期望值　　　　　低期望值　　　　低期望值
高可信度　　　　　高可信度　　　　低可信度
自我实现的预言　　高莱姆效应　　　劣势者效应

要应对最大的挑战，我们需要搭建一座比劣势者效应还要强

---

① 我们并非只能在自尊心强的人身上看到劣势者效应。萨米尔发现，无论你是否认为有能力完成自己的任务，无知否定者的轻视都会激励你。但是，萨米尔和他的同事在对求职者进行的一组实验中发现，如果一个人长期受到他人的轻视，他的能力就会下降。[27] 曾经遭受过严重歧视的人在求职时会更加吃力——旁人的歧视会打击他们的自信心。要增加他们的自我效能感，可以让他们随机讲述一个自己冲破轻视、取得成功的故事，这能提高他们求职成功的概率。一旦克服了逆境，此后每每想起这一经历，你就会抖擞精神，相信自己有能力证明别人是错的。正如奥斯卡获奖者杨紫琼所言："尊重自我设限，突破他人设限。"[28]

大的鹰架。对艾莉森来说,让批评者认识到他们言行不当的动力,还不足以让她顶着不适感重攀珠峰。如果再次拉紧她的靴带,她那脆弱的靴带可能就会断开。如果再次登顶失败,她的登山生涯可能会就此画上句号。她可能再也招募不到另外的团队或赞助商了。要让自己有勇气承担第二次攀登的风险,她需要找到一个更充分的理由。

高举火炬

证明别人错了的愿望可以点燃动力之火。然而,要将这星星之火转化为熊熊火焰,只有这种愿望是不够的。无知的否定者可能会让我们产生反抗的冲动,但只有找到为之奋斗的目标,我们才能像烈火一样熊熊燃烧。

当我们为自己在乎的人高举火炬时,克服困难就变得容易多了。当他人对我们寄予厚望时,我们就会发现自己未曾意识到的力量。我与玛丽莎·尚德尔在一项研究中比较了奥运跳水运动员在单人比赛与双人比赛中的表现。与单人跳水相比,运动员在双人跳水时,更有可能顺利完成高难度的跳水动作。[29] 在一个版本的棉花糖测试中,你可以看到孩子们的行为模式与之类似。在德国和肯尼亚的实验中,孩子们可以选择当即吃掉一块饼干,也可以选择先不吃这块饼干,等几分钟后得到第二块饼干。当研究者告诉他们先吃掉自己的饼干会让另一个孩子失去领取第二块饼干的资格时,孩子们就会推迟并延长自己的满足感。[30] 同伴可以防止你反复思考自己的能力(我能做到吗?),并增强决心(我不会拖你的后腿）。正如玛雅·安热卢所写："我会竭尽全力，因为我寄希望于你对我的希望。"[31]

在登顶珠峰失败后，艾莉森·莱文有了一位可以彼此依靠的伙伴。她的朋友梅格劝她再试一次。"除非你同我一起去。"艾莉森回答，她知道这是不可能的事。虽然梅格曾是一名优秀的运动员，但她的肺部功能因两次淋巴瘤发作而受损，根本无法攀登珠峰。

不幸的是，2009年，梅格因肺部感染去世。艾莉森想做一些有意义的事情纪念梅格的精神。于是，她决定再次攀登珠穆朗玛峰，将这次攀登作为对梅格的纪念。此事值得她为之一搏。几个月后，她将梅格的名字刻在了自己的冰镐上，并预订了飞往尼泊尔的机票，准备与一些她素不相识的登山者一起攀登。这一次，她带领的不是一支精挑细选的登山队——她将与一群独立登山者结成松散的同盟。

当穿越昆布冰瀑时，艾莉森想到了所有质疑她的人：跟在她后面的那个人、网上的键盘侠，以及那些声称她患有循环系统疾病、登山对她而言太过危险的医生。她想，我要证明这些人都错了，我所要做的就是把一只脚放到另一只脚前面。当这些还不足以支撑她前行时，她就低头看看她的冰镐，提醒自己：我正在为梅格而努力。这让她信心倍增。

经过几周漫长的跋涉，艾莉森终于到达了她8年前的折返点。她此时已经筋疲力尽，觉得自己已是强弩之末，并开始怀疑自己究竟能否成功登顶。这时，她听到有人喊她的名字："嘿，艾莉森……你得向我保证，你还能走得更远。"原来是另一支探险队的向导迈克·霍斯特特意留下来鼓励她。"我感觉肩上的担子变轻了。"她对我说。她相信他，因为他是一位学识渊博的信徒:"迈克曾多次登顶珠峰。如果他认为我能登顶,我就能登顶。"艾莉森要驳斥那些无知的否定者,要向一位挚友致敬,现在,她又拥有了一位为她助威的可信支持者。她握了握迈克的手,继续前进。

登上珠峰后,艾莉森不仅实现了登顶地球上最高山峰的目标,也走完了探险家大满贯的最后一步。艾莉森成为全球为数不多登上七大洲最高峰并滑雪到南极和北极的人之一。但回首往事,她说最让她感到自豪的不是登顶时迈出的最后一步,而是重返珠峰到达她此前折返点的那段路程。

进步并不总是意味着一路向前。有时,前进会与回弹相伴相随。勇攀一座高峰是进步,成功地跨越一道沟谷也是进步。在困境中磨砺出韧性是一种成长。

我们应当为这样的进步而愉悦	当取得这样的进步时,我们也应当感到愉悦
我做到了!	我做到了。

开疆拓土

黄金十三人在为他人而战时找到了目标,与此同时,他们也在与低期望值做斗争。他们所面对的远非一般的否定者。海军长官曾多次指责持有偏见的教官。"他们大多不想接管黑人士兵，"白人中尉约翰·迪尔哀叹道，"军官们必须被告知，不应该区别对待——他们必须以对待白人的方式对待黑人新兵。"即便如此，还是有许多白人教官告诉黑人士兵，他们永远都不会成功。

黄金十三人很清楚，那些否定他们的人并没有评判他们的资格。他们的首席教官两年前才从海军学院毕业，他的经验比他们中的许多人都少，而且他们认为他根本不了解他们的能力。他们将教官的质疑化为动力：他们要证明他是错的。"有些人希望我们失败，这样他们就可以说我们不够格，不聪明，并以此为借口，不再接纳任何黑人军官，"塞缪尔·巴恩斯指出，"这坚定了我们要成功的决心……我们说，'我们要利用这一点……我们要做到，因为有些人认为我们不会成功'。"为了证明否定者是错的，他们必须全员通过考试。他们不想让彼此（或他们这一团队）失望。

当整个团队的未来都寄希望于我们时，我们会找到最坚定的决心。我的同事卡伦·诺尔顿的研究表明，当有强烈的群体归属感时，我们就会认为我们与团队成员休戚与共。[32] 为了推动整个团队的发展，我们会被这种归属感驱使着去反抗他人的轻视。我们不仅想证明自己，还想为他人开疆拓土，搏出一条路。

黄金十三人知道，他们所代表的远比他们自己的成败更重要。"我们意识到，我们在开辟新的领域。"乔治·库珀说，"如果我们失败了，那就会有12万人在很长一段时间内都得不到机会……责任甚重。我们经常谈论这个问题。"他们拉住自己的靴带，想要以他们的力量将未来几代人拉出深渊。用杰西·阿伯的话说:"我们学走路,是为了让我们身后的人能够自在奔跑。"

黄金十三人不仅打破了海军军官遴选的肤色限制,也是在为他们的后代扫清诸多道路,使他们能在实现更远大理想的道路上阔步前进。多尔顿·鲍获得了麻省理工学院工程硕士学位,并成为美国海军史上第一位黑人总工程师。丹尼斯·纳尔逊升任海军少校,通过开展普及识字工作,教育了数千名海军士兵,让许多人第一次参加了投票。雷金纳德·古德温负责管理海军选拔事宜。塞缪尔·巴恩斯取得了教育管理博士学位,并成为美国全国大学生体育协会的首位黑人官员。西尔·怀特在伊利诺伊州州长内阁任职,后来成为一名法官。他和乔治·库珀在海军中倡导女性权利和同性恋权利,而当时这种做法并不普遍,也尚未被人们接受。

秉承先辈的光荣传统固然重要,但更重要的是,我们自己应该成为有所建树的先辈。太多的人用尽一生的时间守护过去,却没有对未来造成任何影响。我们总想成为父母的骄傲,但实际上,我们更应该成为子女的荣耀。每一代人的责任都不是取悦我们的先辈,而是为我们的后代提供支持。

尽管黄金十三人取得了历史性成就,但他们多年来一直没有得到美国海军的认可。1944年,他们完成军官培训后,没有任何结业典礼或庆祝活动,格雷特湖的海军军官俱乐部依然禁止他们入内。

1987年,尚在世的几位黄金十三人终于回到了一切开始的地方——芝加哥郊外。此地建起了一座纪念他们功绩的建筑物,美国海军的首位黑人上将主持了它的落成典礼。时至今日,新兵们在抵达、接受基础训练时,都会从黄金十三人新兵训练中心开始。

以他们的名字命名一座建筑固然让黄金十三人感动,但更打动他们的是那些曾受到他们感召的人。在训练结束 30 年后的初次聚会上,他们中的大部分人还只能见到少数几个黑人军官聚在一起。而现在,数百名黑人军官挤满了整个礼堂,正是他们为这些人打开了成为军官的大门。一位又一位上尉走上前向他们表示感谢:"这一切都是你们的功劳。"

黄金十三人受到了周围许多人的质疑。他们有时也会自我怀疑。但他们彼此深信,并决心为他人铺平道路。

我们固然可以独自面对困难,但当将自己的靴带与同伴的靴带绑在一起、与他人勠力同心时,我们才能到达最高点。如果遇到一些可信的支持者,而且他们能够信任我们,也许我们就该相信他们,去证明那些质疑我们的无知否定者的错误。当我们的信念有所动摇时,切记我们为之奋斗的目标是值得的。

第三部分

机会体系

打开门窗

品格技能和鹰架可以帮助我们挖掘自己与身边之人的潜能。但是，我们还需要更有效的东西，才能让更多的人有机会取得更大的成就。如果想为更多人创造机会，我们就必须在学校、团队和组织中建立优化体系。我们之前提到，在幼儿园里学到的品格技能与我们未来的成功息息相关。得出这一研究结果的经济学家是拉杰·切蒂。这位经济学家为说明影响机遇的几个要素，拿出了一些强有力的证据。[1]

切蒂和他的同事们对机遇如何影响人们的创新性很感兴趣。他们推断，有些孩子能在他们的成长环境中获得特殊的资源。他们比照了100多万美国人的联邦所得税申报表和专利记录，发现了一个令人震惊的结果。那些家庭收入前1%的人更有可能成为发明家，他们成为发明家的概率是生活在平均线以下家庭中的人的10倍。

如果你从小家境殷实，那么，你申请专利的概率是千分之八。如果你生于贫寒家庭，那么你申请专利的概率会骤降至万分之八。

即使人们的认知能力旗鼓相当，创造力也会受到家庭收入的影响。如果有两个三年级学生在数学测试中都得了 95 分，其中一个来自高收入家庭，而另一个来自低收入家庭，那么前者从事发明创造的概率是后者的两倍多。更糟糕的是，那些能在数学测验中得到高分但家境贫寒的数学天才，成为发明家的概率并不比那些得分低于平均成绩但家境富裕的孩子高。

我们认为天才是那些能力非凡的人，但是我们在这样想时，实际上忽略了生活环境对人们的重要影响。家境殷实的孩子产生一个想法，可以马上将其付诸实践。而另一些人则没有那么幸运，不具备这些条件的人，就像埋没于众人中的爱因斯坦：要是能得到机会，他们本可以成为杰出的创新者。

解释这种现象出现的原因并非难事。切蒂的团队发现，相较于低收入家庭的孩子，富裕家庭的孩子具有一个优势，那就是这些孩子更有可能在家中或社区近距离接触创新人士。他们能够从更多的向导那里找到指南针和地图钉。他们有更远大的梦想，会为自己设定更高的目标，也能走得更远。

并不仅仅是财富一种要素会影响机遇，人们所处的地理位置也会影响机遇。有些地区发明创造的活跃度更高，住在这些地区的人更有可能成为创新者。切蒂的研究显示，人们举家搬迁到创新率较高的地区后，孩子在成年后申请专利的概率会增大。如果你的父母在你童年时就收拾行囊离开新奥尔良前往奥斯汀，那就意味着你从一个发明创造能力低于平均水平的地区搬到了一个发明创造能力高于平均水平的地区，你成功申请专利的概率将增加

37%。我们也可以根据人们所处的地理位置预测他们未来的创新领域。如果搬到硅谷，那么你申请计算机专利的概率就会上升。

然而，并非每个居民都能从所居住的地区获益。创新需要榜样的引领，而少数群体往往很难找到榜样。分析数据可知，女孩只有在有较多女性发明家的地区长大，才更有可能获得专利，但这种情况并不常见。切蒂及其同事估计，如果女孩接触女性发明家的机会与男孩接触男性发明家的机会一样多，那么女性的专利申请率将会加倍，创新在性别方面的差距也将缩小一半以上。

良好的体系能够为人们提供走得更远的机会，它可以为不具备优渥成长环境的人打开大门，为被拒之门外者打开一扇窗户，为经常被剥夺突破机会的人打破限制他们的玻璃天花板。如果能够通过建立各种体系释放众人隐藏的潜能，我们就能降低错失爱因斯坦的风险，也能降低埋没卡弗、居里、霍珀和洛夫莱斯的风险。

设计得当的招生和招聘体系可以辨识出大器晚成者和胜算不大者的潜能。人们应当认识到，在团队和组织体系中，好的想法往往不由上级发布，那些自下而上汇聚起来的声音反而可以打破思想的沉默。优良的学校体系可以让原本不被看好的孩子有机会取得成功。我们不能只在我们期望找到天才的地方寻找天才，而应该挖掘每个人内在的天赋，以此来发挥全人类的最大潜能。

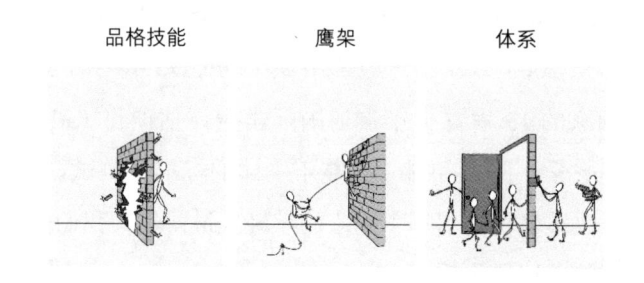

第 7 章

希望

设计学校体系,激发学生的最佳潜能

> 米开朗琪罗认为,每一块大理石里
> 都封藏着一个天使,
> 而我认为,每个学生的心中,都封藏着一个聪颖的孩子。[1]
> ——玛瓦·柯林斯

新千禧年伊始,成千上万的青少年代表自己的国家参加了一场国际比赛。这场比赛即将在全球掀起轩然大波,但它最初并没有引起多少关注。没有竞技场上的对决,没有欢呼的人群,也没有颁发奖牌,组织者只在巴黎举行了一个小型新闻发布会来宣布比赛结果。

专家们首次设计出一种可以直接比较全世界年轻人天赋才能的方法。从 2000 年开始,经合组织(OECD)每 3 年都会邀请数十个国家的 15 岁青少年参加国际学生评估项目(PISA),这是一项集数学、阅读和科学技能于一体的标准化测试。[2] 参赛青少年的分数排名将揭示哪个国家的年轻人最博学,我们由此知道哪个国家的学校最优秀。

这些测试的结果不仅仅是可供炫耀的资本。就后代人的进步而言,没有什么比我们当前教育体系的质量更重要了。排名靠前的国家将成为全世界的灯塔,其他国家可视其为榜样,建设更好的学校和教育程度更高的社会。

2000年首届竞赛举办时,日本和韩国是人们心目中最有可能获胜的国家,因为它们的学生均以聪明伶俐、学习习惯优良而闻名。但结果出来时,人们都颇为震惊。成绩最好的并不是亚洲国家,也不是欧美那些通常意义上的超级教育大国——既非加拿大、英国或德国,也非澳大利亚或南非。获胜者是名不见经传的芬兰。[3]

往前回溯一代,芬兰还是众所周知的教育落后国——与马来西亚和秘鲁齐名,落后于斯堪的纳维亚半岛的其他国家。截至1960年,89%的芬兰人甚至没能读完九年级。到20世纪80年代,在毕业率以及数学、科学奥林匹克竞赛成绩的国际比较中,芬兰的学生仍然表现平平。

一个国家能在如此短的时间内取得如此大的进步,实属罕见。一些观察家认为,芬兰只是侥幸夺冠。然而,2003年的比赛证明,这些观察家错了:芬兰以更高的分数再次夺冠。2006年,芬兰又夺得冠军,实现了三连冠,这也使芬兰从其他56个参赛国中脱颖而出。

当然,所有测试都存在不足之处,但芬兰教育的卓越性不仅仅体现在国际学生评估项目上,甚至不局限于高中生。2012年,经合组织对数十个国家的16.5万多名成年人进行了另一项能力测试[4],测试结果表明,芬兰青少年和20多岁的年轻人的数学和阅读成绩均独占鳌头。

各国校长、决策者和记者纷纷涌向芬兰,希望帮助自己国家的学校找到扭转乾坤的秘方。但国际教育专家告诫他们,芬兰的秘方恐怕很难被简单地移植到其他国家。这秘方中的一些重要成分具有地方性:芬兰只有约 500 万人口,且富庶丰饶,文化背景较为单一。

尽管这些因素可能对芬兰在教育上所取得的成就有一定的影响,但不足以解释该国教育水平的飞速崛起。以芬兰北部的近邻挪威为例,该国的儿童贫困率更低,班级规模也更小。[5] 奇怪的是,在芬兰异军突起的同时,挪威的成绩却在直线下降。[6] 芬兰的成绩也一直领先于斯堪的纳维亚半岛的其他国家。如此看来,芬兰的进步一定另有原因。

在引入 PISA 之前的几年里,经济学家已经创造了一个通用的衡量标准来比较各国的不同测试(见图 7-1)。

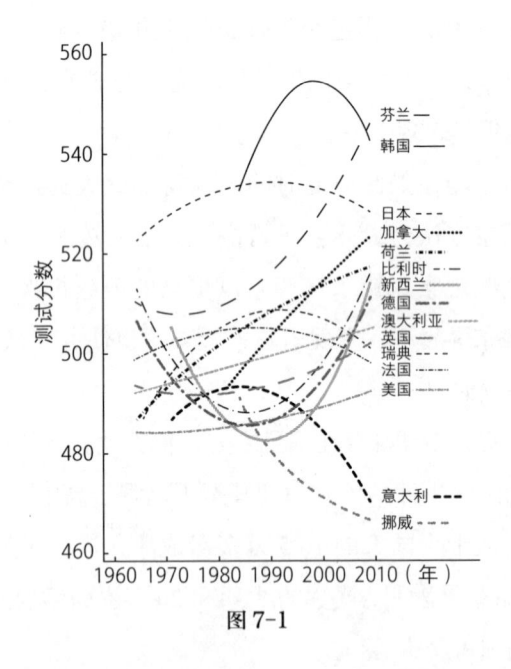

图 7-1

在芬兰不断超越期望值的同时,美国的成绩却总是不够理想。在2006年的国际学生评估项目中，美国的数学分数在57个国家中位列第35位，科学则排名第29位。2018年，美国的成绩也没有任何起色，总排名第25位。对美国的学校而言，芬兰的非凡飞跃中存在诸多值得借鉴之处。

为了寻找芬兰成功背后的秘诀，我动身去了芬兰。在与多位教育专家交谈并进行了广泛的研究后，我发现，很显然，芬兰的进步并不依赖于任何神奇的秘方。他们的招牌蓝莓果汁虽然美味可口，但也不是。但严谨的证据表明，芬兰教育体制中的一些最佳要素还是可以在任何地方都发挥作用的——我们可以据此调整并改进自己国家的现行教育体制。根据对芬兰独特做法的研究，我相信其成功很大程度上源于芬兰人创造的文化。

这种文化根植于一种信念：每个学生都具备潜能。芬兰学校的教育不以挑选最优秀和最聪明的学生为目的，而是为每个学生提供成长的机会。在国际学生评估项目中，芬兰拥有最小的校际成绩差距和学生成绩差距。与世界其他国家相比，芬兰不但成绩优秀的学生占比最高，而且成绩较差的学生占比最低。

芬兰的学校里普遍流传着这样一句口头禅："我们不能浪费任何一个大脑。"[7] 正是这种精神催生了他们与众不同的教育文化。芬兰人知道，培养隐藏潜能的关键不是只看重并扶持那些早慧的学生，而是关注每个学生，无论他们的能力是高还是低。

机遇之国

我们在学校的经历可以促进我们成长，也可能会阻碍我们成长。一些学校和教师能够利用其现有的全部资源，设法创造出能够激发学生最佳潜能的学习环境。来自世界各地的证据都表明，孩子们进步与否，一定程度上取决于学校和老师营建的校园文化和班级文化。[8]

依据组织心理学的观点，文化由三个要素组成：实践、价值、基本假设。[9]实践是人们每天的日常，体现和强化着价值观。价值观是一种公认的原则，帮助我们判断何为重要之事和可取之事，这些判断能让我们明辨赏罚。基本假设是我们心中根深蒂固的信念，我们总是将其视为一般公理，这种信念决定了我们如何看待世界的运行。[10]我们对世界的假设塑造了我们的价值观，而价值观反过来推动了我们的实践。

美国的教育体系依据"胜者为王"的文化而建立。[11]美国人认为，人们的潜能与生俱来，而且这种能力在幼年时就会显露出来。因此，美国人重视那些表现出来的卓越——这促使他们想方设法地辨别天赋异禀的学生，并竭力帮助他们成长。在美国，你若中了智力彩票，就会因此而得到天才和资优教育计划的特别关注；但你若被贴上了"迟钝"的标签，就可能会被迫留级，自尊心受到长久的打击。你若中的是财富彩票，就更有可能不费吹灰之力地就读于顶尖学府，享受最好的师资力量；而对那些寒门子弟而言，求学却是一场无比艰苦的战斗。为了让这些处于弱势地位的学生也有奋斗的机会，2001年，美国国会介入，制定了《有教无类法案》。该法案的目标是让每个年级的学生都能熟练掌握数学和阅读能力，并要求学校确保学习能力最弱的学生也能达到教学标准。尽管得到了两党的支持，该计划还是收效甚微。[12]美国的校际差距，富裕学生和贫困学生之间的成绩差距仍然很大。

相比之下，芬兰的教育体系创造了一种人人皆有机会取得成功的文化。这种教育体系基于一个基本假设：智识有多种表现形式，每个孩子都有变得出类拔萃的潜能。该假设催生出教育公平这一核心价值观，进而形成了一套旨在帮助每个孩子取得成功的教学方法。[13] 成功并不只属于天才儿童，教育的目标是让每个学生都能得到优秀教师的指导，并为每个学生设置个性化的成长计划。在芬兰，学校和教师很少让成绩落后的学生留级，他们会通过个人辅导、课后帮扶等早期干预措施，帮助后进生跟上学习进度。芬兰的学校注重培养每个学生的学习兴趣，而不是一味地促使他们取得成功。

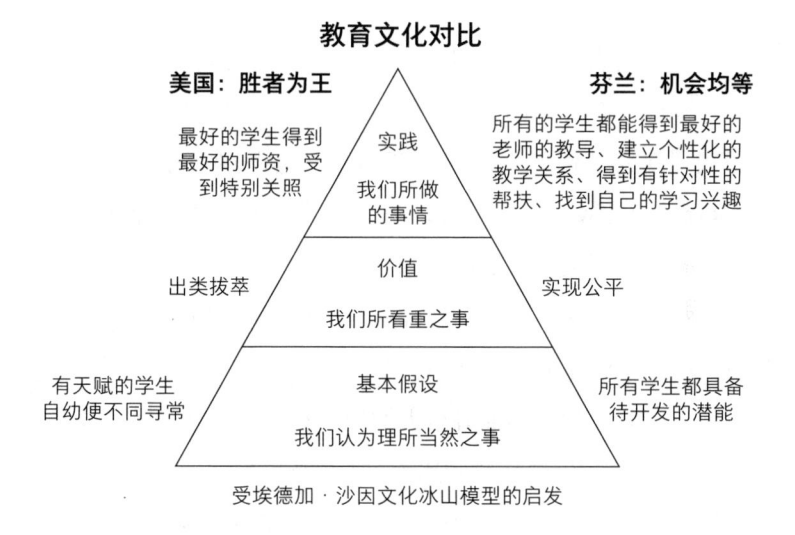

教育文化对比

美国：胜者为王　　　　　　　芬兰：机会均等

	实践	
最好的学生得到最好的师资，受到特别关照	我们所做的事情	所有的学生都能得到最好的老师的教导、建立个性化的教学关系、得到有针对性的帮扶、找到自己的学习兴趣
出类拔萃	价值 我们所看重之事	实现公平
有天赋的学生自幼便不同寻常	基本假设 我们认为理所当然之事	所有学生都具备待开发的潜能

受埃德加·沙因文化冰山模型的启发

教育上的主导价值观不仅在校园里发挥作用，还对全社会产生了潜移默化的影响。在美国，如果你询问人们最尊敬的职业是什么，最常见的答案是医生。[14] 而在芬兰，最令人敬佩的职业往往是教师。[15]

芬兰的文化孕育了优秀的教育，这似乎是一个令人羡慕的巧合。但是，一个国家在确定教育价值观和假设时，并非盲目地接受既有文化，而是会对既有文化进行选择。自20世纪70年代开始，芬兰就启动了教育专业化的重大改革。正如教育专家塞缪尔·艾布拉姆斯所解释的那样，芬兰人提出了一个核心价值观——"教育兴国"。[16]

教育专业化的改革从全面变革教师招聘和培训方式开始。与挪威不同，芬兰要求所有教师具备一流大学硕士学位。这一政策吸引了一批积极性高、使命感强的应聘者。[17] 他们接受了循证实践方面的高级培训，其中许多培训内容是其他国家首创的。[18] 芬兰支付给教师的薪酬也相当可观。

这些价值观和实践并没有在一夜之间改变芬兰的学校文化。20世纪90年代初，新上任的领导人要求进行另一轮巨大的变革，以创造"新的教育文化"。[19] 政策制定者让教师和学生一起参与政策制定，共同定义他们的理想文化。[20] 他们明确提出了一个新的假设——教师是值得信赖的专业人士，并借鉴了一些实践来支持这一假设，这些实践赋予教师充分的自由度和灵活性，他们由此得以使原本僵化的课程焕然一新。

如今，芬兰的教师拥有很大的教学自主权，他们可以根据自己的判断帮助学生成长。他们需要随时跟进最新的研究成果，并相互教育和指导，以弄明白如何应用这些成果。他们不需要将时间浪费在应试教育上。①

  这些改革为芬兰的学校建立机会文化奠定了基础。对教学的极度重视使芬兰人形成了"人人生而可教"的假设。正如世界上最权威的芬兰教育体系研究者帕斯·萨尔伯格所言:"在芬兰,一所学校如果能让所有学生表现得超出预期,这所学校就是好学校。"

  为了发掘并培养每个学生的潜能,芬兰的教师们设定了教育应当因人而异的基本假设。令人惊讶的是,因人而异的教育不需要借助小班教学模式即可实现。一般情况下,一名芬兰教师教导大约 20 名学生。这种教学涉及一套个性化的学习实践。芬兰的学校会帮助学生建立个性化的教育关系,给予学生个性化的学习支持,并引导学生发展个性化的兴趣,芬兰正是通过这些举措创造了机会文化。

师生齐心

  如果存在一种简单易行的教学方法,让每所学校都能利用现有资源帮助学生在各个层面取得更大的进步,情况又会如何呢?芬兰就找到了这样的教学方法,它以推动教学关系的个性化发展为宗旨,让教师对他们的学生了如指掌,而不仅仅是将教材熟记

---

① 在芬兰,只有极少数学生会参加涵盖整个课程的标准化测试,学校和老师通过这种方式追踪学生的进步。[21] 与美国和挪威的同龄人相比,绝大多数芬兰学生直到高中毕业准备申请大学时才会第一次参加标准化考试。此外,你或许会注意到芬兰的教师工资似乎低于美国和挪威,但这只是名义上的差距,实情并非如此。因为在芬兰,你可以用一美元买到更多的东西,芬兰教师的福利也更丰厚,所以教师的购买力会更强。[22]

于心。最近,大西洋彼岸的国度已证实,该方法行之有效。

在对北卡罗来纳州的数百万名小学生进行研究后,经济学家发现,有些四五年级的班级在数学和阅读成绩上突飞猛进,远超其他班级。他们将成绩的提高归功于约 7 000 名教师。我立刻对这些教师的与众不同之处产生了兴趣。但事实证明,关键的差异在于学校体系,而非教师。

学生的显著进步并非因为接受了更好的老师的指导,他们只是恰好连续两年由同一位老师教导。[23]

这就是循环式教学。在这种教学方式中,教师并非始终留在同一个年级教学,而是与学生一起升入下一个年级。循环式教学并非只使北卡罗来纳州受益。另一组经济学家对印第安纳州近百万名中小学生进行了相同的研究,得到了同样的结果。[24]

在与学生相处的第二年里,教师对学生的优势有了更深的了解,也更清楚他们都面对怎样的挑战。教师因此能够有针对性地提供教学和情感方面的支持,帮助班级中的每个学生发掘自己的潜能。① 教师不需要把学生交接给下一年级的教师,所以他们能够深入细致地了解每个学生。

我知道芬兰人热衷于循环式教学,却没有想到他们能将循环式教学运用得如此好。在芬兰的小学中,老师与学生共同升入下一年级的情况很普遍,一位教师不仅仅陪伴学生两年,而是连续六年带同一个班级的学生。[25] 教师不仅专注于自己所教的学科,

---

① 循环式教学的溢出效应也体现在非原班级学生身上。只要一个班级中至少有 40% 的原班人马,该班级中其他学生的数学和阅读成绩提高的可能性就更大。这或许是因为,当与一些学生建立了良好的关系后,教师就会有更多的精力去了解其他学生,从而更容易管理好课堂,建立起互帮互助的学习环境。

也会更加关注自己的学生。他们的角色从教员演变成为教练和导师。在传授教学内容的同时，他们还能助力学生朝着自己的目标前进，指导他们如何面对社交问题和情感挑战。

在阅读研究报告之前，我并没有意识到自己也曾幸运地从循环式教学中受益。我所在的中学曾经试行过一项计划，即让学生连续三年接受两位核心教师的指导。伯兰德老师曾指导我学习过一年的代数，她知道我更擅长抽象思维，所以，当我在数学课空间可视化学习中屡屡受挫时，她并没有质疑我的学习能力，而是建议我先用方程确定好图形的尺寸，再把它们画成三维图形。明宁格女士多年来一直在社会研究和人文学科方面给予我指导，因而对我的学习兴趣一清二楚。她发现我对分析希腊神话人物的性格发展，以及预测模拟审判中的辩词更感兴趣，便建议我在年末做一个有关心理学的课题。感谢您，明妮妈妈。

然而，循环式教学在美国的学校中实际上并不普遍。1997年至2013年，北卡罗来纳州85%的学校都没有采用循环式教学，只有3%的学生曾连续两年接受同一名教师的指导。多年来，批评者一直对让教师和学生一同升入下一年级有所顾虑，他们担心这样做会阻碍教师专业技能的发展。家长们也担心，如果将赌注全部压在同一名教师身上，会对孩子的发展产生不利影响。如果我的孩子被困在伏地魔的班上怎么办？但数据表明，教学效率较低的教师以及成绩较差的学生反而最能从循环式教学中获得好处。对于那些不能游刃有余地教学的老师和不能得心应手地学习的学生而言，在循环式教学中建立一种相互支持的关系，为他们提供了共同成长的机会，能够帮助他们共同进步。

但是，如果学生面临的挑战超出了一名教师解决问题的能力范围，又该怎么办呢？此时，这些遇到困难的学生需要的不仅仅是个性化的关系。为此，芬兰不但为学生提供了个性化的支持，而且在这一实践中有所超越和创建。

我会帮你

多年前，在芬兰的城市埃斯波，一个名叫贝萨特·卡巴希的六年级学生在课堂上表现不佳。他的父母是阿尔巴尼亚人，为了不让他在科索沃战争中受到伤害，他们把他送到了埃斯波。芬兰语对贝萨特而言是一门全新的外语。针对贝萨特的情况，校长卡里·洛希沃里采取了不同寻常的早期干预措施。[26] 他决定让贝萨特降一级，与一位特殊教育教师一起学习。但为了确保贝萨特能够有进步，卡里决定亲自指导这个孩子："那一年，我把贝萨特当作我自己的学生。"

这样的情况不会发生在美国，我记得我们的校领导甚至不曾走进教室检查学生的学习情况。然而，这位芬兰校长却毫不犹豫地自愿从百忙之中抽出时间亲自辅导一名学生。卡里对学生爱得深沉，多年来，他的"晨练"就是踱步到学前班门口，在孩子们的欢笑声中依次将 45 个孩子举过肩膀。在帮助贝萨特时，他并没有太多顾虑。"没什么大不了的，"他说，"这就是我们每天都要做的事，让孩子们为生活做好准备。"

本杰明·富兰克林有句名言："治病不如防病。"[27] 数十项实验表明，对那些缺乏学习条件和有学习障碍的学生而言，学校的早期干预可以帮助他们在数学和阅读方面取得飞跃性进步。[28] 但美国的许多学校因为资源不足，无法为学生提供个性化支持。大多数州甚至不会按照联邦特殊教育法行事，遑论设置专人为成绩落后的学生或面临语言障碍的学生提供免费的辅导和支持了。[29] 像贝萨特这样的学生在这里很难受到重视……而且事实总是如此。

在芬兰，每个学生都能得到个性化的帮助和支持。芬兰学校的领导层不仅仅是管理层，他们还会以身作则地关心学生。除了行政工作，他们还会检查每个学生的进步程度和健康状况，每周至少要花一部分时间教授自己的课程。①

卡里名义上是校长，但是他的正式职务是班主任，他每周都要花一部分时间给三年级的一个班上课。在这一年里，他把贝萨特带到自己的教室，在三年级学生进行日常活动时指导他读书。他请贝萨特帮助低年级学生学习，从而激活了他身上的导师效应。在一年的时间里，这种鹰架教学确实起了作用。贝萨特掌握了新的语言，赶上了他的同龄人，并认识到自己有能力做出更大的成就。

第二年，贝萨特转到了另一所学校。卡里会定期与他的新老师联系，了解他的情况。几年后，为了感谢卡里对自己的帮助，

---

① 一个组织的领导者如果熟悉组织的核心工作，就会促进该组织的发展，这一现象不仅体现在学校中。[30] 研究表明，当医院由医生领导时，他们会为癌症、消化系统和心脏病患者提供更高质量的护理；如果大学校长是极有建树的学者，学校的科研影响力也会扩大。对工作有深刻理解的领导者更容易吸引人才，赢得他们的信任，并制定行之有效的战略。正如芬兰的校长坚持教学一样，医生领导者应该坚持出诊，大学校长也应该坚持发表研究成果。我的同事西格尔·巴萨德为此创造了一个术语："在执行中领导。"[31] 她主张领导者不应该只是走来走去地管理，而应该花 5%~10% 的时间去做团队的实际工作。这种领导方式能够有效地保证领导者不会与现实脱节，同时传递出一种信号，被领导者所做的工作并不低人一等。

贝萨特特意参加了卡里的圣诞聚会，为他送上了一瓶白兰地。卡里自豪地看到，20 岁的贝萨特经营着两家企业——一家汽车修理公司和一家保洁公司。

对学生的帮扶始于领导层，却并未止步于此。芬兰教育系统的每个层级都会为学生提供这种帮扶。芬兰的每所学校都会设置一个学生福利小组。[32] 小组成员除了每个班级的班主任，通常还包括一名心理学家、一名社会工作者、一名护士、一名特殊教育教师，以及学校校长。卡里所在的学生福利小组曾开会讨论，如何才能为贝萨特提供最好的支持，卡里正是在会议中第一次了解到贝萨特的困难。

这种支持系统就像学生的一张社会安全网。在大多数情况下，当学生遇到困难时，这张网是他们坚实可靠的后盾。[33] 免费辅导使他们获得了提高成绩的机会，保证他们不会偏离正轨。而且，这也不仅仅是为那些急需帮助的学生而准备的。在入学后的前 9 年里，约 30% 的芬兰学生接受过额外辅导。[34] 通过及早发现问题，他们能够防止更大问题的出现。

挪威与芬兰同处斯堪的纳维亚半岛，且比邻而居，但挪威的教育水平却落后许多。对预防工作的重视程度可以解释这一现象。在挪威的教育系统中，学校和老师并没有在学生学习困难初露端倪时就采取干预措施。[35] 美国的一些州已经开始在这方面进行改进：亚拉巴马州和西弗吉尼亚州通过及早干预，帮助那些在初中升高中过程中成绩下滑的高中新生，从而提高了高中毕业率。[36]

从幼儿园的秋季学期开始，芬兰的教师就会与家长会面，为每个学生制定个性化的学习方案。你可能会想，老师怎么能抽出那么多时间呢？在我看来，芬兰用来破解这一难题的方法像蓝莓果汁一样令人欲罢不能。好吧，至少是很接近。

芬兰学校并没有将学生的日程安排得满满当当，而是安排得别出心裁。[37] 相较之下，芬兰师生比美国师生的休息时间每天多一个小时。这也意味着，在日常工作之余，芬兰教师有充足的时间备课、批改作业并进行自我提升，他们不需要常常熬夜或是在周末加班。这种做法也是对教师的一种早期干预：不做过分要求，赋予其掌控感，避免其产生倦怠。[38] 让教师保持旺盛的精力，可以让他们长久维持对教学的和谐激情，也有助于他们从学生入学的第一天起就着手培养学生对学习的热爱。环境能够影响学生学习的积极性，如果学生处在专为发掘和发展其个人兴趣而设计的环境中，他们对学习的热爱会更加炽烈。

儿童的游戏

我对芬兰与众不同的教育的探索欲，源于一个构思奇巧的文章标题：《芬兰快乐、不识字的幼儿园儿童》。[39] 该标题揭示出芬兰早期教育方法的独特之处，我对此十分感兴趣。这篇文章出自一位叫蒂姆·沃克的美国小学教师之手，他曾绞尽脑汁让自己的学生喜欢上课，以致自己陷入倦怠。于是，他与妻子做了一个决定，搬到妻子的老家芬兰，开启新的生活。

蒂姆在抵达赫尔辛基找到一份教职后，就走进各班级熟悉工作。他在参观一所公立幼儿园时，几乎不敢相信自己的眼睛。他本以为芬兰的学生会坐在课桌前做作业，培养认知能力，就像美国的学生一样。随着时间的推移，美国幼儿园变得更像一年级了。⁴⁰ 学生花在拼写、写作和数学上的时间越来越多，而用于探索恐龙和宇宙、艺术和音乐以及自由玩耍的时间越来越少。若不如此，他们怎么能提高核心能力，并在 7 年后的标准化考试中取得优异成绩呢？

但是，蒂姆在芬兰看到的情况与美国大相径庭。幼儿园的孩子每周只有一天坐在课桌前学习拼写、写作和数学。每节课最长 45 分钟，然后是 15 分钟的课间休息。这也是一种有研究支持的做法：就像成年人一样，短暂的活动休息可以提高儿童的注意力和某些方面的学习能力。⁴¹①

在芬兰的早期教育中，学生的大部分时间都在玩耍中度过。周一可能是游戏和户外考察，周五可能是唱歌和活动站。蒂姆看到，幼儿园的孩子们或是上午玩棋盘游戏，下午筑堤坝，或是先围成一圈唱歌，再做自己喜欢的活动。有的孩子选择搭建堡垒，有的孩子则投身于艺术和手工制作。

老师们并没有采取所谓适应幼儿园阶段孩子的学习方式。他们给予孩子充裕的时间，让他们去探索自己的个人兴趣。"为什么？"有些美国人可能会问。因为芬兰的教育工作者认为，学习的趣味性是孩子们应该学会的最重要的一课。

---

① 芬兰的教育工作者并不热衷于在幼儿园教授阅读。研究表明，阅读理解能力最强的青少年并不一定是幼儿园里能读懂最复杂作品的人，而是那些口齿清晰、会讲故事的人。⁴² 到小学毕业时，7 岁开始学习阅读的孩子已经赶上甚至超越了 5 岁开始学习阅读的同龄人。⁴³ 许多幼儿园的孩子还不具有读懂故事的词汇量⁴⁴，也没有理解句子和跟读故事的广博知识⁴⁵。迫使幼儿园老师花时间进行阅读训练和测试，可能会适得其反。⁴⁶ 在这个阶段，让孩子们学会用声音而不是视觉来分解单词更有帮助。⁴⁷ 但芬兰并不禁止儿童在幼儿园练习阅读。如果学生表现出兴趣并做好准备，阅读就会成为他们个性化学习计划的一部分。

这是一个有证据支持的假设。英国的研究表明，6岁时喜欢学校的学生，在16岁时的标准化考试中会取得更高的成绩，即使在控制了智力水平和社会经济地位等变量之后，研究者也得到了相同的结果。[48] 芬兰教师界广为流传的一句话很好地诠释了这一点："儿童的工作就是玩耍。"[49]

在美国，游戏教学多在蒙台梭利学校进行。而在芬兰，游戏是所有小学的核心必修课。芬兰政府坚持让孩子们玩耍，因为决策者明白，玩耍能培养儿童对学习的热爱。这种价值观最好能在人生的早期就开始培养，它最终会让人养成更好的认知能力和品格技能。

在蒂姆参观的芬兰幼儿园中，最受欢迎的活动站之一是冰激凌店。学生们想象自己在购买和出售冰激凌，并用《大富翁》游戏币相互交易。在操作收银机、接受订单和清点零钱的过程中，他们学到了积极主动和亲社会技能，也锻炼了基本的数学和语言技能。数十项研究发现，在教授学生一些认知技能以及纪律和决心等品格技能时，刻意游戏比直接教学更有效。[50] 我们知道，芬兰学生能够在国际学生评估项目中取得优异成绩，一定程度上是因为他们是世界上最有毅力的学生之一。

乐园里的烦恼

几年前我去芬兰一探究竟，本以为芬兰人会为他们的教育体系感到自豪。但是我发现，但凡我遇到的人，从总理到教育专家再到学生家长，普遍对他们的学校持批评态度。起初，我将这视为北欧人的谦逊。据我所知，斯堪的纳维亚社会法则的首要原则是"切忌自命不凡"。[51]

我很快发现，他们对自己的教育体系的失望和沮丧事出有因。在2009年的第四次国际学生评估项目中，芬兰的成绩开始下滑，见图7-2。这是芬兰在取得三连冠后，首次在数学、阅读和科学三个科目上都出现成绩下滑的现象。[52]

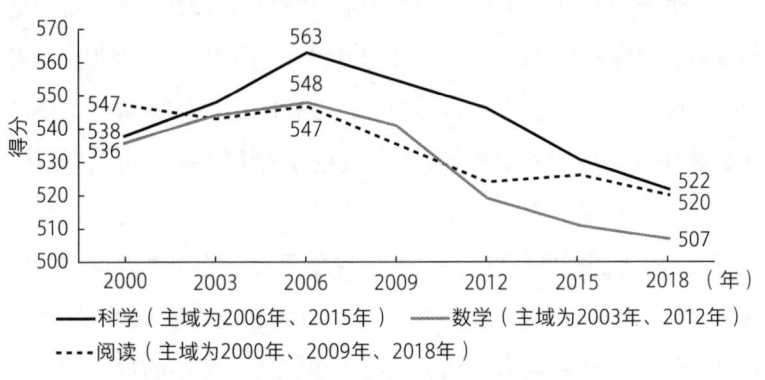

图7-2 芬兰在几轮国际学生评估项目中的得分趋势

在随后的三次测试中，这些分数一直在下滑。至2018年，芬兰的成绩不仅被几个亚洲国家超越，还跌至欧洲第二。一个与芬兰隔海相望的小国一跃成为欧洲第一。

这个国家就是爱沙尼亚。尽管爱沙尼亚的教育预算相对较低，每名教师负责教导的学生人数也不少，但其排名却一路攀升。[53] 到2018年，爱沙尼亚的总体成绩已跃居世界第五，也将学校之间以及贫富学生之间的成绩差距降至世界最小。爱沙尼亚的决策者研究了芬兰的教育秘方，并借鉴了其中的许多成分。他们的中小学聘用了具备硕士学历的高素质教师，学校赋予这些教师高度的自主权。他们也施行了循环教学模式，从一年级开始，教师便与学生一同升入下一年级，直到三年级、四年级、五年级甚至六年级；他们还设置了强大的支持系统，帮助学习有困难的学生，而不是让学生留级；他们的课程以游戏为基础。那么，既然效仿者爱沙尼亚的做法行之有效，为什么被效仿的芬兰却突然落后了？

让我们明确一点：芬兰的排名可能在下滑，但芬兰肯定没有失败。芬兰的排名仍在世界前十，学校之间以及不同社会经济地位的学生之间依然保持着较小的成绩差距。[54]但是，芬兰的学生似乎在不知不觉中落于人后了。[55]

专家们很快开始研究这一下降的多种可能原因。[56]他们推测，芬兰的排名之所以会下滑，是因为该国在三连冠后产生了自满情绪。同时，因为2008年的金融危机，芬兰削减了教育预算。专家们强调，其他国家或是借鉴了芬兰的做法，或是通过应试教育取得了高分，这些都对芬兰的成绩产生了冲击，从而造成了芬兰排名的下滑。但也有直接的证据支持另一种解释：芬兰的男生和高中生的学习动力不足。[57]

2018年，70%的芬兰学生表示，他们在国际学生评估项目中没有全力以赴。[58]① 而且，他们学习动力的下滑不仅仅体现在

---

① 即使是国际学生评估项目这样精心设计的评估，成绩也受到了内驱力的影响，而不仅仅是能力。[59]有些人认为，美国人在国际学生评估项目考试中表现不佳，是因为它与美国高中毕业生学术能力水平考试（SAT）和美国大学入学考试（ACT）不同，是一个低风险的考试。这似乎指出了美国学生成绩不佳的部分原因，但并没有指出主要原因。经济学家进行过一项实验，他们比较了中国和美国高中生在有激励措施和没有激励措施的考试中的表现。结果表明，中国学生在没有激励措施的情况下也能表现得十分出色，这大概是因为集体主义文化的影响，这种文化强调，即使在没有个人奖励的情况下，个人也要好好表现，因为每个人都代表自己的集体。相比较之下，当美国学生根据成绩获得报酬时，他们的表现会更好，这可能是因为美国学生在个人主义文化中成长起来，在有个人回报时，他们会付出更多努力。从经验上看，提高国际学生评估项目的奖金会使美国学生的成绩显著提升，但这也弥补不了美国与芬兰、韩国和中国等成绩最好的国家之间哪怕一半的差距。

测试上：芬兰学生在坚持学习和提高学习成绩方面的欲望位居世界倒数第一。不知从何时起，他们似乎不再热爱学习了，而对学习的热爱正是芬兰教育体系旨在培养的内在动力。[60] 只有当学生有动力利用学校和老师创造的机会时，机会文化才会开花结果。

保持热爱

面对挑战，芬兰的决策者和教育工作者并没有放弃他们的价值观。在国际学生评估项目中的成绩下降后，他们没有为了提高排名而急于推行各种举措，而是尝试增强学生的学习动力。大量证据表明，我们如果有机会自由探索自己的兴趣，就能产生足够的内在动力。[61] 芬兰的政策制定者试验了各种方法，意在让各年级学生都能具备对学习的掌控感，从而塑造自己独一无二的学习经历。

在一项实验中，芬兰六年级学生参与了一个大型项目，学生们在项目中建造了一座属于自己的微型城市。在这座微型城市中，学生们可以开设本地银行、经营杂货店、管理诊所。他们还创办了报纸，并让一名学生担任市长监督政府。在项目即将结束时，微型城市的学生市长与两位贵宾——真正的瑞典国王和王后——进行了会谈。

瑞典王室夫妇正是为学习芬兰的这个新项目"我和我的城市"[62]而来，该项目赢得了教育创新和促进创业思维方面的国际奖项。该项目是让高年级学生进行刻意游戏的极佳范例，让高年级学生管理一座城市，类似于让小学生经营一家想象中的冰激凌店。[63] 学生可以申请自己感兴趣的角色，随后，老师会就他们所选的工作进行面试。

"我和我的城市"一经推出就大受欢迎。现在，大多数的芬兰六年级学生都参加了这个项目。该项目的强大之处在于，它让学生自己掌控个性化学习。他们会兴味盎然地耗费数周时间准备自己的角色，并自己决定如何扮演这些角色。他们可以设定自己的愿景，管理自己的资金，维护自己的声誉。他们能领到数字工资，还可以用银行卡从他们的同学那里买到商品和服务。教师不必劳心费力地号召，或是设置奖品鼓励学生参与到项目中去，学生们参与项目的动力来自内心。而且，我们有理由相信，学生们不会半途而废：初步研究表明，在获得知识的同时，参加这个项目的学生会对经济学更感兴趣。[64]

为了进一步了解芬兰学校如何提升学生的学习内驱力，我再次找到了卡里·洛希沃里。他和女儿内莉均在芬兰创意教育委员会工作。内莉是一位深受学生爱戴的小学教师，她会将芬兰的教育实践经验介绍到世界各地。这对父女待我非常友好，让我参加了他们的家庭聚会。

他们告诉我，体验式学习计划只是提升内驱力的开始，要增加学生学习的内在动力，还需要注意一个关键因素。"阅读是学习所有学科的基本技能，"卡里解释道，"如果你没有阅读动力，其他任何科目都无从学起。"让学生们爱上阅读，可以培养他们的个人学习兴趣。

与众不同的小憩

对阅读的热爱往往源于家庭的影响。芬兰阅读中心最近发现,半数以上的父母认为自己没有给孩子读足够多的书。[65]于是,他们开始向芬兰的每个新生儿免费赠送一袋书。[66]

虽然在家里堆满书可能是个好的开始,但是心理学家发现,这并不足以让孩子们爱上阅读。如果想让孩子们享受阅读,我们就必须让书籍成为他们生活的一部分。[67]这意味着书籍应该是他们在吃饭和乘车时谈论的对象,他们应该常去图书馆或书店,并将书籍作为礼物相互赠送,我们也应该让他们看到我们在读书。孩子们会关注我们所关注的事物:我们关注什么,他们就会认为我们看重什么。

我的女儿埃琳娜在上幼儿园时曾问我为什么不读书。但是，我的书架上其实摆满了书。她怎么会认为一个作家不读书呢？这就像认为演员不看电影，画家不去博物馆一样。后来我才意识到，我总是在她睡着后才上床看书，所以她并没有见过我看书的样子。第二天晚上，我告诉她，我们是时候开始一起读第一部《哈利·波特》了。她的姐姐也加入进来，我们轮流大声朗读这本书，每个人每次读几页，就这样读完了整本书。时光飞驰，几年后，我的孩子们成立了一个家庭读书俱乐部。当他们发现自己喜欢的丛书时，我和妻子阿莉森就会和他们一起阅读并讨论。一天晚上，孩子们的休息时间已经过了一个多小时，我发现我的三个孩子都开着台灯在偷偷地看课外书，我几乎无法抑制内心的喜悦。

阅读是通向机遇之门，读书为孩子们打开了继续学习的大门。但是，电视、电子游戏和社交媒体与书籍的竞争日益激烈。与 2000 年相比，芬兰青少年在 2018 年用于阅读的年均时间减少了 77 个小时。这并非个案，在美国，学生的阅读热情也在逐年下降。[68] 高中生对阅读的态度通常介于不感兴趣和完全不喜欢之间。

英语课和文学课最大的弊病之一就是强迫学生苦读"经典"，学生没有机会选择自己感兴趣的书籍阅读。研究表明，如果可以自己选择在课堂上阅读的书，学生们会更加热爱读书。[69] 这构成了一个良性循环：他们阅读时越开心，阅读带给他们的收获就越多，他们也就越喜欢读书。[70] 他们越喜欢读书，从阅读中学到的东西就越丰富，考试成绩就越好。教师的任务不是确保学生读完文学经典，而是激发学生的阅读热情。

芬兰的小学教师内莉·洛希沃里发现，她的学生在阅读时无精打采，于是，她发明了一种新的课间休息方式。每周一，她都会带学生去"图书馆小憩"。她没有给学生指定书单,而是让他们自己选书阅读。学生们与图书管理员熟络了起来,而图书管理员也了解了他们的阅读兴趣。图书管理员常到内莉的教室做客,向学生们推介新书。学生们选好一周的阅读书目后,内莉还让他们自己选择阅读地点。很快,他们就建立了一个新的班级传统:把书带到附近的森林里,在林间认真阅读。

在这一年里,内莉请学生们围绕他们喜爱的书进行写作,而这项作业并不是传统的读书报告,即绞尽脑汁地给老师交一篇摘要。"写读书报告不会让他们受到启发。"她告诉我。为了让作业更具吸引力和互动性,内莉将发言权交给学生,他们可以向自己的同学介绍自己最喜爱的书。而这也形成了另一个传统,不知不觉间,内莉的教室里已经满是崭露头角的书评小能手。

内莉为学生们提供的燃料,实际上也可以在任何地点推动任何孩子进行任何类型的学习。如果能够自己选择学习内容,并有机会与他人分享学习收获,学生的学习兴趣就会大大增加。这种内在动力也能感染他人。[71]学生们兴致勃勃地谈论着那些激发他们想象力的书,同时阐明自己喜欢这些书的原因,这也给了其他人抓住这种热情的机会。

这些机会是否足以激发和维持学生对学习的热爱,仍有待时间的检验。但在最重要的方面,芬兰的确是世界的榜样。虽然芬兰人非常重视教育,但他们并没有把成绩看得比幸福更重要,这给我留下了极为深刻的印象。

在诸多精英教育体系中,学生牺牲自己的心理健康,一门心思追求优异的成绩。[72] 在美国，研究表明，成绩优异的高中生患抑郁和焦虑的概率是国家标准的3~7倍。[73] 中国学生在2018年国际学生评估项目中的成绩名列前茅，但在生活满意度方面却排在世界倒数第十。[74] 在追求完美[75]和长时间学习的压力[76]之下，超过一半的中国学生表示有时或总是感到痛苦，超过3/4的中国学生有时或总是感到悲伤。

相比之下，只有不到1/3的芬兰高中生感到痛苦，不到一半的学生会产生悲伤情绪。在取得高分的同时，芬兰高中生每周平均只用写2.9小时的家庭作业[77]，这还不及一般中国青少年一天的写作业时长。在2018年国际学生评估项目中，芬兰的每小时学习成绩在77个国家中排名第一。这意味着他们在衡量成长的终极指标，即学习效率上位居世界第一。[78]

芬兰取得如此成就的原因过于复杂，我们很难将其提炼成一个简单的秘诀。大多数专家认为，其原因是综合性的，包括高质量教学、内在动机促进深度学习、降低压力和考试焦虑、提高专注力，以及早期培养的品格技能等因素。目前，我们已知的是，芬兰是世界上最善于在不垄断学生时间、不破坏学生生活、不使学生产生厌学情绪的前提下帮助学生进步的国家。芬兰人最深层的假设可能是：在"做得好"和"过得好"之间做出取舍本身就是错误的。

只有当来自不同背景、具备不同资源的儿童都有机会发挥自己的潜能时，教育体系才算真正成功。学校若想让学生取得更大的成就，就不应该把注意力只集中在少数人身上，强迫他们出类拔萃。学校应该培养一种文化，这种文化能够让所有学生都有机会发展智识，探索并培育自己的情感，实现全面茁壮的成长。

第 8 章
发掘矿藏
发掘团队的集体智慧

> 旁人的眼睛会环视四周,见我前所未见之物。[1]
> ——马尔维娜·雷诺兹

矿工们在看到崩塌的山体倾泻而下的一刹那,拼命地冲向避难场所。有些人所在的位置还看不到塌方发生,但即便如此,他们也能清楚地听到那种不祥的声音:低沉的隆隆声逐渐加剧,转而变成震耳欲聋的爆裂声。一阵狂风席卷而来,直接把一个人掀翻在地,还有一个人被卷到半空中。他们挣扎着爬起来,赶紧迈开步子仓皇逃命。

四处飞溅的石块严重干扰了矿工们的视觉和听觉,他们很担心自己会在此丧命。就在这时,矿工们看到一辆皮卡车沿着道路飞驰而下。他们紧紧抓住这根救命稻草,迅速跳上车。即便卡车接连受到两次撞击,他们也始终缩在卡车里。卡车一路飞驶到路的尽头,终于停了下来,他们也终于躲过了这场山体崩塌。但这群人依然面临生命危险,此刻,他们被困的地方距离地面

700多米。²

2010年8月,智利沙漠中的一座金铜矿突然塌方。一块有45层楼高的巨大岩石从上方的山体崩落。矿井唯一的出入口被70多万吨的岩石堵住了。有33人被困在矿井中。他们的生还概率连1%都不到。

然而,69天后,他们全部获救,与家人团聚了。这是一次可以被载入史册的救援奇迹——这是人类被困地下后存活时间最长的一次矿难。当看到救生舱将第一名矿工带到安全地带时,我的眼中涌出了喜悦和欣慰的泪水。如果你是收看现场直播的十亿观众之一,你可能也会泪洒当场。当时,大部分报道都聚焦于矿工是如何成功脱险的。直到多年后,我才意识到,那场矿难中的救援队可以教给我们很多关于团体成员如何齐头并进、行至长远的知识。

救援伊始,没有人知道矿工是否还活着。救援队也找不到确认矿井中是否有生命迹象的简易方法。救援队掌握的矿井地图并不完整,而且过于陈旧,他们不得不"盲目钻进"。³ 这就相当于在有两个埃菲尔铁塔那么高的干草堆中寻找一根针。他们必须估算出被困矿工所处的位置,以及巨大钻头的弯曲路径。假如他们在地面上钻偏了几度,在矿井中就有可能偏离正确位置几十米。

第17天,救援队终于看到了一线希望。有一台钻机终于到达了他们预估的安全避难区域,救援队试着用锤子敲打钻机,向矿工们发出信号。随后,他们似乎听到地下也传来了敲击声。果然,在将钻头反向旋转出地面后,他们发现钻头末端涂满了橙色油漆,上面还贴着几片纸。被困矿工在纸上写了字,告诉救援队,所有人都活着。为了防止纸片被扯碎或脱落,他们还在钻头上喷了漆,作为他们还活着的证明。

然而,此时矿工们已濒临绝境。他们的可用物资行将耗尽,只能喝矿井中的脏水,每三天才能吃上一口金枪鱼。救援队在不会诱发矿井坍塌的前提下,为矿工们钻了几个小孔:一个用来输送食物和水,另一个用来输送氧气和电力。这可以让受困矿工再撑上一段时间。但眼下他们必须想办法钻出一个能够供人出入的大洞……要钻 800 多米深……钻头要能凿穿比花岗岩还坚硬的岩石……还要防止钻探过程中发生事故,把矿工活埋。救援队以前从未尝试过这种做法,更不用说在这种情况下成功施救了。

我们知道自己无法独自解决那些复杂而紧迫的问题,我们会认为,在面临这些问题时,最要紧的是聚集起一批学富五车的人。一旦找到专业对口的专家,我们就可以将自己的未来交到他们手中。

但负责智利矿难救援的负责人并没有这样做。他们并没有仅仅依靠一个独立专家小组的建议,而是建立了一个系统,从而让更广泛、更深入的想法,以及更多人的聪明才智汇集到一起。得益于一位小企业家花费 10 美元的发明创造,他们与被困矿工实现了通话联系。救援队最终能够成功实施营救,要归功于一位年仅 24 岁的工程师提出的一系列建议。而这位工程师甚至不是核心救援团队的成员。

只是召集一个独立的专家团队,或是把众人聚集在一起解决问题,还不足以最大化集体的智慧。要释放团体隐藏的潜能,需要领导力实践、团队流程,以及运用所有成员的能力让大家都有所贡献的系统。最优秀的团队并非拥有最杰出思想家的团队,而是能够发掘并利用每个人的最佳想法的团队。

团队失格

大学三年级时，在让我着迷的组织心理学课堂上，我第一次开始思考团队是如何团结一致、实现更大目标的。学生们给这堂课起了一个爱称——"早八点半心理学"。有传言说，教授之所以把这堂课安排得这么早，是希望只吸引那些最积极的学生来听课。

我早早地来到教室，却发现教室里已座无虚席，而教授却不见踪影。这时，我看到窗外有一个衣衫不整的巨人，他的身高完全不逊于 NBA 大前锋。他一手拿着烟斗，一手拿着一沓笔记，来回踱步。他缓慢地走进教室，却没有向我们介绍教学大纲。他对我们说，他有愧于我们的国家。

那天是 2001 年 9 月 13 日。

这位教授名叫理查德·哈克曼，是世界顶尖的团队专家。他花了近半个世纪的时间研究各领域的团队——从航空公司的飞行员到医院的医护人员，再到交响乐团。[4] 他发现，在大多数情况下，团队合作无法帮助人们实现梦想。[5] 团队合作更像是一场噩梦……在学校做过小组项目的人都可以证明这一点。大多数团队的总体力量之和都小于其成员能力之和。

几年来，理查德一直在研究改善美国主要情报机构内部合作的方法。[6] 他告诉我们，尽管分析人员意识到飞机可能会被劫持，沦为实施恐怖活动的武器，并试图向情报机构发出警告，但他们的警告并没有引起情报机构的重视。理查德认为，如果他的研究能尽早取得所需的成果，也许就能阻止"9·11"恐怖袭击事件的发生。

在接下来的几年里,理查德与他的一位得意门生安妮塔·伍利合作,研究如何让团队变得更聪明。最终,安妮塔和她的合作者取得了突破性进展。他们揭示了让团队力量之和超越各成员能力总和的关键所在。

安妮塔对集体智慧,即一个团体共同解决问题的能力很感兴趣。在一系列开创性的研究中,她和她的同事追踪了不同团队在各种分析性和创造性任务中的表现。这基本上算是一种团体智商测试。我认为,集体智慧取决于待完成任务与团队成员个人能力的匹配程度。比如,由语言高手组成的团队在拼字游戏中占主导地位;由数学天才组成的团队在解决几何问题上打遍天下无敌手;由积极主动者组成的团队在计划和执行方面独占鳌头。事实证明,我错了。

令人惊讶的是,某些小组无论做什么类型的任务,始终都表现出众。无论安妮塔和她的同事抛出什么样的挑战,他们都能胜过其他团队。我的假设是,这些团队幸运地云集了一群天才。但数据显示,集体智慧与个人智商几乎没有关系。[7] 事实证明,最聪明的团队并不是由一群最聪明的人组成的。

自这些最初的研究起,科学界对集体智慧的研究兴趣呈爆炸式增长,从而揭示了推动团队取得更大成就的原因。在对 22 项研究进行元分析后,安妮塔和她的同事发现,集体智慧与其说取决于人们的认知技能,不如说取决于人们的亲社会技能。[8] 最佳团队拥有最多擅长与他人合作的"团队成员"。

成为团队成员与唱夏令营金曲《到这里来吧》无关。它不是要人们一直和睦相处,保证每个人参与到合作中来,而是要弄清团队需要什么,并争取让每个人都能在团队中发光发热。虽然团队中有一两个专家是件好事,但如果没有人看到他们的价值,每个人都各怀心思,各有所求,那么这些专家能够发挥的作用也就微乎其微了。有证据表明,一个坏苹果就能毁掉一筐好苹果。[9]哪怕只有一个人没有做出亲社会的行为,也足以让一个团队变成呆瓜团。[10]

在针对NBA篮球队进行的一项研究中,你也可以看到这种坏苹果效应。在球队中,缺乏亲社会技能的球员会表现出以自我为中心和自恋情结。心理学家根据球员的推特资料,对他们的自恋程度进行了编码。是的,我在秀肌肉。哦不,我只是找不到合适的球衣。每当照镜子时,我都只能看到我有多了不起。我此生最大的遗憾就是永远无法现场观看自己的比赛。如果一支球队中有很多自恋狂,甚至只有一个极端自恋狂,整支球队的助攻次数就会减少,球队就会输多赢少。[11]他们也无法在整个赛季取得任何进步——尤其是当他们的控球后卫(主要的传球者和战术指挥者)的自恋程度很高时。自恋者会成为球霸,而那些能帮助队友得分的球员反而是最容易被低估的球员。[12]

当具备亲社会技能时,团队成员就能相互激发出彼此的最佳状态。当团队成员认识到彼此的优势,能够制定发挥每个人优势的策略,并相互激励、齐心协力追求共同目标时,集体智慧就会上升。[13]释放隐藏的潜能不仅仅是聚集最好的部件,更是找到最好的黏合剂。

戒除自大

亲社会技能是将一群人转化为一个团队的黏合剂,可以将孤军奋战的独狼凝聚成紧密团结的狼群。我们通常会从人际关系的角度思考凝聚力，但我们往往高估了团队建设和联谊活动的作用。[14] 没错，破冰和绳索课程可以培养成员之间的友情，但多项元分析表明，这些活动不一定能提高团队绩效。真正有效的是，人们要认识到，他们需要相互支持才能成功地完成一项重要任务。只有认识到这一点，他们才能围绕一个共同的身份建立联系，进而团结一致地为实现集体目标而奋斗。

支撑黄金十三人共同完成海军军官训练的正是这种凝聚力。理查德·哈克曼最终发现，很多情报部门都缺少这种凝聚力。他在研究中发现，大多数分析员都会被分配到特定的班组，但他们只是将自己在该组的工作视为一项例行任务。同一个班组的人听命于同一个上司，共用一个饮水机，除此之外，人与人之间再无关联。他们没有花足够的时间交流思想、互相指导或共同学习。他们会互相发送报告，但大多数情况下只是走个过场，应付差事。

被分配进同一个小组后，人们并不能自发地成为一个团队。理查德的研究表明，最出色的情报分析团队才是真正的团队。他们会评估集体成果。他们会围绕一个共同的目标团结一致，并根据每个成员的特点分配其将要承担的任务。他们知道自己能够实现的成果取决于每个人的付出，因此，他们会定期交流知识并互相指导。这些举措使他们成为一个巨型海绵，能够吸收、过滤和适应纷至沓来且不断变化的信息。

领导者在建立凝聚力方面发挥着至关重要的作用。他们有足够的权威性，能够将独立的个人变成一个相互依存的团队。但是，在决定谁来掌舵时，我们往往没有考虑到黏合剂的作用。

我们在选择领导者时，通常不是选领导能力最强的人，而是选那些最能说会道的人，这就是所谓的"巧言令色效应"。研究表明，人们倾向于选择发言最频繁的人担任领导者，无论此人是否具备足够的能力和专长。[15] 我们把自信误认为能力，把其言确信误认为其人可信，把发言次数多误认为言辞质量高。我们总会追随那些主导讨论进程的人，而不是那些能够提升讨论水平的人。

有时，占据领导者位置的是那些能说会道、德不配位的人，最糟糕的是那些爱出风头的话痨。很多时候，亲社会技能最差、最自负的人最终反而被委以重任，这种任命给团队和组织造成了不可估量的损失。一项元分析显示，高度自恋者更有可能担任领导职务[16]，但他们在领导岗位上的工作效率相对较低。①[17] 他们会做出自私的决定，灌输零和成功的观念[18]，引发恶性竞争行为，破坏团队的凝聚力和合作。[19]

TEAM

团队中依然有"我"，
但表示"我"的字母i隐藏在字母A中

---

① 可悲的是，自恋者容易被选为领导者的倾向很早就开始了。心理学家发现，许多孩子更愿意让自恋型的同龄人担任领导者，自恋者往往会声称自己是更好的领导者，尽管事实并非如此。在23个荷兰中小学班级中，有22个班级出现了这种情况：最有可能同意"像我这样的人，理应比别人得到更多"等说法的学生获得了最多的领导者提名。这些自恋者长大后，往往会对团队造成严重破坏。

实际上，另一种类型的领导者才能更好地激发集体智慧。值得提拔的其实是那些具有亲社会技能的人，他们把团队使命看得比个人得失更重要，把团队凝聚力看得比个人荣誉更重要。他们知道，自己的目标不是成为队伍里最聪明的人，而是让整个队伍变得更聪明。

团结一致

智利矿难发生的最初几天，救援现场一片混乱。事故现场有多支警察部队，还有很多采矿专业人员、消防员、救援人员和攀岩者。地质学家和工程师分析了各种可行的救援技术。采矿车队盲目地运来了 6 种不同型号的钻机。此地汇聚了一群有能力的人，但他们不是一个团结的团队，因而无法发挥集体智慧。4 天后，智利总统召见了一位领队。

命令来得太突然了，安德烈·苏加雷特日后回忆时说，感觉自己好像被绑架了。在智利做了 20 多年的采矿工程师后，安德烈接管了世界上最大的地下矿井。接到总统府的紧急诏命时，他正在距离事故发生地以南约 966 千米处工作。他还没来得及摘掉矿工头盔就登上了总统专机，他在半空中接到指令：带队营救被困在科皮亚波矿井中的 33 名矿工。

这是一场与时间的赛跑，矿工的生命危在旦夕，救援必须分秒必争。在面对诸如此类生死攸关的压力时，我们大多会依靠指挥官下达的命令行事，建立秩序。但是，当所有人都打定主意要全力救援时，领导者的指令实际上并没有那么重要。研究表明，在一个更看重结果而非人际关系的组织中,如果领导者能做到以人为本,他们就能取得更大的成就。[20] 当每个人都在争分夺秒地实施救援时,你需要的是一个能够关心每个人的领导者。

图 8-1 是斯蒂芬·迪尔切特和德尼兹·厄内什对 4 000 余名美国领导者和管理者进行研究得到的结果。

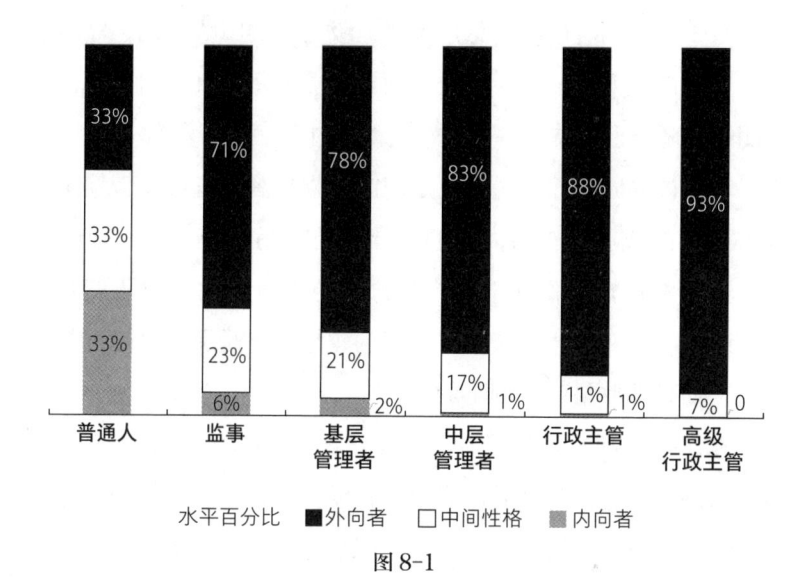

水平百分比	外向者	中间性格	内向者
普通人	33%	33%	33%
监事	71%	23%	6%
基层管理者	78%	21%	2%
中层管理者	83%	17%	1%
行政主管	88%	11%	1%
高级行政主管	93%	7%	0

图 8-1

能力很重要,但仅有能力还不够。安德烈掌握的技术知识固然令人尊敬,但许多其他领队也具备丰富的专业知识。让他脱颖而出的是他所具有的亲社会技能。他之所以被委以重任,是因为他有能力让整个团队发挥出最佳水平。"他很有耐心",一位推荐他的高管说,而且"特别擅长倾听,会在听取各方意见后再做决定"。

通常情况下,我们会认为倾听能力对领导力并没有多么重要。全世界的人都有一个刻板印象——伟大的领袖都是外向且自信的。在美国,绝大多数领导者和管理者的外向性分值都在中点以上。职位级别越高，外向型领导者就越多。[21] 即使是中国这样自古以来就比较内向的国家，也会将那些外向型的人视为典型的领导者。[22] 但是，我在一个研究项目中比较了外向型领导者与内向型领导者领导能力的高下，同时揭示了理想领导风格更微妙的特征。我发现，有效的领导取决于团队的主动性。

对于那些相对被动、总是等待上级指示的团队来说，外向型领导者是最佳人选。因为外向型领导者能够坚持自己的愿景，激励团队跟随自己的脚步。但是，对那些主动性高、能够提出许多想法和建议的团队而言，反而是内向型领导者更有可能带领团队取得更大的成就。较为内向的领导者更容易接受来自下级的意见，这种特征让他们能够获得更好的想法，也让其团队更有动力。对于一个海绵团队来说，最好的领导者不是那些最能言善辩的人，而是那些最耐心倾听的人。[23]

在领导智利矿难救援时，安德烈首先发挥了他的倾听能力。虽然时间紧迫，但是他并没有急于行动。当他抵达绰号为"希望营地"的矿场时，迎接他的是一张张熟悉的面孔。他要带领的团队由32人组成，其中包括许多与他合作多年的熟人——与他一起接受过培训的矿长，与他共事过的危机公关心理学家等。该团队的共同任务非常明确：尽快找到并救出被困矿工。

他们缺少的是一个能够将他们凝聚起来的营救策略。安德烈询问了现场专家，专家们将自己了解的情况告诉了他。安德烈最初计划从隧道进入矿井，但在倾听的过程中他发现此举并不可取。他迅速将关注点转移到钻井上，并开始任命适合的领队来协调工作。

安德烈有意没有把管理权交给最有经验的钻井工人，或是最有主见的管理人员。相反，他安排了亲社会能力最强的人带队。最终，担任钻井领队的人是一位以协商式领导风格而闻名的矿长。在钻井过程中，这位矿长不遗余力地征求队员的意见，并在做出每个决定时都向其他人解释自己的理由。

因为坍塌还在持续，矿井变得越来越不稳定，救援期间地面依然动荡不安。为了最大限度地增加被困矿工的获救机会，安德烈和他的同事做了一个关键决定。他们不再只是执行单一的钻井计划，而是多线并举，同时实施多个救援计划。

安德烈需要更迅速地获得更多的想法。他开始每天与救援队的全体成员开会。正如他后来所说，他知道"掌握所有答案的超级领导者是不存在的"。是时候创建团队流程和组织体系来释放集体智慧了。

集思广益

当面对一个棘手的问题时，我们常常会在小组内进行一场头脑风暴。我们希望尽快找到最好的想法。我喜欢看到大家群策群力……但是，我不得不指出一个小问题，头脑风暴通常会适得其反。

在头脑风暴中，人们会错失很多好点子，而最终得到的主意却很少。[24] 大量证据表明，一群人同时出主意，其实无法最大限度地发挥集体智慧。小组内的头脑风暴远远没有发挥出各个成员真正的潜力。如果让团队成员独自构想，实际上最终我们能够得到更多的好点子。正如幽默作家戴夫·巴里调侃的那样："如果你必须用一个词来概括人类没有实现，也永远不会实现自己全部

潜能的原因，那么这个词就是——'开会'。"²⁵

问题不在于开会本身，而在于我们如何组织会议。回想一下你参加过的头脑风暴会议。你可能见过有的人因为自我威胁（我不想被当成蠢货）、环境过于嘈杂（我们不能同时发言）和从众压力（让我们都站在老板这一边吧！）而咬紧牙关，把想说的话咽了回去。再见了，思想多样性。你好，群体思维。那些缺乏权力或地位的人会在头脑风暴中面对更大的挑战，这些人包括房间里资历最浅的人，一群留着胡子的白人男性中唯一的有色人种女性，淹没在外向者海洋中的内向者。

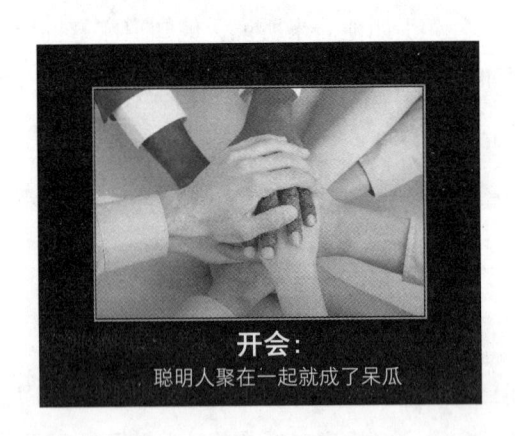

开会：
聪明人聚在一起就成了呆瓜

想要发掘团队中隐藏的潜能，与其进行头脑风暴，不如转而采用一种名为"脑力写作"的方法。²⁶ 最初展开的是个人专场。在进行脑力写作时，你首先需要让每个人分别贡献自己的想法。接下来，你要将人们的想法集合起来，在小组内匿名分享。为了保证每个人都能独立做出判断，团队成员要亲自评估所有想法。然后团队聚在一起，选择并完善最有希望的方案。运用脑力写作的方法意味着，在选择和细化想法之前，团队成员先进行独立的设想和评估,如此一来,团队就能发现并推进那些或许并不起眼的想法。

安妮塔·伍利及其同事的研究有助于我们更好地理解脑力写作为什么更有效。他们发现,汇聚集体智慧的另一个关键要素是均衡参与。[27]① 在头脑风暴会议上,参与者很容易变得一边倒,偏向于支持那些自我意识最强、声音最大以及最有权势的人。而脑力写作能够确保所有人都提出自己的想法,发出自己的声音。当然,有证据表明,在努力汇聚集体智慧的团体中,脑力写作的效果尤其有效。[33]

个人创造力是集体智慧的起点,却并非其终点。人们在单独思考时,会想出数量更多、种类更丰富的新想法。相较于团队成员一起苦思冥想,每个人独自想出的新点子数量更多,但在质量上却良莠不齐。[34] 要想在噪声中发现真正有用的信号,就需要集体判断力。

在智利,安德烈·苏加雷特在寻找最佳救援战略时,并没有召集团队进行长时间的头脑风暴。相反,他和他的同事建立了一个全球脑力写作系统,向世界各地的网民询问搜救建议。为了使网上征询不受矿井塌陷的影响,他们成立了一个单独的团队,奔赴距圣地亚哥以南数百千米的地方,在那里审核实时搜集到的

---

① 有趣的是,更聪明的团队中女性成员往往占比较高。[28] 关键原因在于,女性在解读他人思想和情感的测试中平均表现优于男性。[29] 目前我们还无法断言,女性有更高的亲社会能力或更大的亲社会动力。[30] 但是我们有理由认为,女性倾向于在团队中运用这些技能。经济学家和心理学家均发现,优秀的团队成员会激励其他成员做出更多贡献。[31] 一位法学教授在研究公司董事会动态时发现,在挪威,女性董事更倾向于在会前认真阅读会议材料。[32] 面对这种情况,男性董事不想毫无准备,也不想落于人后,便也变得规矩起来,开始提前做功课。

想法。

我们以为头脑风暴成效显著

（废话 / 我赞成 / 废话 / 废话 / 他刚说的! / 废话 / 一句话也插不进去 / 哎呀!）

真正奏效的其实是脑力写作

第一步：独立想出主意

第二步：组织评估和讨论

@RESEARCHDOODLES BY M. SHANDELL

该团队通过智利矿业部网站搜集来自世界各地的建议。他们还征求了美国联合包裹运送服务公司、美国国家航空航天局、智利海军、一家专门从事三维测绘软件的澳大利亚公司，以及一群曾长期在阿富汗工作的美国钻探专家等各方的意见。他们按照可行性对人们的提案进行了排序，找到最有希望的提议，然后进一步细致询问建议人的想法。

数以百计的想法纷至沓来，其中不乏一些馊主意。一位提议人建议在 1 000 只老鼠身上绑上紧急按钮，然后把它们投入矿井，希望矿工能发现它们。另一位提议人花了两周时间发明了一个微型黄色塑料电话,他认为可以将这个小电话通过矿洞送到矿工手中。它看起来仿佛是从 1986 年穿越到救援地的,引得现场的工程师大笑不止。通过脑力写作得到的想法通常数量众多,但也五花八门,千奇百怪。

幸运的是,有些建议并不只是引人发笑的鬼点子,而是具有很高实用价值的好主意。一位独立采矿工程师提出采用直径 8.89 厘米的管道运输食物和水的想法。救援队采纳了他的建议。后来,这个管道成了矿工的生命线。除了提供食物,它也成了矿工与救援人员沟通的渠道。

救援队给矿工运送了一台高科技摄像机。他们终于可以互通视频了,但音频连接不上。工程师们尝试了多种解决方案,均以失败告终。最后,他们退而求其次,拉下面子找来那个黄色的小电话。救援人员将它连接到光纤电缆上后,这个造价 10 美元的塑料设备就成了他们与矿工通话的唯一工具。救援期间,制造这种电话的独立企业家佩德罗·加洛每天都与被困人员通话。

百花齐放

在确定了被困矿工的位置、开辟出通信线路后,救援队开足马力,加紧实施救援行动。A 计划是使用大型钻机钻一个洞。问题是,该方案预计耗时 4 个月,且在钻井过程中没人能保证矿井完好无损,也没有人能预测矿工在此期间是否会精神崩溃,或是出现紧急医疗情况。

我的同事埃米·埃德蒙森对救援队的合作经验进行了覆盖面

最广的分析。她最初是一名工程师,后来成为理查德·哈克曼的学生,现在是世界上最重要的团队专家之一。在采访了救援工作中的许多关键人物后,埃米鼓励我要深挖一个故事,并向我保证这个故事非常有价值。

一天,一位名叫伊戈尔·普罗斯塔基斯的年轻工程师在往救援现场运送钻井设备时,偶遇了负责监督钻井工作的地质学家。他向他们讲述了自己的一个想法,他希望救援队能够通过这个方法更快地找到矿工。这是一个大胆的想法:与其慢慢地钻一个新洞,不如快速拓宽一个现有的洞。伊戈尔认为,有一种专门用来击穿岩石的特殊钻头,叫集束潜孔锤,他们或许可以用这种工具来实现这个想法。

伊戈尔没想到救援队真的会采纳他的建议。因为他是救援现场最年轻、资历最浅的工程师之一。他的职责是向钻井操作员提供建议,帮助他们有效地使用他所在公司的设备,而不是提出新的策略和技术。但是,当伊戈尔向地质学家提议后,他们让他与安德烈·苏加雷特交流一下自己的想法。他能在两小时内厘清要说的话吗?"你们要我做什么?"伊戈尔还记得当时自己的想法。他不明白为什么会有人愿意听他的意见。"我只是一个24岁的年轻人,只是提了一个自己的意见。"

伊戈尔立即开始埋头工作。他甚至不确定是否存在合适的救援工具。于是他致电美国一家生产集束潜孔锤的公司的老板,他们制订了一个计划。他们预计,依照这个计划,只需要一个半月就能钻到被困矿工的所在地。但速度越快,风险越大。智利从未使用过这项技术,也没有人尝试过用这种技术在如此深的地方钻出如此宽的洞。他们还必须定制一种钻头,而且需要在没有进行性能测试的情况下直接用它钻井。

那天晚些时候，伊戈尔向安德烈提出这个想法时，安德烈没有泼冷水。他也没有找借口拒绝，而是认真倾听，确定了该想法的可行性。"这可能是他一生中最重要的工作，"伊戈尔回忆道，"尽管我是个缺乏经验的年轻人，但他还是愿意听我说出自己的想法，还问了我一些问题。他采纳了我的想法。"安德烈让他给智利矿业部长呈交一份提案。该方案很快就获得批准：它就是与 A 计划并行运作的 B 计划。

在许多组织中，像伊戈尔这样的人从一开始就没有提出自己想法的机会，更不用说让自己的想法被采纳了。"在一个普通的组织里，他永远没有机会说出自己的想法。"[35]埃米·埃德蒙森告诉我，"但在救援现场的氛围中，他觉得他可以说出自己的观点，他也的确做到了。"

我们通常称这种氛围为言论和心理安全感。[36]有证据表明，仅仅是与领导者对视，就足以鼓励地位较低的人发出自己的声音。[37]我在深入研究埃米的研究时，有些东西引起了我的注意。救援队的领导者不仅营造了一种氛围，还建立了一个打破常规的体系，该体系确保各种想法都能被认真考虑，而不是被直接驳回。我曾经见过，在各种场合中，团队在这种体系的帮助下释放出集体智慧。

野蛮人对抗守门人

在大多数工作场所，机会都是阶梯式的。你的直接上级决定着你的发展。此人会让你进行工作说明，审核你的提议，并决定你是否可以晋升。如果你不能让你的上司听你把话说完，你的提议就完蛋了。[38] 这个体系很简单，但也很愚蠢，因为它赋予了一个人太大的权力，此人甚至可以随心所欲地打压创意，让人们缄默难言。单是一个"不"字，就足以扼杀一个创意，甚至阻碍一个人的职业发展。

管理者很容易出于一些原因否定你的提议。[39] 如果你想出一个好点子，他们可能会感到自尊心受挫。[40] 如果你出了一个馊主意，又有损他们的形象，他们可能会质疑你的提议动机。我的研究表明，如果你没有亲社会和头脑冷静的名声，向管理者提出建议就很可能为你招来麻烦。[41]

在很多情况下，未经证实的想法有太大的风险和不确定性。[42] 管理者知道，如果他们错信了一个糟糕的想法，那就会对他们的职业发展造成不良影响。但否定一个好的想法，其实不太可能被其他人发现。即使管理者认为某个想法还不错，但只要想到自己的上级领导可能反对，他们也会将其判定为一个失败的提议。[43] 想要封杀一个新领域，只需要一个守门人就够了。

这种等级制度的存在，就是为了否决具有隐藏潜能的想法。[44] 你可以在科技界清楚地看到这一点。施乐公司的程序员首创了个人计算机，却很难让管理人员将其商业化。[45] 柯达的一位工程师发明了第一台数码相机，却无法说服管理层给予这个发明足够的重视。[46]

组织可以通过另一种等级制度来解决这个问题。网格结构能够有效地替代组织内部的阶梯结构。物理意义上的网格是一种纵横交错的结构，看起来像棋盘。而在一个组织中，网格是一种组织架构图，它能为组织提供跨层级和跨团队沟通的通道。在网格结构中，你与上级之间的汇报和责任不是单线进行的，你能够找到多条通往高层的路径。

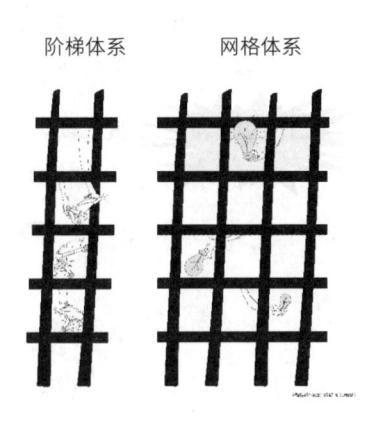

阶梯体系　　网格体系

网格体系不是矩阵式组织。你不会像《上班一条虫》里演的那样，被 8 个老板骑在头上。也不会有很多经理想方设法拖你的后腿，并不停地打压你。网格体系的目标是让你接触到那些愿意并能够帮助你进步和提升的领导。

戈尔公司建立的体系是我见过的最好的网格体系范例，这家公司以生产防水的 Gore-Tex 手套和夹克而声名远扬。[47] 在 20 世纪 90 年代中期，戈尔公司一位叫戴夫·迈尔斯的医疗设备工程师发现，在山地自行车的齿轮缆绳上涂上 Gore-Tex 涂料，可以使缆绳不受沙砾的磨损。他突然意识到，Gore-Tex 涂料也可以用来保护琴弦，因为人们手上的尘砾也会使吉他弦老化走音，而 Gore-Tex 涂料可以防止吉他弦出现这种磨损。

尽管这不是他日常工作的一部分，戴夫还是主动做了一个模型。他把这个想法告诉了公司的一部分高层，但他们认为这不值得继续研究,他们不赞同这种技术。你不能在振动的弦上涂一层含氟聚合物,你这是在破坏声音!他们也有战略上的顾虑。我们又不是音乐公司,为什么要做吉他弦?

在一般的组织中,这些抗议足以扼杀这个想法。但戈尔公司具备一套网格体系。只要能想到一个新想法,你就可以自由地向不同的高层提出。要想让你的提议落地,你只需要找到一个愿意赞助它的领导者。于是,戴夫不断上报他的想法。最终,他得到了里奇·斯奈德的支持,后者为他联系了一位叫约翰·斯潘塞的工程师。

在接下来的一年里,戴夫和约翰每周都会抽出一部分时间研究他们尚未得到证实的想法。戈尔公司并没有把这些分外的工作视为分散注意力或违抗公司指令,反而会鼓励员工——员工有"探索时间"去不断尝试。为了让戴夫和约翰在改良吉他弦上有所进展,公司允许他们在研发过程中不必申请正式批准。他们只需要在与数千名音乐家一起开发和测试原型时,定期向公司上报最新进展即可。

网格体系废除了阶梯等级体系中占主导地位的两条不成文的规则:忌背着老板做事,忌越级做事。埃米·埃德蒙森的研究表明,许多人因这些潜规则而不能畅所欲言。[48] 网格体系的目的就是使员工不必因绕过或是越过上司做事而受到惩罚。

在戈尔公司,当需要征求意见和获得支持时,戴夫和约翰能够无所顾忌地越过里奇。他们充分利用了随时与任何人联系的自由。有一次,他们甚至让董事长兼首席执行官亲自参加他们的会议,并对他们的研发提出相关建议。

戴夫、约翰和他们的临时团队花了18个月,开发并推出了新产品。仅仅 15 个月后，他们研发的伊利克斯琴弦就横扫了原声吉他琴弦市场。一个在医疗产品部门萌生的想法能在音乐行业大放异彩，这绝非司空见惯之事。但这件事实实在在地发生了，这要归功于网格体系。

即使组织结构图看起来更接近阶梯式，我们也有可能在其基础上设计出特别的网格体系，从而促进新想法的产生和发展。我经常在创新比赛中看到这些体系，这些比赛旨在为某些问题提供新颖的解决方案。[49] 陶氏化学公司曾在内部征集有关节能和减少浪费的建议，公司表示愿意为员工提出的最有前途的想法提供赞助，这些想法的赞助成本不超过 20 万美元，并有可能在一年内收回成本。此后 10 年，他们共资助了 575 个创意，这些创意平均每年为公司节省 1.1 亿美元。[50]

在这种创新比赛中，决定权不在某个守门人手中。网格体系鼓励不同层级的人参与进来，对提交的参赛作品进行同行评审。此举可以防止参赛作品被过早地或不公平地淘汰，确保人们能够充分考量每个创意。

名不副实的领导者禁止下属发声，还会做出"斩杀信使"之举；德配其位的领导者悦纳各方声音，并对信使致以谢意；而那些真正杰出的领导者会建立网格体系，放大各方声音，提升信使的地位。

深渊之光

在初次了解伊戈尔提出 B 计划的前因后果时，我立刻意识到其中体现出网格体系的特征。这也解释了为什么他能向负责钻探的地质学家阐述自己的想法，以及为什么尽管他年轻又缺乏经验，地质学家还是直接把他引荐给高层。但是，这只是网格体系发挥作用的开始，在救援行动开始一个月后，网格体系的优势变得更加明显。

A 计划的进展比预期的还要慢，而 B 计划的实施情况越来越好。伊戈尔选择集束潜孔锤钻头是正确的：它能非常迅速且平稳地砸穿岩石。它的优势非常明显……直到这种钻头完全停止工作。在下降到三分之一处时，它虽然仍在旋转，但不再钻探了。

原来，他们在钻探过程中撞上了一组用来加固矿井的铁架，铁柱把潜孔锤钻头震碎了。其中一个篮球大小的碎块堵住了他们为接近矿工而扩建的洞口。救援队试图把金属块敲出来，用磁铁把它拉出来，但它纹丝不动。他们准备就此放弃伊戈尔的 B 计划。

第二天，伊戈尔又有了一个想法。他想起了在学校里读过的一种救援工具——一种工地版的抓娃娃机。我的妻子阿莉森是抓娃娃机高手，但我们不知道它还有比抓取毛绒玩具熊更重要的用途。这正是救援队需要的方法。他们如果能放下金属爪，用抓手夹住阻塞洞口的金属块，就能把它取出来，清理出洞口。

当伊戈尔第一次建议现场的几个人使用爪机时，他们并没有听进去。但得益于网格体系，伊戈尔知道还可以通过别的途径让其他人听到自己的想法。两天后，在他的想法被底层领导忽视后，伊戈尔设法见到了智利矿业部长，向他陈述了自己的想法，部长当即为他的想法开了绿灯。其后整整 5 天，他们不断尝试抓取，但都以失败告终，最后，爪机终于抓住了断裂的钻头碎块，并将其取出，洞口重新出现在人们的面前。这是爪机使用史上抓取到的最好的战利品。B 计划回到了正轨，所有人都如释重负。

次月的一个晚上，一名救援人员乘坐胶囊救生舱从该洞口钻了下去。邻近午夜时，救生舱载着第一名获救矿工顺利返回地面。又过了不到 24 小时，救生舱载着矿工领队从洞口出来，而他正是 33 名矿工中最后一名被救回地面的人。

伊戈尔有关爪机的想法挽救了他的 B 计划，而他的 B 计划挽救了 33 条生命。毋庸置疑，我们应该为伊戈尔和其他许多人富有创造力的英勇壮举而喝彩。但是，我们也不应该忘记这个故事中的无名英雄：领导力实践、团队流程和机会系统。正是它们让人们能够畅所欲言，并让其他人听到自己的声音。

如果只听取房间中最聪明的人的意见，我们就很难发现房间里其他人的聪明才智。我们最大的潜能并不总是隐藏在我们体内，有时潜能源于我们彼此火花四射的碰撞，有时潜能完全来自团队之外。

第 9 章

钻石原石

在求职面试和高校招生中发现未经雕琢的宝石

> 衡量一个人成功的标准,不是此生取得了多么高的地位,而是破除了多少障碍……在努力成功的同时克服困难。[1]
> ——布克·华盛顿

1972 年,一个被历史铭记的夜晚,10 岁的何塞·埃尔南德斯跪坐在一台老式黑白电视前。[2] 电视信号弱,他就用手抓着电视的天线,用自己的身体增强信号。荧幕上模糊的图像逐渐清晰起来,何塞看到最后一批阿波罗号航天员踏上月球表面。

何塞被航天员的月球漫步深深地吸引了,但他还是渴望能够看到更精彩的画面。他的视线从荧幕上移开,跑向天上的月亮,又及时回到电视直播画面,看到其中一名航天员最后迈出的"一大步"。何塞希望,有朝一日他也能在月球上留下自己的足迹。

许多孩子都曾经梦想成为一名航天员,但何塞矢志不渝地为实现这个梦想而奋斗。由于他的强项是数学和科学,他决定以工程学为敲门砖,圆自己的太空梦。在接下来的 20 年里,他获得了电气工程学士和硕士学位,并在联邦研究机构找到一份工程师的工作。他想尽最大可能精进自己,以申请进入美国国家航空航天局。

1989年,何塞已做好准备投身航天事业。他认真填写了涵盖47个模块的航天员申请表,并附上了自己的简历和成绩单,然后将它们一并寄往休斯敦。之后,他每天都会查看邮箱,急切地等待着来自美国国家航空航天局的回复。漫长的10个月后,他终于收到了回信。他迫不及待地撕开信封,阅读起这封来自航天员选拔办公室主任的信件。结果,他未入选。

何塞并没有一蹶不振。他虽志向高远,但并不急于求成。因为他本来就知道自己机会渺茫,所以没有期待此事能一举成功。他主动致电美国国家航空航天局,询问他们的反馈意见。后来,何塞又写信询问他们,想知道自己应该如何改进:

> 我希望修正或改进申请材料中我没有意识到的诸多不足之处,以增加下次被选中的机会。如果您能给予审核人对我的申请状态、思考水平,以及与之相关的任何方面的评价或反馈,我将不胜感激。
>
> 非常感谢您在百忙之中抽出时间,从成千上万的申请信件中看到并回复我的请求。

美国国家航空航天局给他的回复令人失望。由于他没有通过初审,他们无法给他任何可供参考的说明或建议。他没有气馁,而是再次提交了申请……结果再次被拒。

何塞没有放弃希望。他不断修改简历,在简历中突出自己的优势,还在重新申请时更新自己的证明材料,但一次又一次遭到拒绝。他甚至无法叩开面试的大门。

> 美国国家航空航天局　　　　NASA
> **林登·约翰逊航天中心**
>
> 休斯敦，得克萨斯州　　　1990年1月26日
> 77058
> AHX
> 何塞·M.埃尔南德斯先生
>
> 亲爱的埃尔南德斯先生：
>
> 该信件是对您申请航天员候选人项目的回复。
>
> 我很遗憾地通知您，您未能入选航天员候选人项目。约翰逊航天中心本轮招募共收到2 400余份申请，已招募16名任务专家、7名飞行员。我们看到大量较为符合标准的申请，筛选工作异常艰难。令人遗憾的是，我们只能录用极少数有潜力为我国的航空计划做贡献的人。
>
> 根据我们的需要，我们计划每两年进行一轮招募，遴选少量航天员候选人。我们将持续关注下一轮选拔过程中的申请人及其申请。我们很高兴看到您的航天员候选人申请，祝您在未来取得成功。
>
> 敬上
> 杜安·L.罗斯
> 航天员主管
> 选拔办公室

> AHX　　　　　　　　　1992年4月7日
>
> 亲爱的埃尔南德斯先生：
>
> 感谢您申请航天员候选人项目。
>
> 我很遗憾地通知您，您未能通过近期的航天员候选人选拔。约翰逊航天中心本轮招募共收到2 200余份申请，已招募15名任务专家和4名飞行员。

> AHX　　　　　　　　　1994年12月20日
>
> 亲爱的埃尔南德斯先生：
>
> 感谢您申请航天员候选人项目。
>
> 我很遗憾地通知您，您未能通过近期的航天员候选人选拔。约翰逊航天中心本轮招募共收到2 900余份申请，已招募9名任务专家和10名飞行员。

> AHX　　　　　　　　　1996年5月9日
>
> 亲爱的埃尔南德斯先生：
>
> 感谢您申请航天员候选人项目。
>
> 我很遗憾地通知您，您未能通过近期的航天员候选人选拔。约翰逊航天中心本轮招募共收到2 400余份申请，已招募25名任务专家和10名飞行员。

　　1996年，他又一次收到了拒绝信，一次次的落选终究还是击溃了他的斗志。何塞内心沉重，他觉得自己永远也无法进入美国国家航空航天局了。他把回信揉成一团，随手朝垃圾桶一丢，却没有扔进去。他已经心灰意冷，甚至没有理会那落在地上的纸团。

　　在生活中，没有什么比人们对我们潜能的判断更具影响力了。高校给学生做入学考核，雇主对求职者进行面试，都是在预测学生和求职者是否有可能在未来取得成功。这些预测可能成为被评判者通往机遇的大门。这扇门或开或关，完全仰仗评判者的

评估。

何塞不知道的是,他的所有申请都没能在美国国家航空航天局激起一点儿涟漪。他们要招募的是那些经历过高压环境,能够顶住高压进行决策和操作的人。他们希望招来的工程师能够在之后成就斐然,故而会关注那些在同侪中拔尖的申请者。美国国家航空航天局专注于寻找已经功成名就之人,而何塞并不符合他们的选拔标准。许多组织能够发掘候选人成就伟业的潜能,但是美国国家航空航天局不具备这样的能力。

在等待申请结果的时间里,何塞发展并展示出非凡的技术、体能和品格技能,而这些正是美国国家航空航天局应该珍视的特质。他曾在工作导师的帮助下成功申请到一笔政府拨款,并开发出一种数字化癌症检测技术,从而挽救了许多人的生命。工作之余,他还参加了7次马拉松比赛,取得了以不到3小时跑完26.2英里[1]的好成绩,这意味着他跑每英里的时间不超过7分钟。何塞严于律己、意志坚定、乐于助人,他志愿辅导高中生学习数学,还创办了墨西哥裔美国科学家和工程师专业协会分会,并在一系列地方和全美领导岗位上为社区服务。每次重新提交航天员申请,何塞都会强调他取得的新成就,但这些不断增加的成就并没有起到什么作用。

受制于选拔程序,美国国家航空航天局没能及时发现何塞的潜能。他们掌握的信息是申请者的工作经验和过去的表现,而不是生活经历和背景。他们不知道何塞成长于一个移民劳工家庭。他们不知道何塞在加利福尼亚州上幼儿园时连英语都不会说,直

---

[1] 1英里≈1.61千米。——编者注

到 12 岁他才终于能够流利使用英语。他们不知道何塞不远万里来到这里,只是为了上大学,成为一名工程师。何塞早年的申请确实乏善可陈,这也似乎揭示了他能力上的不足。但是,这实际上只能表明,他身处逆境之中。

仅以一个人已达到的高度来评判此人并非明智之举。选拔体系偏爱那些已经取得优异成绩的求职者,因而会低估甚至忽视那些有能力取得更大成就的求职者。我们如果把一个人过去的表现与未来的潜能混为一谈,就会错过那些克服了巨大障碍才取得成就的人。在评判一个人时,我们需要考虑他们所攀山坡的陡峭程度,他们攀登了多远,以及他们在路途中有何成长。若要检验一块石头是不是钻石原石,我们不能看它是不是一开始就熠熠生辉,而要看它对热或压力的反应。

失灵的分院魔法帽

在人类历史中,机会大多是一种与生俱来的特权。如果你有高贵的血统,世界就尽在你的掌握之中。如果出身低微,你此生就注定会在做选择时处处受限。虽然世界各地的文化环境不同,但是几个世纪以来,人们纷纷对君主制、贵族制和种姓制度发起了挑战,出身与机遇的关系随之发生了变化。在崇尚儒家文化的中国古代,朝廷逐渐开始选贤举能,寒门子弟只要能够通过科举考试,就可以在朝为官。但妇女和残疾人依然不在科举取士之列,故而,他们还有很长的路要走。在古希腊,苏格拉底和柏拉图提出,城邦社会应该由通过学习获得智慧的哲学家国王来统治。苏格拉底与柏拉图的意图不仅仅在于重新设想如何选择领导者，更在于为新社会秩序的建立铺平道路。在他们所推崇的新秩序中，个人的能动性和能力应该得到嘉奖。

如今，大学和雇主的首要任务是向任何一位有能力的人敞开大门。原则上，申请程序应当能够让背景各异的人展现他们的能力。而实际上，我们所使用的资格评判体系存在缺陷。

在学校和工作场所，选拔制度通常为发现卓越人才而设置。这样的选拔制度很难选出那些正在变得卓越的人。[3] 我们很少关注这些人和他们的人生道路，也无从得知他们走过的路有多少减速带和路障。如果没有看到他们隐藏的潜能便轻而易举地击碎他们的梦想，我们就错失了他们将会做出的贡献。

我们要尽力在极为有限的时间里处理数目巨大的申请者信息，所以，我们可能会在评估流程的多个环节中对申请者的潜能做出错误的判定。在最初的筛选中，我们不可能真正了解每位候选人。世界上不存在从原石中找出钻石的算法，我们也无法在有限的时间里深入了解每个人的生活经历。申请人的一生被精简成薄薄的几页纸，而评估者据此做出最终的决定却是对他们命运的审判。[4]

在招聘的最初阶段，雇主试图通过应聘者的学历来判断其潜能。他们假设，最好的求职者来自最好的大学，在那里受到最优质的培养。然而，学历这一评价标准并不像传说中那样神乎其神。在一项以 2.8 万多名学生为对象的研究中，名校学生在咨询项目中的表现只略高于他们的同龄人。[5] 从工作质量和作为合作者的贡献程度来看，耶鲁大学的学生只比克利夫兰州立大学的学生高出 1.9%。[6] 而且，如果要求每个求职者都具有学士学位，你就会失去一半以上的美国劳动力。这种制度也会使那些通过其他途径习得技能的求职者处于不利地位，这些途径包括职业学校或两年制社区学院、当学徒或服兵役、自学或在工作中学习。[7]

除了大学学历，许多经理还通过以往的工作经验来初步了解应聘者的资质。但事实证明，经验的多少也没有那么重要。研究者对 44 项研究进行了元分析，该分析涉及各行各业 1.1 万余人，结果表明，先前的工作经验对人们工作表现的影响几乎可以忽略不计。[8] 简历上有 20 年工作经验的应聘者，可能只是把同一年的工作经验重复了 20 遍。你要先有工作经验，才能获得一份工作，但你也要先有一份工作，才能积累工作经验……这些经验对你潜能的影响微乎其微。① 核心问题不在于人们工作了多久，而在于他们如何学会做这项工作。

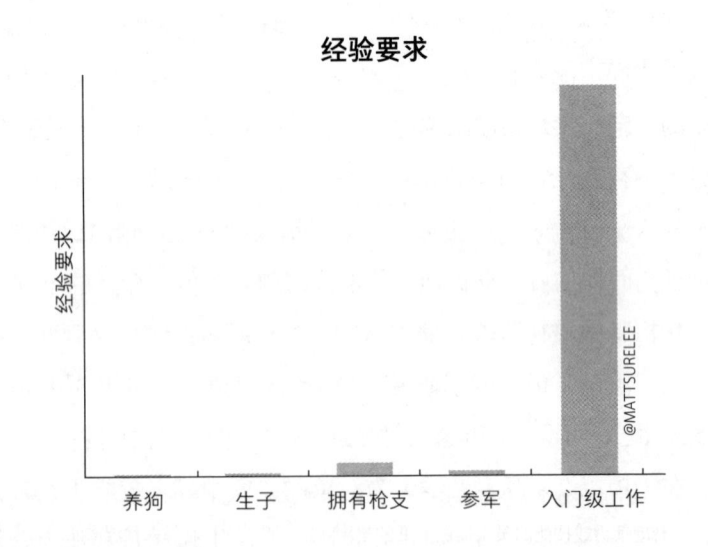

经验要求

（柱状图：纵轴为"经验要求"，横轴类别依次为"养狗""生子""拥有枪支""参军""入门级工作"，其中"入门级工作"一项显著高于其他。@MATTSURELEE）

---

① 极端复杂的工作除外。因为在这些工作中，经验是与绩效关系密切的预测因素。这样的工作不仅包括外科手术和火箭科学等对认知水平要求较高的领域，正如你们在前言以及在论及芬兰教育的部分所了解的那样，还包括诸如幼儿园教师这样具有社会和情感挑战性的职业。要从事这类工作，经验确实很重要。

许多雇主会依据应聘者之前的表现,决定哪些应聘者可以进入下一轮考核。与学历证书和以往的工作经验相比,这的确更能说明一个人的潜能。我们可以通过人们过去的表现,了解他们现在的能力。[9]但这一标准也有缺点,正是这一缺点,让我们忽视了很多人所具有的潜能。

只有当新旧工作所需的技能较为接近时,人们过去的工作表现才会对潜能判定有帮助。在对3.8万多名销售人员进行的研究中,经济学家发现,最成功的销售人员更有可能晋升为经理。但销售技能不等同于管理技能,那些曾经的优秀销售人员在管理员工方面却表现欠佳。[10]结果表明,能够提升团队业绩的经理并不是最顶尖的销售高手,而是最具亲社会性的成员。我们可以通过他们与同事合作销售的频率上看到这一点。

这是一个被称为彼得原理的现象的例子。[11]彼得原理是指,人们在工作中总会被不断地提拔到自己"无法胜任"的职位上——他们在以前的工作中屡创佳绩,不断晋升,最终会升任至一个超出自己能力的新职位。在这种情况下,最优秀的销售人员就成了不称职的经理,而最有潜能的经理却只能是个平庸的销售人员。①

即使应聘者过去的表现与新职位有一定的相关性,这个指标也只能用来检测打磨过的钻石,却无法判定未经雕琢的原石。汤

---

① 双重晋升途径[12]是我见过的针对这一问题的最佳解决方案:其一是依据领导能力晋升,其二是依据个人贡献晋升,两类晋升员工享有同等的薪酬和声望。这种方法为缺乏管理动力或技能的员工提供了更多晋升机会,同时为具有强大管理潜能的人创造了更多晋升途径。不过,我们需要谨慎评估这种潜能。当候选人不符合我们对某一工作的刻板印象时,偏见就会悄然出现。经济学家发现,尽管女性的绩效评分高于男性,但她们获得晋升的可能性更小,因为人们会低估她们的潜能。[13]晋升方面的性别差距一半都出于这一原因——尽管升职后的女性比男性表现得更优秀,并且更有可能将这份工作坚持下去。

姆·布雷迪的故事就是一个例子。无论对他是爱是恨，你都无法改变他被公认为橄榄球史上最伟大的四分卫这一事实。但是，在美国职业橄榄球大联盟遴选球员时，他直到第199顺位才被选中。根据布雷迪在大学和联赛中的表现，球探们不确定他是否具有可以投出旋转球和万福玛丽球的强壮手臂。此外，他的移动速度也不够快，以他的速度很难躲过闪电战。

球探们关注的是布雷迪的身体，而不是他的头脑，这样做并不公允。他们对布雷迪身体条件的判断是正确的。虽然布雷迪的体重只有约96千克，比不上其余25名体重超过136千克的后卫，但是球探们没有考虑到布雷迪"钢铁般的意志"——这一称谓是后来记者给他的美誉。[14] 他们"没能破其胸，视其心"，一位教练感慨道。人们常说，天赋决定底线，但品格决定上限。布雷迪突破了人们给他预设的上限：40岁那年，他的40码①冲刺成绩超过了他20岁时的成绩。当然，如果你像汤姆·布雷迪一样慢，下限就很低了。

如果说天赋决定了人们的起点，那么学习品格会影响人们能走多远。但是品格技能并不总是显而易见。如果不透过现象看本质，我们就有可能遗漏那潜藏在表象之下的辉煌。

宝石原矿

我想知道如何发现人们隐藏的潜能，美国国家航空航天局恰

---

① 1码 ≈ 0.914米。——编者注

好是一个理想的研究机构。那里的选拔利害攸关：选错人可能会导致任务失败，航天员丧生。这就让该机构更关注误报（接受不合格候选人）而非漏报（拒绝优秀候选人）。

为了弄明白我们为什么会错失以及如何发现人们隐藏的潜能，我联系了杜安·罗斯。他在美国国家航空航天局领导航天员选拔工作长达40年，亲手签署了每一封拒绝信，何塞收到的拒绝信正出自此人之手。航天员选拔是从成千上万的申请者中筛选出少数人，让这些人掌握太空探索的未来。我想了解这一选拔过程。

杜安和他的同事特雷莎·戈麦斯正在寻找极少数条件达标的候选人。[15]他们收到的申请书有2 400~3 100份，而最终入选的只有11~35人，他们必须迅速区分有潜能者与无潜能者。在他们看来，何塞·埃尔南德斯属于无潜能者。

美国国家航空航天局并不知道，何塞成长于非法移民家庭，自幼生活贫困。为了维持生计，何塞全家每年冬天都要从墨西哥中部长途跋涉到加利福尼亚北部，在沿途的农场停留，以采摘草莓、葡萄、西红柿和黄瓜等各种作物换取收入。到了秋天，他们再回到墨西哥住上几个月，周而复始。这段行程让何塞几个月都没法上学，剩下的时间则是在三个不同的地区勉强上课。何塞上二年级后，他的父亲开始在白天做多份工作，这样全家人就不用辗转迁徙了，但何塞仍要在周末下地干活，以补贴家用。这样一来，他做作业的时间就很有限了，而且他的父母无法给他任何学业上的帮助，因为他们只有小学三年级的文化水平。

美国国家航空航天局在选拔航天员时看不到何塞的这段经历。虽然在寻找对的人，但他们找不对人。"在选拔过程中，我们应该考虑的是他们到达现有水平的困难程度。"杜安·罗斯最近告诉我。他为美国国家航空航天局工作了半个世纪，现在已经退休了。"早些时候，我们设计了自己的申请表，这样我们就可以询问申请者这方面的问题。后来政府决定，所有的申请表都必须统一，所以我们错过了很多优秀的申请人。"面对成千上万的申请人，他们只能细看400名候选人的推荐信，然后对排名前120位的候选人进行面试。

在初步筛选时，联邦政府规定的申请程序侧重于考察申请者的工作经验、教育背景、特殊技能以及曾经获得的荣誉和奖励。申请表没有要求申请人填写采摘葡萄等非常规技能，表格里也没有说明学会了英语可以算作一种荣誉，奖项部分也没有把一边在田间工作一边通过物理考试包含在内。该考核体系的设计初衷并不是识别和衡量候选人所克服的逆境。

这更加坚定了何塞的认识：他不该提及自己的成长背景。申请表的最后一部分要求申请者填写与飞行等活动相关的经历。我问何塞为什么不主动写上他的劳工经历，他说："我觉得写上也没有任何意义。我甚至认为，我正在努力向这一职业靠拢，提到劳工经历可能会让我的努力付诸东流。"美国国家航空航天局如果知道他过去克服的困难，或许就能瞥见他未来的潜能。

量化无法量化之事

我们都知道，工作表现不仅取决于能力，还取决于工作难度。你表现出的能力强弱，通常也反映了任务的难易程度。智力竞赛节目《危险边缘！》中的同一位竞答者在回答价值200美元的问题时，显得比在回答价值1 000美元的难题时更聪明；同一位喜剧演员在夜总会面对微醺的人群时，比在早上面对一群银行家时表现得更有趣。

然而，我们在判断人们的潜能时，往往只注重执行力，而忽略了难度等级。我们会在不经意间偏爱那些完成简单任务的申请人，而忽视那些通过苦难考验的申请人。我们看不到他们为克服困难而发展出的技能，尤其是那些简历上体现不出来的技能。

许多体系无法显示和衡量人们克服了多大的困难……因为这样做本身就很困难。有些人已经尝试过，但均以失败告终。2019年，美国高中毕业生学术能力水平考试施行了"逆境加分"项，对在家庭、社群和学校中面临困难的学生给予最高100分的奖励。此举遭到强烈反对，甚至没能持续一年就宣告破产。人们在区分逆境的类型上就几乎达不成任何共识，更不用说对不同的逆境量化加分了。

社会科学家早就发现，人们对同一事件的反应可能大相径庭。[16]一个人经受的巨大创伤可能只是另一个人的小挫折；一个人的拦路虎或许只是另一个人的绊脚石。跳水的难度可以计算，但生活的难度无法用一个公式量化。

该问题长期困扰着平权运动。制定有利于弱势群体的政策是一个极具政治敏感性的问题。自由派和保守派就该法案的性质展开了激烈的论辩。[17]一方认为该法案通过补偿历史遗留的不公正问题来创造公正的竞争环境；另一方则认为该法案引入了反向歧视，延续了不公正。无论立场如何，作为一名社会科学家，我的工作就是寻找最可信的证据。事实证明，平权措施往往是把双刃剑，甚至对它的受益对象而言也是如此。

一项针对45项研究进行的元分析表明，人们所在的组织如果采取平权措施，那么弱势群体在完成任务时就会更加吃力，最终的绩效评价也更糟。[18] 仅仅是平权政策的存在，就足以让考察者（他们真的值得晋升吗？）和他们自己（我是凭实力晋升的吗？）对他们的能力产生怀疑。这种效果甚至出现在证实妇女和少数族裔具备高素质的实验中。

许多群体仍然受着文化和结构枷锁的束缚。对我们而言，最重要的是找到系统的方法，为那些被剥夺了机会的人打开大门。但令人遗憾的是，这些善意的努力在实施过程中却往往适得其反，让被援助者（以及其他人）怀疑他们是否才配其位。即使我们能解决这个问题，针对群体苦难的政策也无法涵盖个人经历的所有困难。

当专业的管弦乐团终于决定开始聘用女性后，各乐团普遍采用的应聘方案是让应聘者在屏幕后试音。如此一来，评估者便无法分辨出音乐人的性别，只能完全专注于他们的技能。这样做虽然提高了女性的入选概率，但并没有完全消除性别差距。[19] 由于女性无法获得和男性同样的专业培训，平权运动的倡导者可能会主张施行性别配额，或者将女性群体视为弱势方，暂时降低对女性技能的要求。但是，此举很可能让人们质疑女性音乐人的能力。综合考虑每位女性的困难程度，可以找到一个更有效的解决方案：根据应聘者得到的机会调整对其技能的要求。例如，管弦乐队的试奏可以采用不同的标准评判自学成才的应聘者和受训于朱莉亚学院的应聘者。

我们之所以要在个人层面衡量困难程度，并不是为了让那些面临逆境的人更有优势，而是要确保我们没有让身处逆境的人处于劣势。个人陈述似乎可以让我们了解大学申请者所面临的挑战。但是，那些经历过极端苦难的学生，往往会因宣传创伤、推销痛苦而心烦意乱，这可以理解。[20] 与此同时，那些没有吃过太多苦的幸运儿，又会因夸大自己的奋斗历程而压力倍增。归根结底，衡量潜力的关键指标并不是人们遇到的逆境的严重程度，而是他们如何应对逆境。这才是一个更好的选拔体系所要评估的内容。

化无形为有形

我们的选拔制度总是难以根据学生所面对的难度来评定其成绩。研究表明，在研究生招生考核中，招生人员极少关注学生的课程和专业难度。[21] 如果你所修课程较为简单，并且因此成绩优异，那么你被录取的概率可能会比在较高难度课程中取得分值不高的成绩的学生更高，但那些选择难度较高课程的学生其实同样非常优秀。

想想这有多不公平。奥运会花样滑冰裁判如果用这种思路评分，可能会让一个阿克塞尔四周跳 6 分选手输给一个后外一周跳 8 分的选手。如果在选择财务顾问时采用这种思路，人们就会选中在牛市中赚得盆满钵满的人，而不是在熊市中仍有不错收益的人。

我并不是在责怪招生人员或招聘经理。他们大多不知道自己使用的选拔指标很差，也很少有人受过寻找更好的潜能的培训。

20年来，我一直在常春藤联盟的招生委员会工作，为其制定招生决策。直到现在，我才意识到要关注申请者的成绩与专业难度的关系。如果不了解不同课程的难度，我就没有资格比较一个申请者与另一个申请者的成绩。我早该意识到这一点。

选拔体系需要将成绩与其生成情境联系起来，这就像让摔跤手在自己的重量级别比赛一样。一种很有前景的方法是创建一些评价标准，客观地将学生与同龄人进行比较。[22] 除了每个学生的成绩，成绩单还应该包含其所在学校和专业的平均绩点和成绩范围。

将成绩情境化只是我们了解学生任务难度的一种方法。我们还可以比较学生与处于类似环境中的同龄人，以此了解他们在课堂外所遇到的困难的程度。一些学校已经采取了非常值得推广的措施：扩大成绩单中成绩的包含范围，呈现出学生与所在社区相关的成绩。[23] 实验表明，这样做可以帮助招生人员发现低收入学生的潜能，同时不会减少他们对家境富裕的学生的关注。在英国，大学和雇主开始重视学生经济困难的明显迹象，比如半工半读和领取爱心餐。我向杜安·罗斯询问了这一观点，他告诉我，如果何塞的申请表上出现这些信息，美国国家航空航天局就会去详细地了解他。"如果候选人是一名劳工，尤其是他还持续在做如此积极的事情，我们就会注意到这一点。"

虽然这种方法可以帮助我们发现一些钻石原石，但许多困难比严格分级和经济困难更主观，也更难权衡。[24] 我们需要一种方法来评估人们为克服前进道路上的特殊障碍所走过的路程。好消息是，学校和雇主可以借助一些有价值的数据来完成评估，但前提是他们知道去哪里找这些数据。

升程除以行程

在一项震撼人心的研究中，经济学家乔治·布尔曼分析了一个庞大的数据集。该数据集包含了从1999年到2002年佛罗里达州的所有高中毕业生。布尔曼意在研究他们在学校的成绩是否能预测他们未来的成功，而这种成功是以他们的大学毕业率和10年后的收入来衡量的。

研究表明，学生大一的成绩与其在未来取得成功的潜能毫无关系。学生大二和大三的成绩确实很重要——平均学分绩点每提高一分，日后的收入就会增加5%。而大四的成绩加倍重要：平均学分绩点每高出一分，学生未来的收入就增加10%。

但是，预示收入潜力的真正要素是学生是否能够随着时间的推移不断进步。不幸的是，大学通常只用一个单薄的分数代表学生的成长，而画不出他们的成长轨迹。学校根据学生四年的平均成绩对他们进行分类，这就忽视了他们成绩的变化趋势，也就不能判断他们是进步了，还是变差了。[25]

学生完成大学学业的概率也遵循类似的规律。从高一到高三，与成绩下降的学生相比，成绩提高的学生大学毕业率明显较高，退学的可能性更小。但招生人员并没有将这一相关性考虑在内。

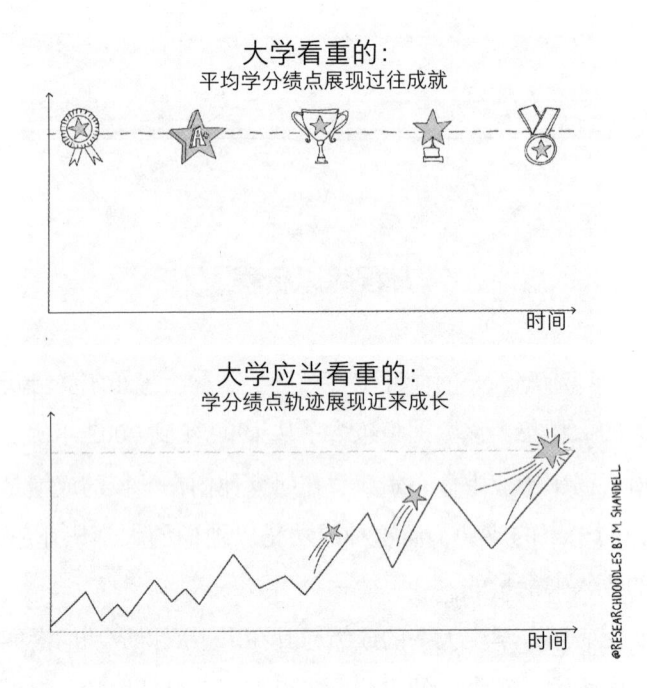

大学看重的：
平均学分绩点展现过往成就

时间

大学应当看重的：
学分绩点轨迹展现近来成长

时间

这种做法荒谬到怎么吐槽都不为过。学校认为你 3 个月前的表现与 3 年前的表现并无二致。他们甚至懒得去看最新的相关数据。我们本应嘉奖那些起步艰难但后来居上的人，奖励他们走过了如此坎坷漫长的路程，但实际上，我们却在打击他们的努力，使他们成了劣势者。

是时候让大学和雇主增加另一个衡量标准了。我认为除了平均学分绩点，他们还应该评估"绩点轨迹"。他们可以用除法来计算申请人一段时间内的进步率：升程除以行程。一个人前期的失败和后来的成功是隐藏的潜能的标志。[26]

与其他申请成为宇航员的工程师相比，何塞的平均学分绩点并不突出。在大学里，他的化学、微积分和编程成绩都是 C。他乏善可陈的表现让人怀疑他是否具备成为飞行工程师或任务专家的技术能力。好在美国国家航空航天局并没有划定严格的成绩分数线。但他们确实偏爱学习成绩优异的候选人。他们不知道何塞的成绩都经历了什么变化，或者他们不知道为什么他的成绩会先低后高。

为了支付学费，何塞在一家果蔬罐头厂上夜班，晚上 10 点上班，早上 6 点下班。那时，他在上课时连强打精神都是难事，更别说学懂什么了。水果季结束后，他就在晚上和周末去餐馆打工。何塞的时间安排令他筋疲力尽，他很难全身心投入繁重的学业，最终只能以平均分 C 的成绩结束了第一个学期。

在学业上苦苦挣扎的同时，何塞开始觉得自己是个局外人，并对自己的能力产生了怀疑。大量证据表明，不同社会阶层之间存在成就差距[27]：初代大学生往往由于一系列不可见的不利因素而在学业上表现不佳。人们期望自己能铺平道路，这使得他们不愿寻求帮助。[28] 自己承担一切的压力、自我怀疑，以及归属感的缺失[29] 都使他们难以集中注意力。

大学第一学期对何塞来说异常难熬。后来，他逐渐找到了时间更合理的工作，养成了更可持续的生活习惯，并主动补课，以弥补知识上的不足。他的学习情况随之好转，每个学期的成绩都有所提高。大一秋季学期到春季学期，他的平均学分绩点从2.41上升至2.9，大二秋季学期和春季学期又分别升至3.33和3.56。之后，他在多门课上获得了A，并以优异的成绩毕业。他获得了加利福尼亚大学圣巴巴拉分校工程学硕士课程的全额奖学金。虽然他的平均学分绩点并不完美，但他的学分绩点轨迹可圈可点。

在将进步作为衡量潜能的标志时，有一点需要注意，即设定合理的期望值很重要。在初步筛选中，上升轨迹暗示候选人已经克服了逆境。但我们不能总是期待看到大幅的上升。人们遇到的挫折越大，要攀爬的坡就越陡，在这种情况下，保持稳定的表现本身就是一种成就。

我们不应该把单一的改进措施作为衡量潜能的唯一标准。用成绩轨迹代替平均成绩是一个有价值的开端，但成绩轨迹并不能全面反映潜能。要衡量人们在陡坡上能够走多远，还必须仔细观察他们迄今为止所掌握的技能和能力。我们不应只看人们过去的经验或表现，而应该了解他们学到了什么，以及他们的学习能力如何。为此，我们需要重新思考面试的方式。我在以色列的一个呼叫中心见过一个最吸引人的面试方法。

没有"吸血鬼"的面试

几十年前，一位名叫吉尔·温奇的实习治疗师对现行临床心理学疗法感到不满。他认为，一次只治疗一个患者远远不够，他想为更多人解决问题。一天，吉尔在与一位瘫痪的邻居交谈时了解到，全世界的残疾人都在为找工作而苦苦挣扎。在听力、视力、运动、记忆、学习和交流方面有障碍的人有着相似的经历。他们无论是身体残疾还是心理障碍，一生都充斥着耻辱感，不断地被旁人排挤。这种生命体验告诉他们，他们很可能被轻视和忽视了。

吉尔注意到，求职面试对残疾人非常不利。面试通常就像一场审讯，面试官会盘问你的缺点：你最大的缺点是什么？这张清单是我犯过的所有错误，已经按顺序排好了。他们会问你关于未来无法作答的问题：你觉得自己5年后会怎样？代替你的工作，问出更好的面试问题。有些人甚至试图用脑筋急转弯来难倒你：一架巨型喷气式飞机能装多少个高尔夫球？可是为什么会有人在飞机里塞满高尔夫球？① 即使对没有残疾的应聘者来说，这种问题也会加剧他们的焦虑和尴尬。

面试中产生的压力让我们无法看到人们的全部潜能。[32] 对于过去受到轻视的人来说，这种压力尤其明显。仅仅知道你所在的群体存在刻板印象就足以带给你压力，干扰你的表现。事实证明，负面的刻板印象会使人恐惧[33]，扰乱人们的注意力，消耗人们的工作记忆，进行数学测试的女性、进行口语测试的移民、参加美国高中毕业生学术能力水平考试的黑人学生、认知测试中的老年人以及测试中有身体和学习障碍的学生，都饱受负面刻板印象之苦。人们觉得他们注定要失败。

吉尔希望残疾人能够展现自己的能力。为了确保残疾人与常

---

① 脑筋急转弯实际上并不能反映出应聘者的任何有用信息，但它们确实能告诉我们一些关于面试官的信息。[30] 一项研究表明，最有可能提出脑筋急转弯的面试官是自恋狂和虐待狂。[31] 除非你是具有这些特征的自傲者，否则，看着应聘者局促不安并不会让你觉得自己聪明，反而会让你觉得自己是个混蛋。

人之间的差异不会阻碍他们远行,他做了一件激进的事:他成立了一个完全由残疾人组成的呼叫中心。他将呼叫中心命名为 Call Yachol,该词在希伯来语中的意思是"无所不能"。为了让求职者能够成功就职,他改变了标准的面试流程。[34] 他创建了一个充满惊喜的招聘体系。

在面试前,你需要填写一份有关爱好的问卷——从珍爱的书籍到钟爱的音乐,再到最喜欢的业余爱好。为了让你获得支持者的力量,你可以带上伴侣或宠物参加面试。一到面试地点,你就会发现面试官完全不似审问者,他们更像迎接宾客的主人。他们会带你参观公司,为你准备咖啡或茶,把你当成家里的客人。他们将把你带到一个看起来像客厅的地方,那里有舒适的大椅子,然后问一些你的爱好。这样做不仅可以让你放松,也让他们有机会看到你被爱好点燃热情从而侃侃而谈的样子。

接下来,你就可以展现自己的优势了。吉尔不会用令人生畏的谜语和你不熟悉的问题对你进行狂轰滥炸,而是为你精心设计了一系列挑战,让你能够在熟悉的情境中展示自己的技能。想展示自己解决困难的决心吗?准备好迎接一位难缠的邻居吧,他反对你翻修房子的所有想法。想展现自己对细节的关注吗?现在是"保护奶奶"的时候,她对花生过敏,而你的任务是从冗长的购物清单中为她挑选出安全的食物。想证明自己擅长说服和谈判吗?谈谈你要如何说服一个青少年不要在吃饭时看手机。

在面试科学中,这类展示有一个名称——工作样本。工作样本是应聘者的技能缩影。有时,你可以将收录自己过去工作的作品集作为工作样本提交。很多大学在招生过程中都会请学生提交他们的创意作品集。你如果是音乐人,可以提交录音;你如果是编剧或剧作家，可以提交剧本；你如果是演员、舞者或魔术师，可以提交视频。

但是，过去的工作样本与过去的表现有相似的局限性。它们会让我们拿苹果和橘子做比较，我们没有办法解释候选人迄今为止所经历的不同困难。一个有效的替代方案是创建实时工作样本，即让每个人当场解决相同的问题。有大量证据表明，这类实时工作样本可以揭示应聘者的能力，弥补普通工作样本的不足。[35] 你可以观察应聘者的工作能力，而不是仅仅听他们说什么，这种做法深得应聘者支持。[36]

我第一次发现工作样本纯属偶然，当时我还不知道它的名字。那时我刚参加工作，正和一位同事面试一组销售人员，我们决定让他们向我们推销一个烂苹果。一位应聘者的推销令人难忘："这看起来像一个烂苹果，但实际上是一个陈年的古董苹果。俗话说，一天一苹果，医生远离我，而且苹果放得越久，营养成分就越多！购买了这个苹果后，你可以在自家后院撒下种子。"在解决了一些诚信方面的问题后，这位候选人最终成为我聘用的最好的销售人员。从那时起，我见证过各行各业所采用的具有创造性的各种实时工作样本。我最喜欢的例子包括：学校要求应聘教师现场备课，以评估其教学积极性；制造企业要求应聘飞机机械师的人一起搭建乐高直升机，以此评估其亲社会技能。

工作样本通常只需要呈现一次即可，但你很难在初次面试时就展现出最好的状态。这是 Call Yachol 面试体系消除的另一块绊脚石。他们的工作样本会为人们提供第二次取得成功的机会。如果在努力"保护奶奶"时突然卡住了，不妨先暂停并寻求帮助。面试结束后，你将成为评委，而不是等着被评判。面试官会要求你对自己的面试经历打分：面试官给你的感觉有多受欢迎，你是否表现出了最佳水平。如果对面试过程不满意，你可以重新被面试一次。他们会问你，为了更好地了解你，他们可以做些什么改变。

一个叫哈维的人来到 Call Yachol 进行第二次面试，但他显然难以集中精力。面试官暂停了面试，问他感觉如何。哈维是一名孤独症患者，他解释道，那天早上他穿的鞋子不舒服，他在试着整理鞋子时不小心将咖啡洒在了衣服上，结果错过了公交车。他慌慌张张地准时到达后，脚上的鞋子还是让他感觉很难受。面试官叫他休息一会儿，给了他一个小时重新调整。一小时后，哈维顺利通过面试，得到了那份工作。

搜集工作样本很花时间。但现在很多工作样本都可以线上搜集，用数字化方式解决问题比以往任何时候都更容易。即使我们亲自去操作，也不会比面试更耗时。我们之所以投入这些时间，是因为我们知道，在招聘时考虑周全是多么重要。虽然人工智能现在已经有了长足的发展，但是我还没有见过哪怕一种算法能发现哈维的潜能。① 他的工作是陌生电话拜访，这份工作很不好干，客户的粗鲁和拒绝是常态。大多数人往往只工作几年就会放弃，

---

① 当然，这并不是说算法毫无用处。在选拔决策中，算法在预测求职者未来的成绩、工作表现和晋升率方面通常优于人类。[37] 算法在系统地汇总和权衡不同来源的信息方面也具有优势，正如一些专家所指出的，修正算法偏差比扭转人类偏见要容易得多。[38] 具备学习算法的机器可以对大学申请论文中体现出的品格技能和价值观[39]（从毅力、亲社会性，到目标把控、领导力和团队合作）进行评分，从而预测学生的毕业率。其预测结果比成绩和考试分数对学生的判定还要准确。但是，算法有一些基本的局限性，算法在预测人们的未来潜能时，需要依赖过去的数据，因而总会在判断时忽略一些重要的信息。例如，如果准备用算法选拔一名运动员，你就可能会遗漏这样一个事实：昨晚，你的候选人在一场车祸中摔断了腿，并因酒后驾车锒铛入狱。算法只是人类判断的输入，而不是替代品。[40]

但是哈维凭借坚忍不拔的品质成为该行业的典范。工作8年来，哈维一直是明星员工。他每月都能完成工作目标，多次在整个呼叫中心的员工面前接过季度最佳员工奖。

业内人士对吉尔招聘模式的可行性持怀疑态度，尤其是将其用在呼叫中心招聘中的可行性。他们没想到残疾人能够出色地应对快节奏的高压环境。吉尔花了整整一年时间才找到第一个客户。2009年，他终于招到了15名患有各种残疾和疾病的员工。有一次，他让一位双目失明的经理指导一位有听力障碍的员工。这听起来像天方夜谭，但吉尔坚信他们一定会成功。在细致观察了他们的优势之后，他知道这个团队能够走得很远。他们不仅实现了预期，还打破了预期。从那时起，随着Call Yachol的发展壮大，他们的许多团队在每小时销售线索以及与客户通话时间方面都超过了行业基准，有些团队的业绩甚至超过了那些非残疾人团队。

对吉尔来说，这仅仅是个开始。他知道，残疾人群体同样具有潜能，只是被人们忽视了。他扩大了自己的招聘模式，为其他弱势群体创造机会，从移民到曾入狱的人，他都可以从他们身上发掘出潜能。2018年，该团队受邀前往以色列议会领奖，议会表彰了他们为个人和社会所做的贡献。

我认为，Call Yachol的面试模式不仅以令人信服的方式为弱势群体打开大门，也让每个人的潜能为人所识，让每个应聘者所具有的技能大放异彩。审讯式面试让我们每个人都焦虑不安，任何人都可能在求职面试中碰一鼻子灰。衡量技能的最佳标准是人们能做什么，而不是他们说了什么或以前做过什么。作为面试官，与其总想着难倒应聘者，不如给他们机会，让他们把最好的一面展现出来。给应聘者"重来一次"的可能，他们所展现出的品格将比初次面试时更真切。

机会之窗

美国国家航空航天局每年都会请候选人更新他们的申请，所以何塞每年都有一次重新申请的机会。1996年，在一次次申请无果后，他几乎要放弃了，但他的妻子阿德拉鼓励他不要放弃梦想。"让美国国家航空航天局来否定你，"她劝他说，"不要自己否定自己。"

何塞意识到，他还可以做更多的事情来证明自己，他要"成为海绵"。他了解到大多数航天员都是飞行员和水肺潜水员。于是，他用一年的时间考取了飞行员执照，又用了一年时间拿到了基础、高级和大师级潜水证书。在这一年里，他每周末都会开车去参加水肺潜水训练。他所在的联邦实验室曾给他提供了一个不同寻常的机会：去西伯利亚遏制核扩散。何塞接受了这个工作，但有一个条件：他要学会俄语。他希望这样能有助于他在美国国家航空航天局的下一轮选拔中脱颖而出。

1998年，36岁的何塞再次递交了航天员申请。这一次，他终于收到了令人振奋的消息。当年有2 500多名申请者，而他成为120名入围者之一。

何塞终于有机会向面试官呈现完整的现场工作样本了。他在约翰逊航天中心接受了整整一周的身体与心理评估，并就退役航天员提出的各种有关工程和飞行技术，以及团队合作和沟通技巧方面的问题做了回答。他参加了在想象中旋转物体，以及在压力下解决问题的测试。满分 99 分，航天员选拔委员会给何塞打了 91 分。

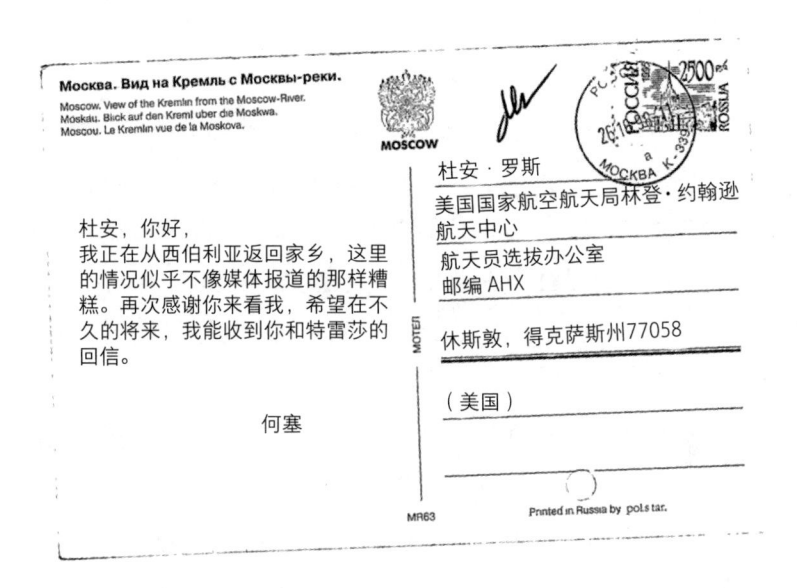

> Москва. Вид на Кремль с Москвы-реки.
> Moscow. View of the Kremlin from the Moscow-River.
> Moskau. Blick auf den Kreml über die Moskwa.
> Moscou. Le Kremlin vue de la Moskova.
>
> 杜安，你好，
> 我正在从西伯利亚返回家乡，这里的情况似乎不像媒体报道的那样糟糕。再次感谢你来看我，希望在不久的将来，我能收到你和特雷莎的回信。
>
> 何塞
>
> 杜安·罗斯
> 美国国家航空航天局林登·约翰逊航天中心
> 航天员选拔办公室
> 邮编 AHX
>
> 休斯敦，得克萨斯州77058
>
> （美国）

　　面试官并没有直接询问何塞经历过的困难。他们给了他一个小时的时间介绍自己的背景和经历。何塞第一次自信地认为他已经证明了自己的技术能力，他敞开心扉，告诉面试官，他起初是一名移民劳工。"如果你能像何塞一样，出身艰苦却成就斐然，"杜安·罗斯说，"克服一切艰难险阻，到达和其他人一样的高度，那就说明你有很大的抱负和极强的能力。"

　　面试结束后，何塞接到了杜安的私人电话。不幸的是，他们仍旧认为他无法成为航天员。不过，这次还留有一线希望。他们给了他另一个职位……不是航天员，而是工程师。

　　何塞每年都在调整自己，适应新事物。现在，他必须再次适应新事物了。虽然他可能无法亲自进入太空，但他仍旧可以参与

第 9 章　钻石原石 | 215

将人类送上太空的任务。这次经历给他上了一课:"天上的星星不止一颗,人生的目标和追求也不止一个。"

———

2004年,何塞已在美国国家航空航天局做了多年工程师。一天,他接到一个电话,电话那头的人问他是否可以找到一个人来接替他的工作。何塞说,他很乐意培训一个人来接替他的位置。"很好,"经理说,"那你愿意来航天员办公室工作吗?"

经过15年的申请,何塞终于被选中前往太空。"听到这个好消息的一瞬间,"他回忆说,"我当时整个人都呆住了。"他冲回家,把这个天大的好消息告诉了妻儿和父母,他们拥抱在一起,欢庆何塞的成功。

> 美国国家航空航天局
> **林登·约翰逊航天中心**
>
> 2101 NASA 公园大道
> 休斯敦,得克萨斯州77058-3696
>
> 2004年4月20日
>
> AHX
>
> 何塞·M.埃尔南德斯先生
>
> 亲爱的何塞:
>
> 恭喜您,欢迎加入我们的团队!准备开启您生命中最激动人心的时光吧。您将在航天员候选人训练项目中接受特定训练。在该项目中,您需要主动应对诸多挑战。我们希望您能有出色的表现,以便我们将您的身份调整为航天员。

2009年8月,47岁生日刚过去几周,何塞终于登上了航天

飞机。他坐下来，系好安全带，保持精神高度集中，准备起飞。就在午夜前，他听到了倒计时，看到引擎亮了起来。升空8.5分钟后，一切运行正常，引擎关闭。何塞简直不敢相信自己的眼睛。为了让自己相信这是真的，他在船舱中抛起一个设备。看着这个设备在空中盘旋，何塞惊叹道："我想我们真的是在太空了！"

何塞最初只是一名在田地里采摘草莓的劳工，最终一步步成为在星际周游的航天员。在两周的时间里，他在太空中航行了800多万千米。但是，与他为获得穿太空服的机会而走过的路程相比，这只是一个很短的跳跃。

看到像何塞这样的申请人取得成功固然令人振奋，但这还不够。他的成功让我们看到许多人身上所缺失的东西。他必须打破常规，才能在一个残缺的体系下取得成功。这是个特例，但应该成为常规。

评价他人如同鉴别宝石，没有什么比从原石中发现钻石更有意义了。我们要做的不是向被评价者施加压力来激发他们的才能，而是要确保我们不会忽视那些经历过风雨或正在承受压力却依然努力站起来的人——我们需要发现他们发光的潜能。

后 记
走向远方

紧握梦想
因为,若梦想破灭
生命便是那折翼之鸟
无法飞翔。[1]
——兰斯顿·休斯

起初,当我告诉人们,我想要写一本关于潜能的书时,人们不断地向我抛出有关梦想的问题:这本书是讲如何实现梦想的吗?你是要鼓励读者实现远大的梦想吗?非也!这听起来也太盲目乐观、太幼稚了!这是那些所谓的心灵导师才会兜售的豪言壮语,严肃的社会科学家可从来不会研究这些问题。

只有你的视野、威严和道德能够比肩马丁·路德·金,你才有可能不去理会这些意见。尽管就连金的顾问也会担心,那些与梦想有关的言辞听起来就像"陈词滥调"。[2] 我认为,我们这些人最好还是把梦想留在童年。

后来，我找到了新的证据，这些证据表明，拥有更大梦想的人成就也更大。经济学家对数千人进行了一项实验，研究人员从这些人出生开始，一直跟踪调查到他们 55 岁。调查结果显示，他们在青少年时期对未来的期望预示了他们成年后的生活走向。拥有远大梦想的年轻人会在学业上取得更大的成就，也会在工作中晋升到更高的职位。[3] 即使会受到认知能力、品格技能、家庭收入、父母的教育、职业及抱负等一系列其他因素的影响，人们的梦想也会以独特的方式帮助他们进步，并对他们将来会成为什么样的人产生独一无二的影响。

我意识到，如果我没有梦想，也没有遇到那些帮助我实现梦想的人，这本书就不会诞生。

刚上高三时，我本打算留在密歇根州上大学。但是，9 月的一个夜晚，我梦到自己去了哈佛大学。这是我以前想都不敢想的事情。我知道自己上哈佛的机会很渺茫——我不确定自己是否能被录取，而且我家里确实负担不起在别的州念大学的学费。但那时我正巧看了《心灵捕手》这部影片，受其影响，去哈佛大学读书的念头在我的脑海里挥之不去。

我的家乡在底特律的郊区，在那里，一个人只要有钱或长得漂亮，就可以凭借这些肤浅的条件赢得地位。我所在的学校，受欢迎的孩子大多是富家子弟或性感美人。在我对哈佛大学的憧憬中，聪明是件很酷的事。在宿舍里，与我相处的将是清一色的学霸。在课堂上，与我交流、传授我知识的将是世界上最聪明的人。

那年深秋，我穿上自己唯一的一套西装，准备去附近的一家律师事务所接受一位哈佛校友的面试。出门时，有一个念头在我的脑海里一闪而过。我跑回屋里，从抽屉里拿出一个小盒子，把它塞进上衣口袋。

到达面试地点时，我紧张得浑身发抖——我以前从未参加过面试，也从未见过哈佛毕业生。如果我听不懂他在说什么该怎么办？

面试原定一个小时，但实际上持续了整整三个小时，但我完全不知道超时的原因。此后，每天放学一下校车，我就会紧张地跑去查看邮箱。12月，我发现了一封来自哈佛的信件。

这是一封录取通知书，还附带了一些经济补助——尽管我仍然需要勤工俭学才能完成学业。我原本从不跳舞，但是那天我因为欣喜而跳起达阵舞。直到后来我才知道，每当做傻事的时候，我就永远能听到有人对我说："你真的上过哈佛？"

春天的时候，我在一些活动中结识了一些未来将成为同学的人，还和一些人成了网友。与此同时，我发现了一个模式。哈佛似乎吸引了两类极端的学生，一类学生确信自己是世界的礼物，另一类学生担心自己的入学就是一个错误。我属于后者。我以某种方式进入了哈佛，但我不知道自己是否足够聪明，能否在那里立足。

入学第一周，我就有了一次验证自己是否足够聪明的机会。

开课前，每个新生都必须参加一场写作考试。考试结果将决定我们如何上新生写作研讨课。如果通过了考试，我们就可以直接开始上这学期的写作课。如果考不及格，我们就得在新学期补习写作。一名大二学生告诉我不用担心，因为只有那些体育生和以英语为第五语言的留学生才会落得参加写作补习的下场。

鲍勃，能到我的办公室里谈一谈吗？ 经理：	哦不，我就要被炒鱿鱼了。	她认识到雇用我是个错误。
鲍勃，你做得好。	我要提拔你。	哦不，过一段时间她就会意识到，她看错我了。

workchronicles.com

  我已经不记得写作考试的题目是什么了，但我还记得我写了什么。我分析了《心灵捕手》中的人物形象。几天后，一封信出现在我的家门口。信上说，我没有通过写作测试。

  我一点儿都不喜欢这个结果。

  这是哈佛第一次评判我的智力水平，而评委会彻底否定了我的智识。不够聪明是有罪的。我不能用冒充者综合征做借口，我就是个不折不扣的骗子。我的体育生室友反而通过了考试，他是橄榄球队极为器重的四分卫。

  为了弄清我是否可以不上补习课，我约见了写作中心的评分专家。他们表示最终由学生本人决定要上哪门课，但他们强烈建议我上补习课。因为那些考试不及格却直接上普通班的学生，成绩从来没有超过 B-。写作专家告诉我，他们看了我的作文后认为我跟不上课程进度的风险很大。我的文章思路非常不清楚，行文也没有条理，如果不上补习课，我很可能只能得 C。但最终的决定权在我手上。

我很纠结。一方面，我不想自己平均学分绩点太低，我喜欢写作，也想在写作上有所提高。另一方面，一想到自己会垫底，我又觉得很尴尬，更何况我也不想浪费一门选修课。

我需要一个向导，指点我应该如何选择。但最了解我的人并不了解哈佛……而身在哈佛的人实际上根本不了解我。这时，我想到了我的校友面试人约翰·吉拉克。他是一位律师，从事哈佛招生工作已经几十年了，他曾经花了不少时间来了解我。

几个月前，我在迎新会上见到了约翰，并问他录取我的原因。他回答说，他不是招生委员会成员，所以不能确定。但他在递交给哈佛的面试报告中强调了一些东西，那些正是我原本的申请表中没有的内容。

上一年秋天，我去他的律师事务所参加面试，约翰首先询问了我的兴趣爱好。他说："我看到你表演过魔术，你最喜欢的魔术是什么？"

我把手伸进口袋，拿出出门时带出来的小盒子。那是一副扑克。"其实我带了道具，我能表演给你看吗？"

约翰笑着默许了。我开始洗牌，用这副牌变了一个魔术。每当我说出一张牌时，这张牌就会神奇地出现在最上面。甚至在我让他切牌、打乱牌的顺序之后，我还是能够说中哪一张牌在最上面。

看我变魔术的人通常会在结束后问我是怎么做到的，但约翰想知道的是我是怎么学会的。我告诉他，12岁时我曾在电视上看过一个魔术师表演这个魔术，然后就据此想出了自己的表演方法。

约翰问我能不能用别人的扑克变魔术，说着便起身去他的律师事务所找扑克。几分钟后，他拿着一副扑克回来，让我用这副扑克变魔术。我又表演了几个魔术。有些是我在书上看的，有些是我自己设计的。

在迎新会上，约翰告诉我，让我脱颖而出的并不是魔术，而是我自学的主动性，以及我为他即兴表演的勇气。那是我第一次参加面试，我并不知道我们只聊聊天即可。直到成为一名组织心理学家后，我才意识到，我那天其实给了他一份工作样本。

约翰将我在面试中的突出表现告诉了我，就如同给我上了立竿见影的一课，我明白了品格技能的重要性。我的成功并不取决于我最初的能力，而取决于我的学习能力和动力。

我未能通过哈佛大学的写作测试，但这并不能说明我是一个失败的作家。这次没能及格的考试只是我写作生涯的一个小插曲，评审专家不了解我，我决定要证明他们是错的。我下定决心，要从不及格的考生变成名列前茅的优等生。

我没有选择写作补习课，而是报名参加了普通班。我成了一块海绵，忍受着从写作课教授和所有读过我文章的人那里寻求无休止的建设性批评意见的不适。我甚至没有回家过感恩节，而是留在校园里磨炼文笔，反复修改自己的文章。学期结束时，我已经走完了一段漫漫长路。教授祝贺我成为班里考试唯一得A的学生。

我喜欢这一结果。

具有冒充者综合征的人说:"我不知道自己在做什么。大家迟早会发现我很迷茫。"

而具有成长型思维的人会说:"我不知道自己在做什么,但我迟早会明白的。"

鹰架为你提供你所需的支持,让你能够自己去探索。

我已经有20年没见过约翰·吉拉克了。他曾对我说,品格技能蕴含着巨大的力量,对我而言,他的这一观点是一座重要的鹰架。他对我说过的话也成为我的指南针,在之后的日子里,他的洞见一直指引着我前进。

回首往事,我意识到,如果没有接受挑战,去参加定期的写作研讨课,我可能永远都不会成为一名作家或心理学家。写作研讨课涵盖了一系列主题,在那年秋季学期的研讨课上,我选择了"社会影响"这一主题。与之相关的一本指定读物是心理学家罗伯特·西奥迪尼的著作。这本书充满了令人惊叹的例证,我被它深深地吸引了。后来,我选修的另一门课程也要求我们阅读这本书,我又把它读了一遍。也就是在这时,我第一次产生了成为一名心理学家的想法。我开始梦想有一天我也能写出一本这样的书。

在接下来的10年里,这个梦想逐渐被我淡忘。我成了一名教授,我必须知道如何才能教好书。即使后来我没有那么焦虑了,也过着相当机械的生活。直到有一天,一位叫简·达顿的导师给了我一个启发,帮助我打破了僵局。她建议我释放内心的魔术师。

我开始在反直觉研究中引入令人惊讶的结局,在体验式学习中设置意想不到的拐点。我专心打造深入人心的课程,进行有价值的研究。后来，我获得了沃顿商学院的终身教职。在登上山顶之后，我想做更多的事情，以此来帮助其他人攀登各自的顶峰。我觉得我有责任让那些没有听过我的课或没有看过我文章的人也能了解我所学到的东西。我想帮助的不仅仅是学生和研究人员。

几周后，一位导师来找我，告诉我他要写一本书了。这本书主要讨论激励，而动机恰好是我的研究领域，所以他想知道我是否愿意与他合作完成这本书。他是我非常尊敬的榜样之一，因此我告诉我的学生，他能邀请我合作著书我感到非常荣幸，无比激动。他们却反驳说，如果要写一本书，你就把自己的想法写出来！你忘了你是怎么教我们的吗？最糟糕的成功就是实现别人的目标。不要活在别人的梦想里。他们是对的。于是，我决定创作一本我自己的书。

一位名叫理查德·派因的文学经纪人愿意助我一臂之力，他在我的同事中口碑极佳。6月，经过几周独立的脑力写作，理查德表示，是时候起草一份计划书，投递给有合作意愿的出版商了。因为多年来我一直在研究这个主题，所以一提起笔可谓文思泉涌。8月，我给他寄去了一份稿件，洋洋洒洒103 914个单词。两个月后，我就写出了整本书的初稿。

我迫不及待地想听听理查德对这本书的看法。他却温和地说，这本书的学术味儿太浓了。这是一种委婉的措辞，他实际上想表达的意思是：这本书太无聊了。换句话说就是，这本书没有吸引力。我的研究太过艰涩难懂，连我学术界的同事都提不起阅读兴趣。他鼓励我放眼全局，从头再来。

你好呀，萎靡不振。

我陷入僵局。我不知道从哪里开始写，更不知道自己是否能写出一本书来。冒充者综合征再次袭来。我凭什么写书？为什么会有人愿意读我写的书？理查德从审判者变成了教练员，他告诉我立刻停止怀疑自己。"你当然能出书！只要你用上课时的语言写作，而不是用写学术论文时的语言写作就好。"

我相信他。对我而言，他不仅是一位可信的支持者，还是一位向导，为我指明了更好的方向。我删掉了 102 000 个单词，大约只保留了 4 页有价值的内容，在此基础上，我写出了我的第一本书。从那时起，"用上课时的语言写作"就成了我的指南针。正是它指引着我，写出了让你愿意一读的那些书。好吧，至少有一本是这样……我希望你读完后不会后悔。

冒充者综合征

不久前，我突然意识到，冒充者综合征其实是一个悖论：

- 别人相信你
- 你不相信自己
- 你相信自己，而不相信其他人

如果你怀疑自己，或许更应该怀疑的是你低估了自己。

我现在相信，冒充者综合征是隐藏潜能的一种表现。你认为别人高估了你，其实更有可能是你低估了自己。他们已经认识到被你忽视的成长潜能。当许多人都相信你时，你也许是时候该相信一下他们了。

许多人都梦想着实现自己的目标。他们通过获得地位和荣誉来衡量自己的进步。但是，最重要的收获是最难计算的。对我们而言，最有意义的成长不是功成名就，而是能够塑造自己的品格。

成功不仅仅是达到我们的目标，更是实现自我价值。世上最崇高的价值莫过于期冀明天会更好，而这世上最大的成就莫过于释放我们隐藏的潜能。

影响潜能的行为

学习的过程并不是在我们获得知识后就结束了,只有这些知识能够持续地为我们所用,我们才算真正学有所成。以下是我的40条实用建议,可以帮助你释放隐藏的潜能、实现更大的成就。

I.培养品格技能

1. **通过品格技能释放隐藏的潜能**。房间里成长最快的并不是最聪明的人,而是努力让自己和他人变得更聪明的人。当机会不来敲门时,要想方设法建造一扇可敲之门,或者你也可以试试爬窗户进去。

A.成为不适者

2. **不要害怕尝试新的风格**。与其专注于自己喜欢的学习方式,不如接受给你带来不适感的方法,用它来完成任务。一般来说，具有批判性思维的人最适合进行阅读和写作。"听"是理解言辞中情感的理想方式，而"做"更适合记忆信息。

3. **要么用，要么弃。** 在你觉得还没准备好的时候就上场。你不需要提前适应一项技能，你的技能舒适度会在练习的过程中不断得到提高。多语言使用者告诉我们，即使是专家，也要从第一天开始。

4. **寻求不适。** 与其一味地努力学习，不如主动追求不适感。追求不适感会让你更快地成长。如果想做对什么，你就必须先找到犯错的感觉。

5. **预设犯错计划。** 为了鼓励自己尝试和犯错，设定一个最小犯错数，作为自己每天或每周的目标。你若已经预设了自己会犯错，就不会一直沉浸在犯下的错误里，你会取得更大的进步。

B. 成为海绵

6. **提高你的吸收能力。** 寻找新的知识、技能和观点，不是为了自我满足，而是为了促进你的成长。进步取决于你吸收的信息的质量，而不是你搜集了多少信息。

7. **寻找建议，而不是反馈。** 反馈是向后看的，它会引导人们批评或赞美你的表现。而建议是前瞻性的，它会引导别人指引你进步。"我下次可以在哪方面有所改进？"你只需要提出这个简单的问题，就能够让你的批评者和啦啦队更像教练。

8. **找出值得信任的信息来源。** 决定吸收哪些信息，过滤哪些信息。倾听那些拥有相关专业知识（可信度）、非常了解你（熟悉度）并希望为你找到最好的路径（关心）的教练的意见。

9. **成为你希望拥有的教练。** 诚实是忠诚的最高表现。乐于助人，尊重他人，能激发榜样效应。言谈坦诚，态度恭敬。让人们看到，从相信他们潜力并关心他们成功的人那里，总是很容易听到残酷的真相。

C.成为不完美主义者

10. **追求卓越，不苛求完美。** 进步来自保持高标准，而不是消除所有缺陷。通过确定一些你可以接受的缺点，实践"侘寂"，即在不完美的条件下尊重美的艺术。考虑一下，你需要在哪些方面真正做到最好，哪些方面满足于足够好即可。用埃里克·贝斯特的问题来记录你的成长：你今天让自己变得更好了吗？你今天让别人变得更好了吗？

11. **请别人评估你的进步。** 想知道自己的作品是否至少讨人喜欢，可以请几个人从 0 到 10 分为你的作品独立打分。无论他们给你打几分，你都要追问他们，如何才能更接近 10 分。一定要设定一个你可以接受的结果和一个理想的结果。别忘了，要想在你最重视的方面获得高分，你可能必须接受其他方面的低分。

12. **将最后的裁判权留给自己。** 让别人失望好过让自己失望。在你的作品面世前，评估一下它是否能成为你的代表作。如果这是你公之于众的唯一作品，你会引以为傲吗？

13. **进行心理时间旅行。**当苦于看不到自己的进步时，你想想过去的自己会如何看待现在的成就。如果你在 5 年前就知道自己现在取得的成绩，你会有多自豪？

II.搭建鹰架，攻坚克难

14. **在适当的时候，向他人寻求适当的支持。**每个挑战都需要相应的支持才能完成。你需要的并非永久性支持，这种支持只是一个临时性结构，能够给你一个立足点或一次托举，如此一来，你就可以依靠自己的力量继续攀登。

A.化练习为游戏

15. **把每天的磨炼变成每天快乐的源泉。**为了保持和谐的激情，要将练习设计成刻意游戏。设置一些有趣的技能挑战。比如，伊芙琳·格伦尼学习用小军鼓敲奏巴赫的作品；斯蒂芬·库里尝试在一分钟内得到 21 分；住院医生用无意义的词语对话玩即兴喜剧游戏，以此磨炼他们的非语言沟通技能。
16. **与自己竞争。**衡量自己进步与否的标准不是对手，而是时间。与他人竞争存在风险：你可能会在自身没有进步的情况下赢过对手。当你与自己竞争时，获胜的唯一途径就是成长。
17. **不要让自己受制于固定的练习时间。**新颖多样的练习可以避免倦怠和闷爆。你可以交替练习不同的技能，或者变换学习这些技能的工具和方法。即使是很微小的调整，也能为你带来很大的不同。

18. **积极主动地休息和恢复**。不要等到倦怠或闷爆出现后才去休息。你需要把休息时间安排到你的日程表中。休息有助于保持和谐的激情，催生新的想法，让你进行深度学习。放松不是浪费时间，而是健康投资。

B.迂回前行

19. **当陷入困境时，退就是进**。当走入死胡同时，也许是时候你该回头寻找新的道路了。这样做看似是在倒退，但往往是找到进步之路的唯一方法。
20. **找到指南针**。走上新的路线时，你不需要地图，只需要一个指南针来判断自己的方向。一个好的指南针是前行的保障，它会在你偏离方向时发出信号。
21. **寻找多个向导**。不要只依赖一个专家或导师，要记住，综合思考多位向导的指导才能找到最好的方向。问一问他们自己的旅程中有什么样的里程碑和转折点，告诉他们你迄今为止走过的路。他们给你指路后，你可以把他们的建议整合成一条适合你的路线。
22. **做一份副业**。当发现自己萎靡不振时，你可以绕道而行，去一个新的目的地，从而为自己创造前行的动力。当在一个副业或业余爱好上取得进展后，你会感到小有成就，这能够提醒你，你有可能继续前行。

C. 自举翱翔

23. **以教促学**。最好的学习方法就是教。给别人讲解，你会更好地理解所学之物；花时间回忆，你会将知识记得更牢。就像黄金十三人一样，你可以组建小组互相教学，每个成员负责讲授一种技能或知识。

24. **指导他人，建立自信**。当不确定自己是否有能力克服障碍时，与其寻求建议，你不如试着给别人提建议。指导他人克服挑战会提醒你，你也拥有克服挑战的能力。你给出的建议通常也是你需要采纳的建议。

25. **把高期望值和低期望值都作为动力**。如果对你一无所知的否定者质疑你，你就把它视为一种挑战。与其让他们击垮你的信心，不如将他们的质疑视为去证明他们错误的机会。当可信的支持者力挺你时，你要勇往直前，不辜负他们的期望。

26. **做一个优秀的先辈**。当你的信念有所动摇时，回想一下你是为谁而战。我们最深厚的坚韧性源于其他人对我们的依赖。

III. 建立机会体系

27. **为被低估和忽视的人敞开大门**。建立一种体系，使其不是只关注天才学生和高潜能员工，而是为所有人创造机会。一个好的体系会让弱势者和后进者有机会展示他们已经取得了多大的进步。

A.设计学校课程,激发所有学生的最佳潜能

28. **不要浪费任何一个头脑**。认识到智力有多种存在形式,每个孩子都有出类拔萃的潜能。不仅要培养学生的成长心态,还要培养教师的成长心态。不以尖子生的成绩,而是以每个学生的进步来衡量教育是否成功。

29. **教育专业化**。效仿芬兰的做法,将教师培养成值得信赖的专业人士,并为其提供应有的待遇。当教师有能力随时掌握最新材料、相互指导、制定课程,并得到相应的支持时,下一代就能取得更大的成就。

30. **让学生多年跟随同一位教师学习**。循环式教学可以让教师在专注于自己所教学科的同时,更多地关注自己的学生。如果有更充足的时间亲自了解每个学生,教师就可以成为教练和导师,从而有针对性地为学生提供教学和情感支持,帮助所有学生发挥潜能。

31. **给予学生探索和分享个人兴趣的自由**。教师教给学生最重要的一课就是学习乐趣无穷。学生如果可以选择自己感兴趣的活动站、书籍和课题,就更有可能形成内在的学习动力。如果可以就自己喜欢的主题进行演讲,他们的学习热情就会更强,其他同学也有机会受到他们热情的感染。

B.发掘团队的集体智慧

32. **将小组转变为团队**。集体智慧取决于团队的凝聚力,团队应共同承担责任,齐心协力完成有意义的任务。当人们相

信他们需要相互扶助才能成功实现一个重要目标时，团体力量就会大于各成员力量之和。

33. **根据亲社会技能选择领导者**。要提拔那些把使命看得比自我更重要、把团队凝聚力看得比个人荣誉更重要的人，而不是那些巧言令色的自私自利之人。如果团队想要有所贡献，那么最能领导团队走向成功的不是最能说会道的人，而是最善于倾听的人。

34. **变"头脑风暴"为"脑力写作"**。为了保证参与的均衡性，找到更好的解决方案，在召开小组会议之前，先让大家独立提出和评估想法。之后再公布所有的想法，团队成员就此进行共同讨论，选择并完善最有希望的想法。

35. **用网格体系取代阶梯体系**。不要让人们的建议被一位上司一票否决，要让人们通过多种渠道发表自己的意见。如果员工可以对接的上司不止一位，那么他们的想法就不会被一个"不"字扼杀在摇篮里，而一个"好"字足以挽救一个想法。

C.在求职面试和高校招生中发现未经雕琢的宝石

36. **取消对证书和经验的要求**。在评价他人时，切忌将过去的成就和经验误认为是未来的潜能。背景和天赋决定了人们的起点，而品格技能决定了他们能攀多高。

37. **考虑困难程度**。走得磕磕绊绊之人并不一定没有能力，而可能是他们所行之路坎坷崎岖。想知道应聘者所面临的障碍，可以将他们的表现与其所在学校、专业和社群的同龄人进行比较。

38. **用轨迹评估**。仅看近期表现或平均表现还不够，更重要的是要关注应聘者一段时间内的表现轨迹。如果应聘者的轨迹是上升的，那就暗示此人克服了逆境。

39. **重新设计面试，帮助应聘者取得成功**。与其最大限度地增加应聘者的压力，不如创造机会让应聘者发光发热。请应聘者分享他们的爱好，展示他们的优势。之后，询问他们是否认为自己已表现得尽善尽美，如果没有，那就给他们一次重来的机会。

40. **重新定义成功**。潜能最有意义的表现形式是进步。潜能的最终标志不是你所达到的顶峰的高度，而是你所行路途的长度，以及你帮助他人走了多远的路程。

致　谢

如果超级经纪人理查德·派因和优秀的编辑里克·科特没有给予我帮助，这本书的潜能就会大打折扣。理查德激励我从头到尾都要更宏观、更大胆地构思。里克有着化腐朽为神奇的力量，而且总能在规定时间内改好书稿。当我陷入困境时，他们俩会一起引导我掉头，让我能够愉快地探索新的路线。

写书是一段孤独的旅程，但我非常幸运遇到了两位活力满满的评判者和指导者。玛丽莎·尚德尔和卡伦·诺尔顿极大地丰富了本书的每一页。每当在字里行间发现一个不成熟的想法时，她们会迅速且专业地将其推倒重建，将单薄的观点变得坚实厚重。她们会开动脑筋润色每一个故事，以聪明才智锤炼每一句话，下足功夫提升每一幅插图和每个关键点。玛丽莎解决了我没注意到的问题，指出了我遗漏的要点，让原本混乱不堪的表述变得井井有条。卡伦提出了使用自我引导的观点，并说明了如何调整各种观点的出场顺序，以及如何编排各章节主题。我从未见过这样的组合，竟能如此卓有成效地改进一部创意作品。

还有一群敏锐的读者为本书做出了宝贵的贡献。品控大师保罗·德宾煞费苦心地检查了本书的每一页，深入核实了各项研究和故事，以确保所有细节的准确性。若书中还存在任何错误，那完全是我一个人的问题。路标女王格雷丝·鲁本斯坦向我阐明了关键性看法，润色了生涩的过渡性文字，并促使我将论题和行文更紧密地结合在一起。创意大师雷布·埃伯勒冲锋陷阵，放大了"啊哈"的震撼力，增强了概念的凝聚力。图书侦探斯泰西·卡利什搜集了各种故事，为我搭建了元鹰架。她还把导师效应和知识诅咒结合在一起考虑，由此发现了一个迷人的悖论：你可以通过教学来学习，但一旦把它们学好了，你再去教它们就会变得极为困难。

黑莓手机控马尔科姆·格拉德威尔鼓励我构思和写作时要从大处着眼，增加章节之间的联系，并在写作途中适时调整叙事弧线。超级资深专业编辑谢丽尔·桑德伯格帮助我强化了天性与教养的根本区别。完美主义者苏珊·格兰特指出了一些故事的公式化问题，并修正了语法错误和错别字。教育专家萨姆·艾布拉姆斯纠正了我在课时、教师工资、标准化考试、学校开支和国际学生评估项目上的错误。他还告诉我，芬兰的循环式教学不仅仅体现在学校教育中。在广为人知的芬兰曲棍球项目中，小球员在15岁之前通常会一直跟随一位教练训练，此后至20岁会接受另一位专业教练一贯的指导。

莉兹·福斯里恩、玛特·雪莉和玛丽莎绘制的插图极具创造性，令人愉悦。在我被一连串糟糕的标题折磨得痛苦不堪时，丹·平克、林赛和阿利·米勒、贾斯廷·伯格以及238协会将我解救出来。还有很多心地善良的人为我的采访打开了大门。特别感谢凯利·施特策尔向莫里斯·阿什利保证我不是跟踪狂；感谢比亚克·英厄尔斯为我提供了安藤忠雄的线索；感谢沙恩·巴蒂尔向我介绍了布兰登·佩恩（丹尼·索思威克告诉了我佩恩最初的故事）；感谢保罗·史迪威和贾妮斯·乔根森为我提供了有关黄金十三人的宝贵信息；感谢戴维·爱泼斯坦和乔恩·沃特海姆帮我说服了 R. A. 迪奇接受采访；感谢卡迪·科尔曼帮我联系到何塞·埃尔南德斯；感谢博佐马·圣约翰替我给最佳运动员发短信。由衷地感谢所有人。

感谢墨水池明星团队（特别是亚历克西斯·赫尔利、纳撒尼尔·杰克斯、伊丽莎·罗思坦）和维京的大力支持，本书的宣发过程才得以顺风顺水。如果你此前没有出过一本书，那么强行推销它会显得很奇怪："嘿，你好！请用你宝贵的时间来探索我的想法。你定不虚此行……我保证。"卡罗琳·科尔伯恩、惠特尼·皮林、林赛·普雷维特和朱莉娅·福克纳让宣传工作变得简单而趣味横生。凯特·斯塔克、莫莉·费森登和香塔尔·卡纳莱斯的创意营销则开辟了与读者互动的新途径。莉迪娅·希尔特把我在电子报上发布的内容搬到了公众号上，从而增加了我的读者数量（她还欠我一场匹克球比赛）。我还要特别感谢艺术天才贾森·拉米雷斯、喜欢刨根问底的卡米尔·勒布朗、卓越的编辑和制作特里西娅·康利和埃里克·韦希特、将本书设计得高雅漂亮的丹尼尔·拉金、负责图书装帧的克莱尔·瓦卡罗、制作音乐音频的朱莉·威尔逊和洛朗·克莱因，虽然我现在没法将音乐随文播放出来。我还要感谢布赖恩·塔特和安德烈娅·舒尔茨，感谢他们能够看到本书的潜能，并愿意相信一个秃顶男人。

我的孩子们每天都在提醒我，潜能就隐藏在我们身边。我喜欢看他们塑造自己的品格技能。亨利在三年级时就让我大吃一惊。他对拥抱不适有独到的见解（过山车有三个存在原因：玩得开心、面对恐惧、挑战自我），他的认知能力也很敏锐（排队坐过山车：我后悔了！）。小学毕业后，埃琳娜学了一些新的恶作剧（我要带一只假老鼠去吓唬老师），随后还能应对预想到的阻碍（万一她拒绝哈里森，我还有一只老鼠备用！）。上高中后，乔安娜开始接受不完美（"隐藏的潜能"听起来可能有点儿无聊，但至少它能告诉人们这本书讲了什么），并再次将本书封面上的概念带入生活。

在过去的20年里，是阿莉森·斯威特·格兰特培养了我的潜能，让我知道如何写作，如何为人。她是第一个帮我找到新方向的人，也是第一个在我走错路时点醒我的人。她在本书的写作上也给予了我相似的帮助：发现隐藏的宝石，打磨不流畅的段落，删去叙述中无关紧要的细节。她让我相信，书名宁缺毋滥（再见吧，《突飞猛进》和《先天怪胎》）。我对她的感激之情溢于言表，感谢她聪慧的头脑，感谢她给予我的体贴关怀，也感谢她能够一直耐心地包容我至今没法正确读出"蛋黄酱"（mayonnaise）一词。

注 释

前 言

1. Tupac Shakur, *The Rose That Grew from Concrete* (New York: Pocket Books, 2002), 3.

2. Personal interviews with Maurice Ashley, January 10, 2022, and Francis Idehen, December 20, 2021, January 10, 2022, and February 23, 2022; Maurice Ashley, *Chess for Success* (New York: Broadway Books, 2007); Henry Louis Gates Jr., *America Behind the Color Line* (New York: Grand Central, 2007); Franz Lidz, "The Harlem Gambit," *Sports Illustrated*, November 11, 1991, and "Master Mind," *Sports Illustrated*, May 30, 1994; Steve Fishman, "Day for Knight," *New York*, June 22, 1998; Charlotte Wilder, "How Maurice Ashley, the First Black Chess Grandmaster, Uses the Game to Change Inner-City Kids' Lives," *USA Today*, May 19, 2016; Dave Von Drehle, "Chess Players Destroy Nerd, Black Stereotypes," *The Seattle Times*, June 2, 1991; The Tim Ferris Show, "Grandmaster Maurice Ashley—The Path and Strategies of World-Class Mastery," July 30, 2020; John Tierney, "Harlem Teen-Agers Checkmate a Stereotype," *The New York Times*, April 26, 1991; "Maurice Ashley 2.1.2008," City Club of Cleveland, YouTube, August 13, 2015, youtu.be /riiQ0BkMhf0; Joe Lemire, "A Star of the 'Raging Rooks,'

He Helped Changed the Face of N.Y.C. Chess," *The New York Times*, November 6, 2020; Philippe Boulet-Gercourt, "The Incredible Story of the 8 'Kids,' Harlem Chess Players," Chess in the Schools, December, 26, 2020.

3   Benjamin Bloom, *Developing Talent in Young People* (New York: Ballantine Books, 1985).

4   Kenneth R. Koedinger, Paulo F. Carvalho, Ran Liu, and Elizabeth A. McLaughlin, "An Astonishing Regularity in Student Learning Rate," *PNAS* 120, no. 13 (2023): e2221311120.

5   Chia-Jung Tsay and Mahzarin R. Banaji, "Naturals and Strivers: Preferences and Beliefs about Sources of Achievement," *Journal of Experimental Social Psychology* 47, no. 2 (2011): 460–65.

6   Agnes Callard, *Aspiration: The Agency of Becoming* (New York: Oxford University Press, 2018).

7   Raj Chetty, John N. Friedman, Nathaniel Hilger, Emmanuel Saez, Diane Whitmore Schanzenbach, and Danny Yagan, "How Does Your Kindergarten Classroom Affect Your Earnings? Evidence From Project Star," *The Quarterly Journal of Economics* 126, no. 4 (2011): 1593–1660 and "$320,000 Kindergarten Teachers," *Kappan*, November 2010.

8   Raj Chetty, John N. Friedman, and Jonah E. Rockoff, "Measuring the Impacts of Teachers II: Teacher Value-Added and Student Outcomes in Adulthood," *American Economic Review* 104, no. 9 (2014): 2633–79.

9   Aristotle, *Aristotle's Nicomachean Ethics*, trans. Robert C. Bartlett and Susan D. Collins (Chicago: University of Chicago Press, 2012).

10 Alexander P. Burgoyne, Giovanni Sala, Fernand Gobet, Brooke N. Macnamara, Guillermo Campitelli, and David Z. Hambrick, "The Relationship between Cognitive Ability and Chess Skill: A Comprehensive Meta-Analysis," *Intelligence* 59 (2016): 72–83.

11 Guillermo Campitelli and Fernand Gobet, "Deliberate Practice:

Necessary but Not Sufficient," *Current Directions in Psychological Science* 20, no. 5 (2011): 280–85.

12 James J. Heckman and Tim Kautz, "Hard Evidence on Soft Skills," *Labour Economics* 19, no. 4 (2012): 45164; Tim Kautz, James J. Heckman, Ron Diris, Bas ter Weel, and Lex Borgans, "Fostering and Measuring Skills: Improving Cognitive and Non-Cognitive Skills to Promote Lifetime Success," NBER Working Paper 20749, December 2014.

13 Laura E. Berk and Adam Winsler, *Scaffolding Children's Learning: Vygotsky and Early Childhood Education* (Washington, DC: National Association for the Education of Young Children, 1995).

14 Zainab Faatimmah Haider and Sophie von Stumm, "Predicting Educational and Social-Emotional Outcomes in Emerging Adulthood from Intelligence, Personality, and Socioeconomic Status," *Journal of Personality and Social Psychology* 123, no. 6 (2022): 1386–1406.

15 Giovanni Sala and Fernand Gobet, "Do the Benefits of Chess Instruction Transfer to Academic and Cognitive Skills? A Meta-Analysis," *Educational Research Review* 18 (2016): 46–57; Michael Rosholm, Mai Bjørnskov Mikkelsen, and Kamilla Gumede, "Your Move: The Effect of Chess on Mathematics Test Scores," *PLoS ONE* 12 (2017): e0177257; William M. Bart, "On the Effect of Chess Training on Scholastic Achievement," *Frontiers in Pscyhology* 5 (2014): 762; John Jerrim, Lindsey Macmillan, John Micklewright, Mary Sawtell, and Meg Wiggins, "Does Teaching Children How to Play Cognitively Demanding Games Improve Their Educational Attainment?," *Journal of Human Resources* 53, no. 4 (2018): 993–1021; Fernand Gobet and Guillermo Campitelli, "Educational Benefits of Chess Instruction: A Critical Review," in *Chess and Education: Selected Essays from the Koltanowski Conference*, ed. Tim Redman (Dallas: University of Texas, 2006).

第一部分

1. William James, *The Principles of Psychology*, vol. 2 (New York: Holt, 1890).
2. Francisco Campos, Michael Frese, Markus Goldstein, Leonardo Iacovone, Hillary C. Johnson, David McKenzie, and Mona Mensmann, "Teaching Personal Initiative Beats Traditional Training in Boosting Small Business in West Africa," *Science* 357, no. 6357 (2017): 1287–90.
3. Paul G. Whitmore, John P. Fry, "Soft Skills: Definition, Behavioral Model Analysis, Training Procedures," ERIC Clearinghouse Professional Paper 3-74 (1974).

第1章

1. Hellen Keller, *Helen Keller's Journal* (New York: Doubleday, 1938).
2. personal interview, February 14, 2022; "Interview with Sara Maria Hasbun," International Association of Hyperpolyglots, 2022, polyglotassociation.org /members/sara-maria-hasbun; John Fotheringham, "Polyglot & Miss Linguistic Founder Sara Maria Hasbun on How to Learn a Language Like a Linguist," *Language Mastery*, May 3, 2019; Sara Maria Hasbun, "I've Learned 9 Languages, All After the Age of 21," MissLinguistic, August 21, 2018, misslinguistic.com/i-learned-nine-languages; "Interview with Sara Maria Hasbun," Glossika, YouTube, November 21, 2019, youtu.be/isErps6IuoA.
3. personal communication, April 2, 2023; Martin Williams, "Natural-Born Linguists: What Drives Multi-Language Speakers?," *The Guardian*, September 5, 2013; Andreas Laimboeck, "How Far Did Benny Lewis Get to Learn Fluent Mandarin in Three Months?," LTL Language School, February 28, 2023; Benny Lewis, *Fluent in 3 Months: How Anyone at Any Age Can Learn to Speak Any Language from Anywhere in the World* (New York: HarperOne, 2014) and fluentin3months.com.

4 Kenji Hakuta, Ellen Bialystok, and Edward Wiley, "Critical Evidence: A Test of the Critical-Period Hypothesis for Second-Language Acquisition," *Psychological Science* 14, no. 1 (2003): 31–38; Frans van der Slik, Job Schepens, Theo Bongaerts, and Roeland van Hout, "Critical Period Claim Revisited: Reanalysis of Hartshorne, Tenenbaum, and Pinker (2018) Suggests Steady Decline and Learner-Type Differences," *Language Learning* 72, no. 1 (2022): 87–112.

5 Philip M. Newton and Atharva Salvi, "How Common Is Belief in the Learning Styles Neuromyth, and Does It Matter? A Pragmatic Systematic Review," *Frontiers in Education* 5 (2020): 602451.

6 Harold Pashler, Mark McDaniel, Doug Rohrer, and Robert Bjork, "Learning Styles: Concepts and Evidence," *Psychological Science in the Public Interest* 9, no. 3 (2008): 105–19.

7 Laura J. Massa and Richard E. Mayer, "Testing the ATI Hypothesis: Should Multimedia Instruction Accommodate Verbalizer-Visualizer Cognitive Style?," *Learning and Individual Differences* 16, no. 4 (2006): 321–35.

8 Polly R. Husmann and Valerie Dean O'Loughlin, "Another Nail in the Coffin for Learning Styles? Disparities among Undergraduate Anatomy Students' Study Strategies, Class Performance, and Reported VARK Learning Styles," *Anatomical Sciences Education* 12, no. 1 (2019): 6–19.

9 Donggun An and Martha Carr, "Learning Styles Theory Fails to Explain Learning and Achievement: Recommendations for Alternative Approaches," *Personality and Individual Differences* 116, no. 1 (2017): 410–16.

10 Steve Martin, *Born Standing Up: A Comic's Life* (New York: Scribner, 2007), *Cruel Shoes* (New York: G. P. Putnam's Sons, 1979), and *Pure Drivel* (New York: Hyperion, 1998); Harry Shearer and Steve Martin, "Not Wild but Witty Repartee with Martin, Shearer," *Los Angeles*

Times, December 9, 1998; Catherine Clinch, "No Art Comes from the Conscious Mind," *Creative Screenwriting*, March 8, 2016; Steven Gimbel, *Isn't That Clever: A Philosophical Account of Humor and Comedy* (New York: Taylor & Francis, 2017).

11 Robert Boice, *Professors as Writers: A Self-Help Guide to Productive Writing* (Oklahoma: New Forums, 1990).

12 Shakked Noy and Whitney Zhang, "Experimental Evidence on the Productivity Effects of Generative Artificial Intelligence," SSRN, March 1, 2023.

13 Tim Urban, "Why Procrastinators Procrastinate," Wait But Why, October 30, 2013.

14 Fuschia M. Sirois, *Procrastination: What It Is, Why It's a Problem, and What You Can Do About It* (Washington, DC: APA LifeTools, 2022); Adam Grant, "The Real Reason You Procrastinate," *WorkLife*, March 10, 2020.

15 Adam Grant, "Steve Martin on Finding Your Authentic Voice," *Re:Thinking*, May 4, 2023.

16 Steve Martin, host, *The 75th Annual Academy Awards*, March 23, 2003.

17 *Ted Lasso*, "Pilot," August 14, 2020.

18 David B. Daniel and William Douglas Woody, "They Hear, but Do Not Listen: Retention for Podcasted Material in a Classroom Context," *Teaching of Psychology* 37, no. 3 (2010): 199–203.

19 Janet Geipel and Boaz Keysar, "Listening Speaks to Our Intuition while Reading Promotes Analytic Thought," *Journal of Experimental Psychology: General* (2023).

20 Daniel T. Willingham, "Is Listening to a Book the Same Thing as Reading It?," *The New York Times*, December 8, 2018.

21 Michael W. Kraus, "Voice-Only Communication Enhances Empathic Accuracy," *American Psychologist* 72, no. 7 (2017): 644–54.

22 Aldert Vrij, Pär Anders Granhag, and Stephen Porter, "Pitfalls and Opportunities in Nonverbal and Verbal Lie Detection," *Psychological Science in the Public Interest* 11, no. 3 (2010): 89–121.

23 Natsuko Shintani, "The Effectiveness of Processing Instruction and Production-Based Instruction on L2 Grammar Acquisition: A Meta-Analysis," *Applied Linguistics* 36, no. 3 (2015): 306–25; Natsuko Shintani, Shaofeng Li, and Rod Ellis, "Comprehension-Based versus Production-Based Grammar Instruction: A Meta-Analysis of Comparative Studies," *Language Learning* 63, no. 2 (2013): 296–329.

24 Joseph P. Vitta and Ali H. Al-Hoorie, "The Flipped Classroom in Second Language Learning: A Meta-Analysis," *Language Teaching Research* (2020): 1–25.

25 Kaitlin Woolley and Ayelet Fishbach, "Motivating Personal Growth by Seeking Discomfort," *Psychological Science* 33, no. 4 (2022): 510–23.

26 Katherine W. Phillips, Katie A. Liljenquist, and Margaret A. Neale, "Is the Pain Worth the Gain? The Advantages and Liabilities of Agreeing with Socially Distinct Newcomers," *Personality and Social Psychology Bulletin* 35, no. 3 (2009): 336–50; see also Samuel R. Sommers, "On Racial Diversity and Group Decision Making: Identifying Multiple Effects of Racial Composition on Jury Deliberations," *Journal of Personality and Social Psychology* 90, no. 4 (2006): 597–612; Denise Lewin Loyd, Cynthia S. Wang, Katherine W. Phillips, and Robert B. Lount Jr., "Social Category Diversity Promotes Premeeting Elaboration: The Role of Relationship Focus," *Organization Science* 24, no. 3 (2013): 757–72; Katherine W. Phillips and Robert B. Lount, "The Affective Consequences of Diversity and Homogeneity in Groups," in *Research on Managing Groups and Teams*, vol. 10, ed. Elizabeth A. Mannix and Margaret A. Neale (Bingley, UK: Emerald, 2007).

27 Patricia J. Brooks and Vera Kempe, "More Is More in Language Learning: Reconsidering the Less-Is-More Hypothesis," *Language*

Learning 69, no. S1 (2019): 13–41; Lindsay Patterson, "Do Children Soak Up Language Like Sponges?," *The New York Times,* April 16, 2020.

28 Kate B. Wolitzky-Taylor, Jonathan D. Horowitz, Mark B. Powers, and Michael J. Telch, "Psychological Approaches in the Treatment of Specific Phobias: A Meta-Analysis," *Clinical Psychology Review* 28, no. 6 (2008): 1021–37.

29 Lori A. Zoellner, Jonathan S. Abramowitz, Sally A. Moore, and David M. Slagle, "Flooding," in *Cognitive Behavior Therapy: Applying Empirically Supported Techniques in Your Practice*, ed. William T. O'Donohue and Jane E. Fisher (New York: Wiley, 2008).

30 Annemarie Landman, Eric L. Groen, M. M. (René) van Paassen, Adelbert W. Bronkhorst, and Max Mulder, "The Influence of Surprise on Upset Recovery Performance in Airline Pilots," *The International Journal of Aerospace Psychology* 27, no. 1–2 (2017): 2–14; Stephen M. Casner, Richard W. Geven, and Kent T. Williams, "The Effectiveness of Airline Pilot Training for Abnormal Events," *Human Factors* 55, no. 3 (2013): 477–85.

31 Michael Kardas, Amit Kumar, and Nicholas Epley, "Overly Shallow? Miscalibrated Expectations Create a Barrier to Deeper Conversation," *Journal of Personality and Social Psychology* 122, no. 3 (2022): 367–98.

32 Janet Metcalfe, "Learning from Errors," *Annual Review of Psychology* 68 (2017): 465–89.

33 Robert Eisenberger, "Learned Industriousness," *Psychological Review* 99, no. 2 (1992): 248–67.

第2章

1 "It Is Not the Strongest of the Species That Survives but the Most Adaptable," Quote Investigator, May 4, 2014, quoteinvestigator.com/2014/05/04/adapt/.

2   David P. G. Bond and Stephen E. Grasby, "Late Ordovician Mass Extinction Caused by Volcanism, Warming, and Anoxia, Not Cooling and Glaciation," *Geology* 48, no. 8 (2020): 777–81; Jack Longman, Benjamin J. W. Mills, Hayley R. Manners, Thomas M. Gernon, and Martin R. Palmer, "Late Ordovician Climate Change and Extinctions Driven by Elevated Volcanic Nutrient Supply," *Nature Geoscience* 14, no. 12 (2021): 924–29; Xianqing Jing, Zhenyu Yang, Ross N. Mitchell, Yabo Tong, Min Zhu, and Bo Wan, "Ordovician–Silurian True Polar Wander as a Mechanism for Severe Glaciation and Mass Extinction," *Nature Communications* 13 (2022): 7941; Cody Cottier, "The Ordovician Extinction: Our Planet's First Brush with Death," *Discover*, January 16, 2021.

3   Joseph P. Botting, Lucy A. Muir, Yuandong Zhang, Xuan Ma, Junye Ma, Longwu Wang, Jianfang Zhang, Yanyan Song, and Xiang Fang, "Flourishing Sponge-Based Ecosystems after the End-Ordovician Mass Extinction," *Current Biology* 27, no. 4 (2017): 556–62.

4   Frankie Schembri, "Earth's First Animals May Have Been Sea Sponges," *Science*, October 17, 2018.

5   Sally P. Leys and Amanda S. Kahn, "Oxygen and the Energetic Requirements of the First Multicellular Animals," *Integrative and Comparative Biology* 58, no. 4 (2018): 666–76.

6   Niklas A. Kornder, Yuki Esser, Daniel Stoupin, Sally P. Leys, Benjamin Mueller, Mark J. A. Vermeij, Jef Huisman, and Jasper M. de Goeij, "Sponges Sneeze Mucus to Shed Particle Waste from Their Seawater Inlet Pores," *Current Biology* 32, no. 17 (2022): P3855–61.

7   Steven E. Mcmurray, James E. Blum, and Joseph R. Pawlik, "Redwood of the Reef: Growth and Age of the Giant Barrel Sponge *Xestospongia muta* in the Florida Keys," *Marine Biology* 155 (2008): 159–71.

8   Sabrina Imbler, "A Swirling Vortex Is No Match for This Deep-Sea

Sponge," *The New York Times*, September 9, 2021.

9   Carmel Mothersil and Brian Austin, *Aquatic Invertebrate Cell Culture* (London: Springer-Verlag, 2000).

10 Personal interview, November 17, 2021; Adam Grant, "Mellody Hobson on Taking Tough Feedback," *Re:Thinking,* June 15, 2021.

11 Max Weber, *The Protestant Ethic and the Spirit of Capitalism* (New York: Routledge, 1992).

12 Amy Wrzesniewski, Clark McCauley, Paul Rozin, and Barry Schwartz, "Jobs, Careers, and Callings: People's Relations to Their Work," *Journal of Research in Personality* 31, no. 1 (1997): 21–33.

13 J. Stuart Bunderson and Jeffery A. Thompson, "The Call of the Wild: Zookeepers, Callings, and the Double-Edged Sword of Deeply Meaningful Work," *Administrative Science Quarterly* 54, no. 1 (2009): 32–57.

14 Sascha O. Becker and Ludger Woessmann, "Was Weber Wrong? A Human Capital Theory of Protestant Economic History," *The Quarterly Journal of Economics* 124, no. 2 (2009): 531–96.

15 Sascha O. Becker, Steven Pfaff, and Jared Rubin, "Causes and Consequences of the Protestant Reformation," *Explorations in Economic History* 62 (2016): 1–25; Felix Kersting, Iris Wohnsiedler, and Nikolaus Wolf, "Weber Revisited: The Protestant Ethic and the Spirit of Nationalism," *The Journal of Economic History* 80, no. 3 (2020): 710–45; Federico Mantovanelli, "The Protestant Legacy: Missions and Literacy in India," CEPR Discussion Paper No. 913309, November 2018; Davide Cantoni, "The Economic Effects of the Protestant Reformation: Testing the Weber Hypothesis in the German Lands," *Journal of the European Economic Association* 13, no. 4 (2015): 561–98.

16 Ezra Karger, "The Long-Run Effect of Public Libraries on Children: Evidence from the Early 1900s," SocArXiv (2021): e8k7p.

17 Enrico Berkes and Peter Nencka, "Knowledge Access: The Effects of Carnegie Libraries on Innovation," SSRN, December 22, 2021.

18 Wesley M. Cohen and Daniel A. Levinthal, "Absorptive Capacity: A New Perspective on Learning and Innovation," *Administrative Science Quarterly* 35, no. 1 (1990): 128–52.

19 Adam M. Grant and Susan J. Ashford, "The Dynamics of Proactivity at Work," *Research in Organizational Behavior* 28 (2008): 3–34.

20 Susan J. Ashford, Ruth Blatt, and Don Vande Walle, "Reflections on the Looking Glass: A Review of Research on Feedback-Seeking Behavior in Organizations," *Journal of Management* 29 (2003): 773–99; Adam M. Grant, Sharon Parker, and Catherine Collins, "Getting Credit for Proactive Behavior: Supervisor Reactions Depend on What You Value and How You Feel," *Personnel Psychology* 62, no. 1 (2009): 31–55; Lukasz Stasielowicz, "Goal Orientation and Performance Adaptation: A Meta-Analysis," *Journal of Research in Personality* 82 (2019): 103847.

21 Personal communications, September 19, 2022, and March 8, 2023; Erin C.J. Robertson, "Get to Know Julius Yego, Kenya's Self-Taught Olympic Javelin-Thrower Dubbed 'The Youtube Man,'" *OkayAfrica*, okayafrica.com/get-know-julius-yego-kenyas-self-taught-olympic-javelin-thrower-dubbed-youtube-man; "Julius Yego—The YouTube Man," GoPro, YouTube, May 19, 2016, youtu.be/lO1fzo1aCHU; Roy Tomizawa, "No Coach, No Problem: Silver Medalist Javelin Thrower Julius Yego and the YouTube Generation," *The Olympians*, September 5, 2016; David Cox, "How Kenyan Javelin Thrower Julius Yego Mastered His Sport By Watching YouTube Videos," *Vice,* August 16, 2016.

22 Mike Rowbottom, "Ihab Abdelrahman El Sayed, Almost the Pharoah of Throwing," World Athletics, September 16, 2015; "Throw Like an Egyptian," World Athletics, January 12, 2015.

23 Jackie Gnepp, Joshua Klayman, Ian O. Williamson, and Sema Barlas,

"The Future of Feedback: Motivating Performance Improvement through Future-Focused Feedback," *PLoS ONE* 15, no. 6 (2020): e0234444; Hayley Blunden, Jaewon Yoon, Ariella S. Kristal, and Ashley Whillans, "Soliciting Advice Rather Than Feedback Yields More Developmental, Critical, and Actionable Input," Harvard Business School Working Paper No. 20-021, August 2019 (revised April 2021).

24 Katie A. Liljenquist, " Resolving the Impression Management Dilemma: The Strategic Benefits of Soliciting Advice," Northwestern University ProQuest Dissertations Publishing (2010): 3402210.

25 Stacey R. Finkelstein and Ayelet Fishbach, "Tell Me What I Did Wrong: Experts Seek and Respond to Negative Feedback," *Journal of Consumer Research* 39, no. 1 (2012): 22–38; Ayelet Fishbach, Tal Eyal, and Stacey R. Finkelstein, "How Positive and Negative Feedback Motivate Goal Pursuit," *Social and Personality Psychology Compass* 48, no. 10 (2010): 517–30; Ayelet Fishbach, Minjung Koo, and Stacey R. Finkelstein, "Motivation Resulting from Completed and Missing Actions," *Advances in Experimental Social Psychology* 50 (2014): 257–307.

26 C. Neil Macrae, Galen V. Bodenhausen, and Guglielmo Calvini, "Contexts of Cryptomnesia: May the Source Be with You," *Social Cognition* 17, no. 3 (1999): 273–97.

27 Emily S. Wong, Dawei Zheng, Siew Z. Tan, Neil I. Bower, Victoria Garside, Gilles Vanwalleghem, Federico Gaiti, Ethan Scott, Benjamin M. Hogan, Kazu Kikuchi, Edwina McGlinn, Mathias Francois, and Bernard M. Degnan, "Deep Conservation of the Enhancer Regulatory Code in Animals," *Science* 370, no. 6517 (2020): eaax8137; Riya Baibhawi, "Sea Sponge Unravels 700-Million-Year-Old Mystery of Human Evolution," *Republic World,* November 21, 2020.

28 Danielle Hall, "Sea Sponges: Pharmacies of the Sea," *Smithsonian,* November 2019.

29 Carl Zimmer, "Take a Breath and Thank a Sponge," *The New York*

Times, March 13, 2014; Megan Gannon, "Sponges May Have Breathed Life into Ancient Oceans," *LiveScience,* March 11, 2014; Michael Tatzel, Friedhelm von Blanckenburg, Marcus Oelze, Julien Bouchez, and Dorothee Hippler, "Late Neoproterozoic Seawater Oxygenation by Siliceous Sponges," *Nature Communications* 8 (2017): 621.

第3章

1. Leonard Cohen, "Anthem," *The Future* (Columbia, 1992).
2. Tadao Ando, *Tadao Ando: Endeavors* (New York: Flammarion, 2019); Michael Auping, *Seven Interviews with Tadao Ando* (London: Third Millennium, 2002); Kanae Hasegawa, "Tadao Ando Interview," *Frame,* December 6, 2014; Sharon Waxman, "A Natural Designer," *Chicago Tribune,* May 28, 1995; Jocelyn Lippert, "Japanese Architect Ando Speaks at TD Master's Tea," *Yale Daily News,* October 12, 2001; "CNN Talk Asia Program—Japanese Architect, Tadao Ando," Daniel J. Stone, YouTube, January 13, 2010, youtu.be/dZuSoBCR-_I; Walter Mariotti, "Tadao Ando: The World Must Change," *Domus,* December 3, 2020; Bianca Bosker, "Haute Concrete," *The Atlantic,* April 2017; Julie V. Iovine, "Building a Bad Reputation," *The New York Times,* August 8, 2004; "Artist Talk: Tadao Ando," Art Institute of Chicago, YouTube, November 27, 2018, youtu.be /cV0hiUcFFG8.
3. Adam Grant, "What Straight-A Students Get Wrong," *The New York Times,* December 8, 2018.
4. Thomas Curran and Andrew P. Hill, "Perfectionism Is Increasing Over Time: A Meta-Analysis of Birth Cohort Differences from 1989 to 2016," *Psychological Bulletin* 145, no. 4 (2019): 410–29.
5. Thomas Curran and Andrew P. Hill, "Young People's Perceptions of Their Parents' Expectations and Criticism Are Increasing Over Time: Implications for Perfectionism," *Psychological Bulletin* 148, no. 1–2

(2022): 10728.

6   Andrew P. Hill and Thomas Curran, "Multidimensional Perfectionism and Burnout: A Meta-Analysis," *Personality and Social Psychology Review* 20, no. 3 (2016): 269–88.

7   Dana Harari, Brian W. Swider, Laurens Bujold Steed, and Amy P. Breidenthal, "Is Perfect Good? A Meta-Analysis of Perfectionism in the Workplace," *Journal of Applied Psychology* 103, no. 10 (2018): 1121–44.

8   Kathryn D. Sloane and Lauren A. Sosniak, "The Development of Accomplished Sculptors," in Benjamin Bloom, *Developing Talent in Young People* (New York: Ballantine Books, 1985).

9   Donald W. Mackinnon, "The Nature and Nurture of Creative Talent," *American Psychologist* 17 (1962): 484–95.

10 Adam Grant, "Breaking Up with Perfectionism," *WorkLife*, May 3, 2022.

11 Leonard Koren, *Wabi-Sabi for Artists, Designers, Poets & Philosophers* (Point Reyes, CA: Imperfect Publishing, 2008).

12 Jenn Bennett, Michael Rotherham, Kate Hays, Peter Olusoga, and Ian Maynard, "Yips and Lost Move Syndrome: Assessing Impact and Exploring Levels of Perfectionism, Rumination, and Reinvestment," *Sport and Exercise Psychology Review* 12, no. 1 (2016): 14–27; Melissa Catherine Day, Joanna Thatcher, Iain Greenlees, and Bernadette Woods, "The Causes of and Psychological Responses to Lost Move Syndrome in National Level Trampolinists," *Journal of Applied Sport Psychology* 18 (2006): 151–66; Jenn Bennett and Ian Maynard, "Performance Blocks in Sport: Recommendations for Treatment and Implications for Sport Psychology Practitioners," *Journal of Sport Psychology in Action* 8, no. 1 (2017): 60–68.

13 Ivana Osenk, Paul Williamson, and Tracey D. Wade, "Does Perfectionism or Pursuit of Excellence Contribute to Successful Learning?

A Meta-Analytic Review," *Psychological Assessment* 32, no. 10 (2020): 972–83.

14 Edwin A. Locke and Gary P. Latham, "Building a Practically Useful Theory of Goal Setting and Task Motivation: A 35-Year Odyssey," *American Psychologist* 57, no. 9 (2002): 705–17, and "Work Motivation and Satisfaction: Light at the End of the Tunnel," *Psychological Science* 1 (1990): 240–46; Gerard Seijts, Gary P. Latham, Kevin Tasa, and Brandon W. Latham, "Goal Setting and Goal Orientation: An Integration of Two Different Yet Related Literatures," *Academy of Management Journal* 47, no. 2 (2004): 227–39.

15 Thomas Suddendorf, Donna Rose Addis, and Michael C. Corballis, "Mental Time Travel and the Shaping of the Human Mind," in *Predictions in the Brain: Using Our Past to Generate a Future*, ed. Mohse Bar (New York: Oxford, 2011).

16 Daniel J. Madigan, "A Meta-Analysis of Perfectionism and Academic Achievement," *Educational Psychology Review* 31 (2019): 967–89.

17 Alice Moon, Muping Gan, and Clayton Critcher, "The Overblown Implications Effect," *Journal of Personality and Social Psychology* 118, no. 4 (2020): 720–42.

18 Glenn D. Reader and Marilynn B. Brewer, "A Schematic Model of Dispositional Attribution in Interpersonal Perception," *Psychological Review* 86, no. 1 (1979): 61–79.

19 Twyla Tharp, *The Creative Habit: Learn It and Use It for Life* (New York: Simon & Schuster, 2009); Robin Pogrebin, "Movin' Out beyond Missteps; How Twyla Tharp Turned a Problem in Chicago into a Hit on Broadway," *The New York Times*, December 12, 2002; Michael Phillips, "In Chaotic 'Movin Out,' Dancing Off to the Vietnam War," *Los Angeles Times*, July 22, 2022, and "Tharp Reshapes 'Movin Out' before It Goes to Broadway," *Chicago Tribune*, August 22, 2022; Tim Harford, "Bless

the Coal-Black Hearts of the Broadway Critics," *Cautionary Tales*, May 20, 2022.

20 Richard P. Larrick, Albert E. Mannes, and Jack B. Soll, "The Social Psychology of the Wisdom of Crowds," in *Social Judgment and Decision Making*, ed. Joachim I. Kruger (New York: Psychology Press, 2012).

21 Leigh Thompson, "The Impact of Minimum Goals and Aspirations on Judgments of Success in Negotiations," *Group Decision and Negotiation* 4 (1995): 513–24.

22 Andrew P. Hill, Howard K. Hall, and Paul R. Appleton, "The Relationship between Multidimensional Perfectionism and Contingencies of Self-Worth," *Personality and Individual Differences* 50, no. 2 (2011): 238–42.

23 Karina Limburg, Hunna J. Watson, Martin S. Hagger, and Sarah J. Egan, "The Relationship between Perfectionism and Psychopathology: A Meta-Analysis," *Journal of Clinical Psychology* 73, no. 10 (2017): 1301–26.

24 Emma L. Bradshaw, James H. Conigrave, Ben A. Steward, Kelly A. Ferber, Philip D. Parker, and Richard M. Ryan, "A Meta-Analysis of the Dark Side of the American Dream: Evidence for the Universal Wellness Costs of Prioritizing Extrinsic over Intrinsic Goals," *Journal of Personality and Social Psychology* 124, no. 4 (2023): 873–99.

25 Jennifer Crocker and Lora E. Park, "The Costly Pursuit of Self-Esteem," *Psychological Bulletin* 130, no. 3 (2004): 392–414.

第二部分

1 Emily A. Holmes, Ella L. James, Thomas Coode-Bate, and Catherine Deeprose, "Can Playing the Computer Game 'Tetris' Reduce the Build-Up of Flashbacks for Trauma? A Proposal from Cognitive Science," *PLoS ONE* 4 (2009): e4153; Emily A. Holmes, Ella L. James, Emma J.

Kilford, and Catherine Deeprose, "Key Steps in Developing a Cognitive Vaccine against Traumatic Flashbacks: Visuospatial Tetris versus Verbal Pub Quiz," *PLoS ONE* 7 (2012): 10.1371.

2 Amalia Badawi, David Berle, Kris Rogers, and Zachary Steel, "Do Cognitive Tasks Reduce Intrusive-Memory Frequency after Exposure to Analogue Trauma? An Experimental Replication," *Clinical Psychological Science* 8, no. 3 (2020): 569–83.

3 Thomas Agren, Johanna M. Hoppe, Laura Singh, Emily A. Holmes, and Jörgen Rosén, "The Neural Basis of Tetris Gameplay: Implicating the Role of Visuospatial Processing," *Current Psychology* (2021); Rebecca B. Price, Ben Paul, Walt Schneider, and Greg J. Siegle, "Neural Correlates of Three Neurocognitive Intervention Strategies: A Preliminary Step Towards Personalized Treatment for Psychological Disorders," *Cognitive Therapy and Research* 37, no. 4 (2013): 657–72.

4 Ella L. James, Alex Lau-Zhu, Hannah Tickle, Antje Horsch, and Emily A. Holmes, "Playing the Computer Game Tetris Prior to Viewing Traumatic Film Material and Subsequent Intrusive Memories: Examining Proactive Interference," *Journal of Behavior Therapy and Experimental Psychiatry* 53 (2016): 25–33.

5 Ella L. James, Michael B. Bonsall, Laura Hoppitt, Elizabeth M. Tunbridge, John R. Geddes, Amy L. Milton, and Emily L. Holmes, "Computer Game Play Reduces Intrusive Memories of Experimental Trauma via Reconsolidation-Update Mechanisms," *Psychological Science* 26, no. 8 (2015): 1201–1215.

第4章

1 Bernard De Koven, *The Well-Played Game: A Player's Philosophy* (Cambridge, MA: MIT Press, 2013).

2 personal interview, August 8, 2022; Evelyn Glennie, *Good Vibrations:*

My Autobiography (London: Hutchinson, 1990), *Listen World!* (London: Balestier Press, 2019), and "How to Truly Listen," TED talk, 2003, ted.com/talks/evelyn_glennie_how_to_truly_listen; Sofia Pasternack, "Evelyn Glennie on the Olympics Opening Ceremony," *Tom Tom*, February 2013.

3   Brooke N. Macnamara, David Z. Hambrick, and Frederick L. Oswald, "Deliberate Practice and Performance in Music, Games, Sports, Education, and Professions: A Meta-Analysis," *Psychological Science* 25, no. 8 (2014): 1608–18.

4   Maynard Solomon, *Mozart: A Life* (New York: HarperCollins, 2005).

5   Wolfgang Amadeus Mozart, *The Letters of Mozart and His Family*, ed. Stanley Sadie and Fiona Smart (London: Macmillan, 1985).

6   Robert Spaethling, *Mozart's Letters, Mozart's Life* (New York: Norton, 2000).

7   Malissa A. Clark, Jesse S. Michel, Ludmila Zhdanova, Shuang Y. Pui, and Boris B. Baltes, "All Work and No Play? A Meta-Analytic Examination of the Correlates and Outcomes of Workaholism," *Journal of Management* 42, no. 7 (2016): 1836–73.

8   Erin C. Westgate and Timothy D. Wilson, "Boring Thoughts and Bored Minds: The MAC Model of Boredom and Cognitive Engagement," *Psychological Review* 125, no. 5 (2018): 689–713; A. Mohammed Abubakar, Hamed Rezapouraghdam, Elaheh Behravesh, and Huda A. Megeirhi, "Burnout or Boreout: A Meta-Analytic Review and Synthesis of Burnout and Boreout Literature in Hospitality and Tourism," *Journal of Hospitality Marketing & Management* 31, no. 8 (2022): 458–503.

9   Lauren A. Sosniak, "Learning to Be a Concert Pianist," in Benjamin Bloom, *Developing Talent in Young People* (New York: Ballantine Books, 1985).

10 Arielle Bonneville-Roussy, Geneviève L. Lavigne, and Robert J.

Vallerand, "When Passion Leads to Excellence: The Case of Musicians," *Psychology of Music* 39 (2011): 123–38.

11　Jon M. Jachimowicz, Andreas Wihler, Erica R. Bailey, and Adam D. Galinsky, "Why Grit Requires Perseverance and Passion to Positively Predict Performance," *PNAS* 115, no. 40 (2018): 9980–85.

12　Lieke L. Ten Brummelhuis, Nancy P. Rothbard, and Benjamin Uhrich, "Beyond Nine to Five: Is Working to Excess Bad for Health?," *Academy of Management Discoveries* 3, no. 3 (2017): 262–83.

13　Robert J. Vallerand, Yvan Paquet, Frederick L. Phillipe, and Julie Charest, "On the Role of Passion for Work in Burnout: A Process Model," *Journal of Personality* 78, no. 1 (2010): 289–312.

14　Jean Côté, "The Influence of the Family in the Development of Talent in Sport," *The Sport Psychologist* 13, no. 4 (1999): 395–417.

15　Jean Côté, Joseph Baker, and Bruce Abernethy, "Practice and Play in the Development of Sport Expertise," in *Handbook of Sport Psychology*, ed. Gershon Tenenbaum and Robert C. Eklund (New York: Wiley, 2007); Jackie Lordo, "The Development of Music Expertise: Applications of the Theories of Deliberate Practice and Deliberate Play," *Update: Applications of Research in Music Education* 39, no. 3 (2021): 56–66.

16　Adam M. Grant, Justin M. Berg, and Daniel M. Cable, "Job Titles as Identity Badges: How Self-Reflective Titles Can Reduce Emotional Exhaustion," *Academy of Management Journal* 57, no. 4 (2014): 1201–25.

17　Katie Watson and Belinda Fu, "Medical Improv: A Novel Approach to Teaching Communication and Professionalism Skills," *Annals of Internal Medicine* 165, no. 8 (2016): 591–92.

18　Katie Watson, "Serious Play: Teaching Medical Skills with Improvisational Theater Techniques," *Academic Medicine* 86, no. 10 (2011): 1260–65.

19 Kevin P. Boesen, Richard N. Herrier, David A. Apgar, and Rebekah M. Jackowski, "Improvisational Exercises to Improve Pharmacy Students' Professional Communication Skills," *American Journal of Pharmaceutical Education* 73, no. 2 (2009): 35.

20 Richard A. Rocco and D. Joel Whalen, "Teaching *Yes, and* . . . Improv in Sales Classes: Enhancing Student Adaptive Selling Skills, Sales Performance, and Teaching Evaluations," *Journal of Marketing Education* 36, no. 2 (2014): 197–208.

21 Arne Güllich, Brooke N. Macnamara, David Z. Hambrick, "What Makes a Champion? Early Multidisciplinary Practice, Not Early Specialization, Predicts World-Class Performance," *Perspectives on Psychological Science* 17, no. 1 (2022): 6–29.

22 Shelby Waldron, J.D. DeFreese, Brian Pietrosimone, Johna Register-Mihalik, and Nikki Barczak, "Exploring Early Sport Specialization: Associations with Psychosocial Outcomes," *Journal of Clinical Sport Psychology* 14 (2019): 182–202.

23 Daniel Memmert, *Teaching Tactical Creativity in Sport: Research and Practice* (London: Routledge, 2015).

24 Pablo Greco, Daniel Memmert, and Juan C. P. Morales, "The Effect of Deliberate Play on Tactical Performance in Basketball," *Perceptual and Motor Skills* 110, no. 3 (2010): 849–56.

25 Conor Heffernan, "The Treadmill's Dark and Twisted Past," TEDEd, ted.com/talks/conor_heffernan_the_treadmill s dark_and_twisted _past.

26 Personal interview, July 22, 2022; Seerat Sohi, "Meet the Coaches Who Scrutinize the World's Greatest Shot," Yahoo! Sports, January 29, 2021; Tom Haberstroh, "The Story of Luka Doncic's Undercover Steph Curry Workout," NBC Sports, January 24, 2019.

27 Jihae Shin and Adam M. Grant, "Bored by Interest: Intrinsic Motivation in One Task Can Reduce Performance in Other Tasks," *Academy of*

Management Journal 62 (2019): 1–22.

28. Nick Greene, "8 Early Criticisms of Stephen Curry That Sound Absurd in Retrospect," *Mental Floss*, May 17, 2016; "How Stephen Curry Went from Ignored College Recruit to NBA MVP," Yahoo! *Sports*, April 23, 2015; Hanif Abdurraqib, "The Second Coming of Stephen Curry," *GQ*, January 10, 2022; Lee Tran, "Muggsy Bogues on Stephen Curry as a Child," *Fadeaway World*, January 17, 2021; Mark Medina, "'He's in Love with Getting Better': How Stephen Curry Has Maintained Peak Conditioning," NBA.com, June 13, 2022, and "After Offseason Focused on Perfection, Stephen Curry Could Be Even More Unstoppable," NBA.com, October 22, 2021.

29. Brian M. Galla and Angela L. Duckworth, "More Than Resisting Temptation: Beneficial Habits Mediate the Relationship between Self-Control and Positive Life Outcomes," *Journal of Personality and Social Psychology* 109, no. 3 (2015): 508–25.

30. Walter Mischel, Yuichi Shoda, and Monica L. Rodriguez, "Delay of Gratification in Children," *Science* 244, no. 4907 (1989): 933–38; Yuichi Shoda, Walter Mischel, and Philip K. Peake, "Predicting Adolescent Cognitive and Self-Regulatory Competencies from Preschool Delay of Gratification: Identifying Diagnostic Conditions," *Developmental Psychology* 26, no. 6 (1990): 978–86.

31. Armin Falk, Fabian Kosse, and Pia Pinger, "Re-Revisiting the Marshmallow Test: A Direct Comparison of Studies by Shoda, Mischel, and Peake (1990) and Watts, Duncan, and Quan (2018)," *Psychological Science* 31, no. 1 (2020): 100–104.

32. Laura E. Michaelson and Yuko Munakata, "Same Data Set, Different Conclusions: Preschool Delay of Gratification Predicts Later Behavioral Outcomes in a Preregistered Study," *Psychological Science* 31, no. 2 (2020): 193–201.

33. Keith Payne and Pascal Sheeran, "Try to Resist Misinterpreting the

Marshmallow Test," *Behavioral Scientist,* July 3, 2018.

34 Matthias Brunmair and Tobias Richter, "Similarity Matters: A Meta-Analysis of Interleaved Learning and Its Moderators," *Psychological Bulletin* 145 (2019): 1029–52.

35 Nicholas F. Wymbs, Amy J. Bastian, and Pablo A. Celnik, "Motor Skills Are Strengthened through Reconsolidation," *Current Biology* 26, no. 3 (2016): 338–43; Johns Hopkins Medicine, "Want to Learn a New Skill? Faster? Change Up Your Practice Sessions," *ScienceDaily,* January 28, 2016.

36 "I Trained Like Steph Curry for 50 Days to Improve My Shooting," Goal Guys, YouTube, August 18, 2021, youtu.be/2Cf0n7PmMJ0; Philip Ellis, "An Average Guy Trained Like Golden State Warrior Steph Curry for 50 Days to Improve His Shooting," *Men's Health,* August 19, 2021.

37 Patricia Albulescu, Irina Macsinga, Andrei Rusu, Coralia Sulea, Alexandra Bodnaru, and Bogdan Tudor Tulbure, "'Give Me a Break!' A Systematic Review and Meta-Analysis on the Efficacy of Micro-Breaks for Increasing Well-Being and Performance," *PLoS ONE* 17, no. 8 (2022): e0272460.

38 Laura M. Giurge and Kaitlin Woolley, "Working during Non-Standard Work Time Undermines Intrinsic Motivation," *Organizational Behavior and Human Decision Processes* 170, no. 1 (2022): 104134.

39 Maddy Shaw Roberts, "How Many Hours a Day Do the World's Greatest Classical Musicians Practice?," Classic FM, June 21, 2021.

40 Ut Na Sio and Thomas C. Ormerod, "Does Incubation Enhance Problem Solving? A Meta-Analytic Review," *Psychological Bulletin* 135 (2009): 94–120.

41 Jihae Shin and Adam M. Grant, "When Putting Work Off Pays Off: The Curvilinear Relationship between Procrastination and Creativity," *Academy of Management Journal* 64, no. 3 (2021): 772–98.

42 Adam Grant, "Lin-Manuel Miranda Daydreams, and His Dad Gets Things Done," *Re:Thinking,* June 29, 2021.

43 Mason Currey, "Tchaikovsky, Beethoven, Mahler: They All Loved Taking Long Daily Walks," *Slate*, April 25, 2013; Oliver Burkeman, "Rise and Shine: The Daily Routines of History's Most Creative Minds," *The Guardian,* October 5, 2013.

44 Michaela Dewar, Jessica Alber, Christopher Butler, Nelson Cowan, and Sergio Della Sala, "Brief Wakeful Resting Boosts New Memories over the Long Term," *Psychological Science* 23, no. 9 (2012): 955–60; David Robson, "An Effortless Way to Improve Your Memory," BBC, February 12, 2018.

45 Jaap M.J. Murre and Joeri Dros, "Replication and Analysis of Ebbinghaus' Forgetting Curve," *PLoS ONE* 10, no. 7 (2015): e0120644.

46 Nikhil Sonnad, "You Probably Won't Remember This, but the 'Forgetting Curve' Theory Explains Why Learning Is Hard," *Quartz,* February 28, 2018.

第5章

1 George Eliot, *Middlemarch* (London: Pan Macmillan, [1872] 2018).

2 personal interview, January 2, 2023; R. A. Dickey, *Wherever I Wind Up: My Quest for Truth, Authenticity, and the Perfect Knuckleball* (New York: Plume, 2012) and "Reaching the Summit of Kilimanjaro," *The New York Times,* January 14, 2012; Tim Kurkjian, "The Knuckleball Experiment," ESPN, December 1, 2012; Kevin Bertha, "A Missing Ligament and the Knuckleball: The Story of R. A. Dickey," *Bleacher Report*, April 11, 2010; Alan Schwarz, "New Twist Keeps Dickey's Career Afloat," *The New York Times*, February 27, 2008; Jeremy Stahl, "Master of the Knuckleball," *Slate*, October 29, 2012; Brian Costa, "Knuckleballs of Kilimanjaro: Dickey Plots Ascent," *The Wall Street*

Journal, December 27, 2011; Ben Maller, "Mets Pitcher R. A. Dickey Risking $4 Million Salary to Climb Mount Kilimanjaro," ThePostGame, November 2, 2011; Aditi Kinkhabwala, "Rocket Boy vs. the Baffler," *The Wall Street Journal*, July 3, 2010; James Kaminsky, "R. A. Dickey: Did Mt. Kilimanjaro Turn New York Mets Pitcher into an All-Star?," *Bleacher Report*, June 6, 2012; "R. A. Dickey Climbed Mount Kilimanjaro, the Mets' Knuckleballer Again Beats Fear with Staunch Belief," Yahoo! Sports, June 29, 2012.

3 Alex Speier, "What Is a Baseball Player's Prime Age?," *Boston Globe*, January 2, 2015; Rich Hardy, Tiwaloluwa Ajibewa, Ray Bowman, and Jefferson C. Brand, "Determinants of Major League Baseball Pitchers' Career Length," *Arthroscopy* 33 (2017): 445–49.

4 Wayne D. Gray and John K. Lindstedt, "Plateaus, Dips, and Leaps: Where to Look for Inventions and Discoveries during Skilled Performance," *Cognitive Science* 41, no. 7 (2017): 1838–70.

5 Eldad Yechiam, Ido Erev, Vered Yehene, and Daniel Gopher, "Melioration and the Transition from Touch-Typing Training to Everyday Use," *Human Factors* 45, no. 4 (2003): 671–84.

6 Yoni Donner and Joseph L. Hardy, "Piecewise Power Laws in Individual Learning Curves," *Psychonomic Bulletin & Review* 22, no. 5 (2015): 1308–19.

7 Jerry Slocum, David Singmaster, Wei-Hwa Huang, Dieter Gebhardt, and Geert Hellings, *The Cube: The Ultimate Guide to the World's Bestselling Puzzle* (New York: Black Dog & Leventhal, 2009).

8 John S. Chen and Pranav Garg, "Dancing with the Stars: Benefits of a Star Employee's Temporary Absence for Organizational Performance," *Strategic Management Journal* 39, no. 5 (2018): 1239–67.

9 H. Colleen Stuart, "Structural Disruption, Relational Experimentation, and Performance in Professional Hockey Teams: A Network Perspective

on Member Change," *Organization Science* 28, no. 2 (2017): 283–300.

10 Roxanne Khamsi, "Quicksand Can't Suck You Under," *Nature*, September 28, 2005; Asmae Khaldoun, Erika Eiser, Gerard H. Wegdam, and Daniel Bonn, "Liquefaction of Quicksand Under Stress," *Nature* 437, no. 7059 (2005): 635.

11 Danny Lewis, "Physicists May Have Finally Figured Out Why Knuckleballs Are So Hard to Hit," *Smithsonian*, July 20, 2016.

12 David N. Figlio, Morton O. Schapiro, and Kevin B. Soter, "Are Tenure Track Professors Better Teachers?," *The Review of Economics and Statistics* 97, no. 4 (2015): 715–24.

13 John Hattie and Herbert W. Marsh, "The Relationship between Research and Teaching: A Meta-Analysis," *Review of Educational Research* 66, no. 4 (1996): 507–42.

14 Colin Camerer, George Loewenstein, and Martin Weber, "The Curse of Knowledge in Economic Settings: An Experimental Analysis," *Journal of Political Economy* 97, no. 5 (1989): 1232–54.

15 Sian Beilock, "The Best Players Rarely Make the Best Coaches," *Psychology Today*, August 16, 2010.

16 Walter Isaacson, *Einstein: His Life and Universe* (New York: Simon & Schuster, 2007); Dennis Overbye, *Einstein in Love: A Scientific Romance* (New York: Penguin, 2001); Peter Smith, *Einstein* (London: Haus, 2005).

17 George Bernard Shaw, *Man and Superman* (New York: Penguin Classics, [1903] 1963).

18 Asha Thomas and Vikas Gupta, "Tacit Knowledge in Organizations: Bibliometrics and a Framework-Based Systematic Review of Antecedents, Outcomes, Theories, Methods and Future Directions," *Journal of Knowledge Management* 26 (2022): 1014–41.

19 Kristin E. Flegal and Michael C. Anderson, "Overthinking Skilled Motor

Performance: Or Why Those Who Teach Can't Do," *Psychonomic Bulletin & Review* 15 (2008): 927–32; Joseph M. Melcher and Jonathan W. Schooler, "The Misremembrance of Wines Past: Verbal and Perceptual Expertise Differentially Mediate Verbal Overshadowing of Taste Memory," *Journal of Memory and Language* 35 (1996): 231–45.

20 David E. Levari, Daniel T. Gilbert, and Timothy D. Wilson, "Tips from the Top: Do the Best Performers Really Give the Best Advice?," *Psychological Science* 33, no. 5 (2022): 685–98.

21 Monica C. Higgins and David A. Thomas, "Constellations and Careers: Toward Understanding the Effects of Multiple Developmental Relationships," *Journal of Organizational Behavior* 22 (2001): 223–47.

22 Richard D. Cotton, Yan Shen, and Reut Livne-Tarandach, "On Becoming Extraordinary: The Content and Structure of the Developmental Networks of Major League Baseball Hall of Famers," *Academy of Management Journal* 54, no. 1 (2011): 15–46.

23 Corey L.M. Keyes, "The Mental Health Continuum: From Languishing to Flourishing in Life," *Journal of Health and Social Behavior* 43, no. 2 (2002): 207–22.

24 Adam Grant, "There's a Name for the Blah You're Feeling: It's Called Languishing," *The New York Times,* April 19, 2021, and "How to Stop Languishing and Start Finding Flow," TED, 2021.

25 Vanessa M. Hill, Amanda L. Rebar, Sally A. Ferguson, Alexandra E. Shriane, and Grace E. Vincent, "Go to Bed: A Systematic Review and Meta-Analysis of Bedtime Procrastination Correlates and Sleep Outcomes," *Sleep Medicine Reviews* 66 (2022): 101697; Lui-Hai Liang, "The Psychology behind 'Revenge Bedtime Procrastination,'" BBC, November 25, 2020.

26 William K. English, Douglas C. Englebart, and Melvyn L. Berman, "Display-Selection Techniques for Text Manipulation," *IEEE Transactions on Human Factors in Electronics* HFE-8 (1967): 5–15.

27 Hudson Sessions, Jennifer D. Nahrgang, Manuel J. Vaulont, Raseana Williams, and Amy L. Bartels, "Do the Hustle! Empowerment from Side-Hustles and Its Effects on Full-Time Work Performance," *Academy of Management Journal* 64, no. 1 (2021): 235–64.

28 Ciara M. Kelly, Karoline Strauss, John Arnold, and Chris Stride, "The Relationship between Leisure Activities and Psychological Resources That Support a Sustainable Career: The Role of Leisure Seriousness and Work-Leisure Similarity," *Journal of Vocational Behavior* 117 (2020): 103340.

29 Teresa Amabile and Steven Kramer, *The Progress Principle: Using Small Wins to Ignite Joy, Engagement, and Creativity at Work* (Boston: Harvard Business Review Press, 2011).

30 Karl E. Weick, "Small Wins: Redefining the Scale of Social Problems," *American Psychologist* 39, no. 1 (1984): 40–49.

31 Zhaohe Yang, Lei Chen, Markus V. Kohnen, Bei Xiong, Xi Zhen, Jiakai Liao, Yoshito Oka, Qiang Zhu, Lianfeng Gu, Chentao Lin, and Bobin Liu, "Identification and Characterization of the PEBP Family Genes in Moso Bamboo (Phyllostachys Heterocycla)," *Scientific Reports* 9, no. 1 (2019): 14998; Abolghaseem Emamverdian, Yulong Ding, Fatemeh Ranaei, and Zishan Ahmad, "Application of Bamboo Plants in Nine Aspects," *Scientific World Journal* (2020): 7284203.

第6章

1 Stephen Colbert at the White House Correspondents' Association Dinner, April 29, 2006.

2 Paul Stillwell, *The Golden Thirteen: Recollections of the First Black Naval Officers* (Annapolis: Naval Institute Press, 1993); Dan C. Goldberg, *The Golden 13: How Black Men Won the Right to Wear Navy Gold* (Boston: Beacon, 2020); Ron Grossman, "Breaking a Naval Blockade,"

Chicago Tribune, July 8, 1987; "The Golden Thirteen," Naval History and Heritage Command, November 25, 2020; Kevin Michael Briscoe, "Remembering the Sacrifices of the 'Golden 13,'" *Zenger*, November 26, 2020.

3   Nathan P. Podsakoff, Jeffery A. LePine, and Marcie A. LePine, "Differential Challenge Stressor-Hindrance Stressor Relationships with Job Attitudes, Turnover Intentions, Turnover, and Withdrawal Behavior: A Meta-Analysis," *Journal of Applied Psychology* 92, no. 2 (2007): 438–54.

4   David S. Yeager, Jamie M. Carroll, Jenny Buontempo, Andrei Cimpan, Spencer Woody, Robert Crosnoe, Chandra Muller, Jared Murray, Pratik Mhatre, Nicole Kersting, Christopher Hulleman, Molly Kudym, Mary Murphy, Angela Lee Duckworth, Gregory M. Walton, and Carol S. Dweck, "Teacher Mindsets Help Explain Where a Growth-Mindset Intervention Does and Doesn't Work," *Psychological Science* 33 (2022): 18–32; David S. Yeager, Paul Hanselman, Gregory M. Walton, Jared S. Murray, Robert Crosnoe, Chandra Muller, Elizabeth Tipton, Barbara Schneider, Chris S. Hulleman, Cintia P. Hinojosa, David Paunesku, Carissa Romero, Kate Flint, Alice Roberts, Jill Trott, Ronaldo Iachan, Jenny Buontempo, Sophia Man Yang, Carlos M. Carvalho, P. Richard Hahn, Maithreyi Gopalan, Pratik Mhatre, Ronald Ferguson, Angela L. Duckworth, and Carol S. Dweck, "A National Experiment Reveals Where a Growth Mindset Improves Achievement," *Nature* 573, no. 7774 (2019): 364–69.

5   J. Richard Hackman and Ruth Wageman, "Asking the Right Questions about Leadership," *American Psychologist* 62 (2007): 43–47; J. Richard Hackman and Michael O'Connor, "What Makes for a Great Analytic Team? Individual vs. Team Approaches to Intelligence Analysis," February 2004.

6 Eliot L. Rees, Patrick J. Quinn, Benjamin Davies, and Victoria Fotheringham, "How Does Peer Teaching Compare to Faculty Teaching: A Systematic Review and Meta-Analysis," *Medical Teacher* 38, no. 8 (2016): 829–37.

7 Kim Chau Leung, "An Updated Meta-Analysis on the Effect of Peer Tutoring on Tutors' Achievement," *School Psychology International* 40, no. 2 (2019): 200–14.

8 Peter A. Cohen, James A. Kulik, and Chen-Lin C. Kulik, "Educational Outcomes of Tutoring: A Meta-Analysis of Findings," *American Educational Research Journal* 19 (1982): 237–48.

9 Julia M. Rohrer, Boris Egloff, and Stefan C. Schmukle, "Examining the Effects of Birth Order on Personality," *PNAS* 112, no. 46 (2015): 14224–29, and "Probing Birth-Order Effects on Narrow Traits Using Specification-Curve Analysis," *Psychological Science* 28, no. 12 (2017): 1821–32; Rodica Ioana Damian and Brent W. Roberts, "The Associations of Birth Order with Personality and Intelligence in a Representative Sample of U.S. High School Students," *Journal of Research in Personality* 58 (2015): 96–105; Sandra E. Black, Paul J. Devereux, and Kjell G. Salvanes, "Older and Wiser? Birth Order and IQ of Young Men," *CESifo Economic Studies* 57 (2011): 103–20; Kieron J. Barclay, "A Within-Family Analysis of Birth Order and Intelligence Using Population Conscription Data on Swedish Men," *Intelligence* 49 (2015): 134–143.

10 Petter Kristensen and Tor Bjerkedal, "Explaining the Relation between Birth Order and Intelligence," *Science* 316, no. 5832 (2007): 1717.

11 Tor Bjerkedal, Petter Kristensen, Geir A. Skjeret, and John I. Brevik, "Intelligence Test Scores and Birth Order among Young Norwegian Men (Conscripts) Analyzed within and between Families," *Intelligence* 35, no. 5 (2007): 503–14.

12 Frank J. Sulloway, "Birth Order and Intelligence," *Science* 316, no. 5832 (2007): 1711–12.

13 Robert B. Zajonc and Frank J. Sulloway, "The Confluence Model: Birth Order as a Within-Family or Between-Family Dynamic?," *Personality and Social Psychology Bulletin* 33, no. 9 (2007): 1187–94.

14 Aloysius Wei Lun Koh, Sze Chi Lee, and Stephen Wee Hun Lim, "The Learning Benefits of Teaching: A Retrieval Practice Hypothesis," *Applied Cognitive Psychology* 32, no. 3 (2018): 401–10.

15 John F. Nestojko, Dung C. Bui, Nate Kornell, and Elizabeth Ligon Bjork, "Expecting to Teach Enhances Learning and Organization of Knowledge in Free Recall of Text Passages," *Memory & Cognition* 42, no. 7 (2014): 1038–48.

16 Henry Cabot Lodge, in *Proceedings of the Massachusetts Historical Society* (Cambridge: The University Press, 1918).

17 Hunter Drohojowska-Philp, *Full Bloom: The Art and Life of Georgia O'Keeffe* (New York: Norton, 2005).

18 John Preskill, "Celebrating Theoretical Physics at Caltech's Burke Institute," *Quantum Frontiers,* February 24, 2015; "John Preskill on Quantum Computing," *YCombinator,* May 15, 2018.

19 Lauren Eskreis-Winkler, Katherine L. Milkman, Dena M. Gromet, and Angela L. Duckworth, "A Large-Scale Field Experiment Shows Giving Advice Improves Academic Outcomes for the Advisor," *PNAS* 116, no. 30 (2019): 14808–810; Lauren Eskreis-Winkler, Ayelet Fishbach, and Angela L. Duckworth, "Dear Abby: Should I Give Advice or Receive It?," *Psychological Science* 29, no. 11 (2018): 1797–1806.

20 Adam Grant, *Give and Take: Why Helping Others Drives Our Success* (New York: Viking, 2013); Adam M. Grant and Jane Dutton, "Beneficiary or Benefactor: Are People More Prosocial When They Reflect on Giving or Receiving?," *Psychological Science* 23, no. 9 (2012):

1033–39; Adam M. Grant, Jane E. Dutton, and Brent D. Rosso, "Giving Commitment: Employee Support Programs and the Prosocial Sensemaking Process," *Academy of Management Journal* 51, no. 5 (2008): 898–918.

21 Personal interview, November 28, 2022; Alison Levine, *On the Edge: The Art of High-Impact Leadership* (New York: Grand Central, 2014); Sarah Spain, "Alison Levine Proves She's All Heart," ESPN, December 27, 2011; Associated Press, "Climber Conquers Everest and Records Grand Slam," *The New York Times*, August 14, 2010.

22 D. Brian McNatt, "Ancient Pygmalion Joins Contemporary Management: A Meta-Analysis of the Result," *Journal of Applied Psychology* 85, no. 2 (2000): 314–22.

23 Robert Rosenthal, "Interpersonal Expectancy Effects: A 30-Year Perspective," *Current Directions in Psychological Science* 3 (1994); 176–79.

24 Oranit B. Davidson and Dov Eden, "Remedial Self-Fulfilling Prophecy: Two Field Experiments to Prevent Golem Effects among Disadvantaged Women," *Journal of Applied Psychology* 85, no. 3 (2000): 386–98; Dennis Reynolds, "Restraining Golem and Harnessing Pygmalion in the Classroom: A Laboratory Study of Managerial Expectations and Task Design," *Academy of Management Learning & Education* 4 (2007): 475–83.

25 Lee Jussim and Kent D. Harber, "Teacher Expectations and Self-Fulfilling Prophecies: Knowns and Unknowns, Resolved and Unresolved Controversies," *Personality and Social Psychology Review* 9, no. 2 (2005): 131–55.

26 Samir Nurmohamed, "The Underdog Effect: When Low Expectations Increase Performance," *Academy of Management Journal* 63, no. 4 (2020): 1106–33.

27 Samir Nurmohamed, Timothy G. Kundro, and Christopher G. Myers, "Against the Odds: Developing Underdog versus Favorite Narratives to Offset Prior Experiences of Discrimination," *Organizational Behavior and Human Decision Processes* 167 (2021): 206–21.

28 Michelle Yeoh, "Harvard Law School Class Day," May 24, 2023: youtube.com/watch?v=PZ7YERWPftA.

29 Marissa Shandell and Adam M. Grant, "Losing Yourself for the Win: How Interdependence Boosts Performance Under Pressure," working paper, 2023.

30 Rebecca Koomen, Sebastian Grueneisen, and Esther Herrmann, "Children Delay Gratification for Cooperative Ends," *Psychological Science* 31, no. 2 (2020): 139–48.

31 Maya Angelou, *Rainbow in the Cloud: The Wisdom and Spirit of Maya Angelou* (New York: Random House, 2014).

32 Karren Knowlton, "Trailblazing Motivation and Marginalized Group Members: Defying Expectations to Pave the Way for Others" (PhD. diss., University of Pennsylvania, 2021).

第三部分

1 Alex Bell, Raj Chetty, Xavier Jaravel, Neviana Petkova, and John Van Reenen, "Who Becomes an Inventor in America? The Importance of Exposure to Innovation," *The Quarterly Journal of Economics* 134, no. 2 (2019): 647–713.

第7章

1 Marva Collins and Civia Tamarkin, *Marva Collins' Way* (New York: TarcherPerigee, 1990).

2 OECD, "PISA 2000 Technical Report" (2002), "Learning for

Tomorrow's World: First Results from PISA 2003" (2004), and "PISA 2006" (2008), all at pisa.oecd.org.

3   Pasi Sahlberg, *Finnish Lessons 3.0: What Can the World Learn from Educational Change in Finland?* (New York: Teachers College Press, 2021) and "The Fourth Way of Finland," *Journal of Educational Change* 12 (2011): 173–85; OECD, "Top-Performer Finland Improves Further in PISA Survey as Gap Between Countries Widens."

4   PIAAC, "International Comparisons of Adult Literacy and Numeracy Skills Over Time," Institute of Education Sciences (NCES 2020-127), nces.ed.gov/surveys/piaac/international_context.asp.

5   Dylan Matthews, "Denmark, Finland, and Sweden Are Proof That Poverty in the U.S. Doesn't Have to Be This High," *Vox*, November 11, 2015.

6   Eric A. Hanushek and Ludger Woessmann, *The Knowledge Capital of Nations: Education and the Economics of Growth* (Cam-bridge, MA: MIT Press, 2015); Amanda Ripley, *The Smartest Kids in the World: And How They Got That Way* (New York: Simon & Schuster, 2013).

7   Christine Gross-Loh, "Finnish Education Chief: 'We Created School System Based on Equality,'" *The Atlantic*, March 17, 2014.

8   Doris Holzberger, Sarah Reinhold, Oliver Lüdtke, and Tina Seidel, "A Meta-Analysis on the Relationship between School Characteristics and Student Outcomes in Science and Maths: Evidence from Large-Scale Studies," *Studies in Science Education* 56 (2020): 1–34; Faith Bektas, Nazim Çogaltay, Engin Karadag, and Yusuf Ay, "School Culture and Academic Achievement of Students: A Meta-Analysis Study," *The Anthropologist* 21, no. 3 (2015): 482–88; Selen Demirtas-Zorbaz, Cigdem Akin-Arikan, and Ragip Terzi, "Does School Climate That Includes Students' Views Deliver Academic Achievement? A Multilevel Meta-Analysis," *School Effectiveness and School Improvement* 32 (2021): 543–63; Roisin P. Corcoran, Alan C.K. Cheung, Elizabeth Kim, and Chen

Xie, "Effective Universal School-Based Social and Emotional Learning Programs for Improving Academic Achievement: A Systematic Review and Meta-Analysis of 50 Years of Research," *Educational Research Review* 25 (2018): 56–72.

9   Edgar H. Schein, "Organizational Culture," *American Psychologist* 45, no. 2 (1990): 109–19; Daniel R. Denison, "What *Is* the Difference between Organizational Culture and Organizational Climate? A Native's Point of View on a Decade of Paradigm Wars," *Academy of Management Review* 21 (1996): 619–54; Charles A. O'Reilly and Jennifer A. Chatman, "Culture as Social Control: Corporations, Cults, and Commitment," *Research in Organizational Behavior* 18 (1996): 157–200.

10 Mark E. Koltko-Rivera, "The Psychology of World-views," *Review of General Psychology* 8, no. 1 (2004): 3–58; Jeremy D.W. Clifton, Joshua D. Baker, Crystal L. Park, David B. Yaden, Alicia B.W. Clifton, Paolo Terni, Jessica L. Miller, Guang Zeng, Salvatore Giorgi, H. Andrew Schwartz, and Martin E.P. Seligman, "Primal World Beliefs," 31, no. 1 (2019): 82–99.

11 Robert Frank and Philip J. Cook, *The Winner-Take-All Society: Why the Few at the Top Get So Much More Than the Rest of Us* (New York: Penguin, 1996); Daniel Markovits, *The Meritocracy Trap: How America's Foundational Myth Feeds Inequality, Dismantles the Middle Class, and Devours the Elite* (New York: Penguin, 2019).

12 Lily Eskelsen García and Otha Thornton, " 'No Child Left Behind' Has Failed," *The Washington Post*, February 13, 2015; Rajashri Chakrabarti, "Incentives and Responses under *No Child Left Behind:* Credible Threats and the Role of Competition," Federal Reserve Bank of New York Staff Report No. 525, November 2011; Ben Casselman, "No Child Left Behind Worked: At Least in One Important Way," FiveThirtyEight, December 22, 2015; "Achievement Gaps," National Center for

Education Statistics, nces.ed.gov/nationsreportcard/studies/gaps/.

13 Linda Darling-Hammond, *The Flat World and Education: How America's Commitment to Equity Will Determine Our Future* (New York: Teachers College Press, 2015).

14 Matthew Smith and Jamie Ballard, "Scientists and Doctors Are the Most Respected Professions Worldwide," YouGovAmerica, February 8, 2021.

15 Pasi Sahlberg, "The Secret to Finland's Success: Educating Teachers," Stanford Center for Opportunity Policy in Education Research Brief, September 2010.

16 Samuel E. Abrams, *Education and the Commercial Mindset* (Boston: Harvard University Press, 2016).

17 Pasi Sahlberg, "Q: What Makes Finnish Teachers So Special? A: It's Not Brains," *The Guardian,* March 31, 2015.

18 Valerie Strauss, "Five U.S. Innovations That Helped Finland's Schools Improve but That American Reformers Now Ignore," *The Washington Post,* July 25, 2014.

19 Vilho Hirvi, quoted in Sahlberg, 2021.

20 Pasi Sahlberg and Timothy D. Walker, *In Teachers We Trust: The Finnish Way to World-Class Schools* (New York: W. W. Norton, 2021).

21 Abrams, 2016.

22 Abrams, 2016.

23 Andrew J. Hill and Daniel B. Jones, "A Teacher Who Knows Me: The Academic Benefits of Repeat Student-Teacher Matches," *Economics of Education Review* 64 (2018): 1–12.

24 NaYoung Hwang, Brian Kisida, and Cory Koedel, "A Familiar Face: Student-Teacher Rematches and Student Achievement," *Economics of Education Review* 85 (2021): 102194.

25 Mike Colagrossi, "10 Reasons Why Finland's Education System is the Best in the World," World Economic Forum, September 10, 2018.

26 Personal interview, February 24, 2023; LynNell Hancock, "Why Are Finland's Schools Successful?," *Smithsonian*, September 2011.

27 Benjamin Franklin, "On Protections of Towns from Fire," *The Pennsylvania Gazette,* February 4, 1735.

28 Gena Nelson and Kristen L. McMaster, "The Effects of Early Numeracy Interventions for Students in Preschool and Early Elementary: A Meta-Analysis," *Journal of Educational Psychology* 111, no. 6 (2019): 1001–22; Steven M. Ross, Lana J. Smith, Jason Casey, and Robert E. Slavin, "Increasing the Academic Success of Disadvantaged Children: An Examination of Alternative Early Intervention Programs," *American Educational Research Journal* 32, no. 4 (1995): 773–800; Frances A. Campbell and Craig T. Ramey, "Cognitive and School Outcomes for High-Risk African-American Students at Middle Adolescence: Positive Effects of Early Intervention," *American Educational Research Journal* 32, no. 4 (1995): 743–72.

29 John M. McLaughlin, "Most States Fail Education Obligations to Special Needs Students: So, What Else Is New?," *USA Today*, August 10, 2020.

30 Amanda H. Goodall, "Physician-Leaders and Hospital Performance: Is There an Association?," *Social Science & Medicine* 73, no. 4 (2011): 535–39, and "Highly Cited Leaders and the Performance of Research Universities," *Research Policy* 38, no. 7 (2009): 1079–92.

31 Sigal G. Barsade and Stefan Meisiek, "Leading by Doing," in *Next Generation Business Handbook: New Strategies from Tomorrow's Thought Leaders*, ed. Subir Chowdhury (New York: Wiley, 2004).

32 Timothy D. Walker, *Teach Like Finland: 33 Simple Strategies for Joyful Classrooms* (New York: W. W. Norton, 2017).

33 Eva Hjörne and Roger Säljö, "The Pupil Welfare Team as a Discourse Community: Accounting for School Problems," *Linguistics and Education* 15 (2004): 321–38.

34　Hancock, 2011.

35　Rune Sarromaa Haussätter and Marjatta Takala, "Can Special Education Make a Difference? Exploring the Differences of Special Educational Systems between Finland and Norway in Relation to the PISA Results," *Scandinavian Journal of Disability Research* 13, no. 4 (2011): 271–81.

36　Andrew Van Dam, "Why Alabama and West Virginia Suddenly Have Amazing High-School Graduation Rates," *The Washington Post*, November 18, 2022.

37　Sarah D. Sparks, "Do U.S. Teachers Really Teach More Hours?," *Education Week*, February 2, 2015; Abrams, 2016.

38　Margot van der Doef and Stan Maes, "The Job-Demand-Control (-Support) Model and Psychological Well-Being: A Review of 20 Years of Empirical Research, *Work & Stress* 13, no. 2 (1999): 87–114; Gene M. Alarcon, "A Meta-Analysis of Burnout with Job Demands, Resources, and Attitudes," *Journal of Vocational Behavior* 79, no. 2 (2011): 549–62; Nina Santavirta, Svetlana Solovieva, and Töres Theorell, "The Association between Job Strain and Emotional Exhaustion in a Cohort of 1,028 Finnish Teachers," *British Journal of Educational Psychology* 77 (2007): 213–28; Adam Grant, "Burnout Is Everyone's Problem," *WorkLife*, March 17, 2020.

39　Timothy D. Walker, "The Joyful, Illiterate Kindergartners of Finland," *The Atlantic*, October 1, 2015.

40　Daphna Bassok, Scott Latham, and Anna Rorem, "Is Kindergarten the New First Grade?," *AERA Open* 1, no. 4 (2016): 1–31.

41　Alvaro Infantes-Paniagua, Ana Filipa Silva, Rodrigo Ramirez-Campillo, Hugo Sarmento, Francisco Tomás González-Fernández, Sixto González-Villora, and Filipe Manuel Clemente, "Active School Breaks and Students' Attention: A Systematic Review with Meta-Analysis," *Brain*

Sciences 11, no. 6 (2021): 675; D.L.I.H.K. Peiris, Yanping Duan, Corneel Vandelanotte, Wei Liang, Min Yang, and Julien Steven Baker, "Effects of In-Classroom Physical Activity Breaks on Childrenn's Academic Performance, Cognition, Health Behaviours and Health Outcomes: A Systematic Review and Meta-Analysis of Randomised Controlled Trials," *International Journal of Environmental Research and Public Health* 19, no. 15 (2022): 9479.

42 Sebastian Suggate, Elizabeth Schaughency, Helena McAnally, and Elaine Reese, " From Infancy to Adolescence: The Longitudinal Links between Vocabulary, Early Literacy Skills, Oral Narrative, and Reading Comprehension," *Cognitive Development* 47 (2018): 82–95.

43 Sebastian P. Suggate, Elizabeth A. Schaughency, and Elaine Reese, "Children Learning to Read Later Catch Up to Children Reading Earlier," *Early Childhood Research Quarterly* 28, no. 1 (2013): 33–48.

44 Sebastian Paul Suggate, "Does Early Reading Instruction Help Reading in the Long-Term? A Review of Empirical Evidence," *Research on Steiner Education* 4, no. 1 (2019): 123–131.

45 Daniel T. Willingham, "How to Get Your Mind to Read," *The New York Times,* November 25, 2017.

46 Nancy Carlsson-Paige, Geralyn Bywater, and Joan Wolfsheimer Almon, "Reading Instruction in Kindergarten: Little to Gain and Much to Lose," Alliance for Childhood/Defending the Early Years, 2015, available at eric.ed.gov/?id=ED609172.

47 Wolfgang Schneider, Petra Küspert, Ellen Roth, Mechtild Visé, and Harald Marx, "Short-and Long-Term Effects of Training Phonological Awareness in Kindergarten: Evidence from Two German Studies," *Journal of Experimental Child Psychology* 66, no. 3 (1997): 311–40.

48 Tim T. Morris, Danny Dorling, Neil M. Davies, and George Davey Smith, "Associations between School Enjoyment at Age 6 and Later

Educational Achievement: Evidence from a UK Cohort Study," *NPJ Science of Learning* 6 (2021): 18.

49 Pasi Sahlberg and William Doyle, "To Really Learn, Our Children Need the Power of Play," 2019, pasisahlberg.com/to-really-learn-our-children-need-the-power-of-play.

50 Kayleigh Skene, Christine M. O'Farrelly, Elizabeth M. Byrne, Natalie Kirby, Eloise C. Stevens, and Paul G. Ramchandani, "Can Guidance during Play Enhance Children's Learning and Development in Educational Contexts? A Systematic Review and Meta-Analysis," *Child Development* 93, no. 4 (2022): 1162–80.

51 Aksel Sandemose, *A Fugitive Crosses His Tracks* (New York: Knopf, 1936).

52 Arto K. Ahonen, "Finland: Success through Equity—The Trajectories in PISA Performance," in *Improving a Country's Education*, ed. Nuno Crato (Cham: Springer, 2021).

53 Sarah Butrymowicz, "Is Estonia the New Finland?," *The Atlantic*, June 23, 2016, and "Everyone Aspires to Be Finland, But This Country Beats Them in Two Out of Three Subjects," *The Hechinger Report*, June 23, 2016; Branwen Jeffreys, "Pisa Rankings: Why Estonian Pupils Shine in Global Tests," BBC, December 2, 2019; Rachel Sylvester, "How Estonia Does It: Lessons from Europe's Best School System," *The Times* (London), January 27, 2022; Thomas Hatch, "10 Surprises in the High-Performing Estonian Education System," *International Education News*, August 2, 2017; John Roberts, "Estonia: Pisa's European Success Story," *Tes Magazine*, December 3, 2019; Marri Kangur, "Estonia's Education Is Accessible to Everyone—Thanks to Social Support and an Adaptable System," *Estonian World*, December 27, 2021, and " Kindergarten Teaching in Estonia Balances between Education Goals and Game-Based Learning," *Estonian World*, October 12, 2021; Alexander Kaffka, "Gunda Tire: ' Estonians Believe in Education, and This Belief Has

Been Essential for Centuries,'" *Caucasian Journal*, April 1, 2021; Adam Grant, "Estonia's Prime Minister Kaja Kallas on Leading with Strength and Sincerity," *Re:Thinking*, January 31, 2023.

54 " PISA 2018 Worldwide Ranking," OECD, factsmaps.com /pisa-2018-worldwide-ranking-average-score-of-mathematics-science-reading.

55 Chester E. Finn Jr. and Brandon L. Wright, "A Different Kind of Lesson from Finland," *Education Week*, November 3, 2015.

56 Pasi Sahlberg and Andy Hargreaves, "The Leaning Tower of PISA," *Washington Post*, March 24, 2015; Adam Taylor, "Finland Used to Have the Best Education System in the World—What Happened?," *Business Insider*, December 3, 2013; Thomas Hatch, "What Can the World Learn from Educational Change in Finland Now? Pasi Sahlberg on Finnish Lessons 3.0," *International Education News*, February 28, 2021.

57 Sanna Read, Lauri Hietajärvi, and Katariina Salmela-Aro, "School Burnout Trends and Sociodemographic Factors in Finland 2006–2019," *Social Psychiatry and Psychiatric Epidemiology* 57 (2022): 1659–69.

58 Uri Gneezy, John A. List, Jeffrey A. Livingston, Xiangdong Qin, Sally Sadoff, and Yang Xu, "Measuring Success in Education: The Role of Effort on the Test Itself," *American Economic Review: Insights* 1, no. 3 (2019): 291–308.

59 Angela Lee Duckworth, Patrick D. Quinn, Donald R. Lynam, Rolf Loeber, and Magda Stouthamer-Loeber, "Role of Test Motivation in Intelligence Testing," *PNAS* 108, no. 19 (2011): 7716–20.

60 Martin Thrupp, Piia Seppänen, Jaakko Kauko, and Sonja Kosunen, eds., *Finland's Famous Education System: Unvarnished Insights into Finnish Schooling* (Singapore: Springer, 2023).

61 Erika A. Patall, Harris Cooper, and Jorgianne Civey Robinson, "The Effects of Choice on Intrinsic Motivation and Related Outcomes: A Meta-Analysis of Research Findings," *Psychological Bulletin* 134, no. 2

(2008): 270–300.

62 Timothy D. Walker, "Where Sixth-Graders Run Their Own City," *The Atlantic*, September 1, 2016; Eanna Kelly, "How Finland Is Giving 12-Year-Olds the Chance to Be Entrepreneurs," Science|Business, March 22, 2016.

63 Olivia Johnston, Helen Wildy, and Jennifer Shand, "Teenagers Learn through Play Too: Communicating High Expectations through a Playful Learning Approach," *The Australian Educational Researcher* (2022).

64 Panu Kalmi, "The Effects of Me and My City on Primary School Students' Financial Knowledge and Behavior," presented at 4th Cherry Blossom Financial Education Institute, Global Financial Literacy Excellence Center, George Washington University, Washington, DC, April 12–13, 2018.

65 "10 Facts about Reading in Finland 2020," Lukukeskus Läscentrum, lukukeskus.fi/en/10-facts-about-reading-in-finland/#fakta-2.

66 "Read Aloud-Program and Book Bag to Every Baby Born in Finland," Lue Lapselle, luelapselle.fi/read-aloud/.

67 Daniel T. Willingham, *Raising Kids Who Read: What Parents and Teachers Can Do* (San Francisco: Jossey-Bass, 2015); Adriana G. Bus, Marinus H. van Ijzendoorn, and Anthony D. Pellegrini, "Joint Book Reading Makes for Success in Learning to Read: A Meta-Analysis on Intergenerational Transmission of Literacy," *Review of Educational Research* 65, no. 1 (1995): 1–21; Joe Pinsker, "Why Some People Become Lifelong Readers," *The Atlantic*, September 19, 2019.

68 Daniel Willingham, "Moving Educational Psychology into the Home: The Case of Reading," *Mind Brain and Education* 9, no. 2 (2015): 107–11.

69 Gary P. Moser and Timothy G. Morrison, "Increasing Students' Achievement and Interest in Reading," *Reading Horizons* 38, no. 4

(1998): 233–45.

70 Jessica R. Toste, Lisa Didion, Peng Peng, Marissa J. Filderman, and Amanda M. McClelland, "A Meta-Analytic Review of the Relations between Motivation and Reading Achievement for K—12 Students," *Review of Educational Research* 90, no. 3 (2020): 420–56; Suzanne E. Mol and Adriana G. Bus, "To Read or Not to Read: A Meta-Analysis of Print Exposure from Infancy to Early Childhood," *Psychological Bulletin* 137, no. 2 (2011): 267–96.

71 Rémi Radel, Philippe G. Sarrazin, Pascal Legrain, and T. Cameron Wild, "Social Contagion of Motivation between Teacher and Student: Analyzing Underlying Processes," *Journal of Educational Psychology* 102, no. 3 (2010): 577–87.

72 Xiaojun Ling, Junjun Chen, Daniel H.K. Chow, Wendan Xu, and Yingxiu Li, "The 'Trade-Off' of Student Well-Being and Academic Achievement: A Perspective of Multidimensional Student Well-Being," *Frontiers in Psychology* 13 (2022): 772653.

73 Suniya S. Luthar, Nina L. Kumar, and Nicole Zillmer, "High-Achieving Schools Connote Risks for Adolescents: Problems Documented, Processes Implicated, and Directions for Interventions," *American Psychologist* 75 (2020): 983–95.

74 Yingyi Ma, "China's Education System Produces Stellar Test Scores. So Why Do 600,000 Students Go Abroad Each Year to Study?," *The Washington Post*, December 17, 2019.

75 Andrew S. Quach, Norman B. Epstein, Pamela J. Riley, Mariana K. Falconier, and Xiaoyi Fang, "Effects of Parental Warmth and Academic Pressure on Anxiety and Depression Symptoms in Chinese Adolescents," *Journal of Child and Family Studies* 24 (2015): 106–16.

76 Mark Mohan Kaggwa, Jonathan Kajjimu, Jonathan Sserunkuma, Sarah Maria Najjuka, Letizia Maria Atim, Ronald Olum, Andrew Tagg, and

Felix Bongomin, "Prevalence of Burnout among University Students in Low-and Middle-Income Countries: A Systematic Review and Meta-Analysis," *PLoS ONE* 16, no. 8 (2021): e0256402; Xinfeng Tang, Suqin Tang, Zhihong Ren, and Daniel Fu Keung Wong, "Prevalence of Depressive Symptoms among Adolescents in Secondary School in Mainland China: A Systematic Review and Meta-Analysis," *Journal of Affective Disorders* 245 (2019): 498–507; Ziwen Teuber, Fridtjof W. Nussbeck, and Elke Wild, "School Burnout among Chinese High School Students: The Role of Teacher-Student Relationships and Personal Resources," *Educational Psychology* 41, no. 8 (2021): 985–1002; Alan Ye, "Copying the Long Chinese School Day Could Have Unintended Consequences," *The Conversation*, February 24, 2014.

77 Joyce Chepkemoi, "Countries Who Spend the Most Time Doing Homework," WorldAtlas, July 4, 2017.

78 Jenny Anderson, "Finland Has the Most Efficient Education System in the World," *Quartz*, December 3, 2019.

第8章

1 Malvina Reynolds, "This World" (Schroder Music Company, [1961] 1989).

2 Amy C. Edmondson and Kerry Herman, "The 2010 Chilean Mining Rescue (A) & (B)," Harvard Business School Teaching Plan 613-012, May 2013; Jonathan Franklin, *33 Men: Inside the Miraculous Survival and Dramatic Rescue of the Chilean Miners* (New York: G. P. Putnam's Sons, 2011); Héctor Tobar, *Deep Down Dark: The Untold Stories of 33 Men Buried in a Chilean Mine, and the Miracle That Set Them Free* (New York: Farrar, Straus and Giroux, 2014); Manuel Pino Toro, *Buried Alive: The True Story of the Chilean Mining Disaster and the Extraordinary Rescue at Camp Hope* (New York: St. Martin's Press,

2011); Faazia Rashid, Amy C. Edmondson, and Herman B. Leonard, "Leadership Lessons from the Chilean Mine Rescue," *Harvard Business Review*, July– August 2013,: 113–19; Michael Useem, Rodrigo Jordán, and Matko Koljatic, "How to Lead during Crisis: Lessons from the Rescue of the Chilean Miners," *MIT Sloan Management Review*, August 18, 2011; Korn Ferry, "The Man behind the Miracle": kornferry.com /insights/briefings-magazine/issue-6/34-the-man-behind-the-miracle.

3   Connie Watson, "The Woman Who Helped Find the Needle in the Haystack," CBC News, October 22, 2010.

4   J. Richard Hackman, *Leading Teams: Setting the Stage for Great Performances* (Boston: Harvard Business School Press, 2002) and "Learning More by Crossing Levels: Evidence from Airplanes, Hospitals, and Orchestras," *Journal of Organizational Behavior* 24, no. 8 (2003): 90522.

5   J. Richard Hackman, ed., *Groups That Work (and Those That Don't)* (San Francisco: Jossey-Bass, 1991).

6   J. Richard Hackman, *Collaborative Intelligence: Using Teams to Solve Hard Problems* (San Francisco: Berrett-Koehler, 2011); Hackman and O'Connor, 2004.

7   Anita Williams Woolley, Christopher F. Chabris, Alex Pentland, Nada Hashmi, and Thomas W. Malone, "Evidence for a Collective Intelligence Factor in the Performance of Human Groups," *Science* 330, no.6004 (2010): 686–88.

8   Christoph Riedl, Young Ji Kim, Pranav Gupta, Thomas W. Malone, and Anita Williams Woolley, "Quantifying Collective Intelligence in Human Groups," *PNAS* 118, no. 21 (2021): e2005737118.

9   Patrick D. Dunlop and Kibeom Lee, "Workplace Deviance, Organizational Citizenship Behavior, and Business Unit Performance:

The Bad Apples Do Spoil the Whole Barrel," *Journal of Organizational Behavior* 25, no. 1 (2004): 67–80; Will Felps, Terence R. Mitchell, and Eliza Byington, "How, When, and Why Bad Apples Spoil the Barrel: Negative Group Members and Dysfunctional Groups," *Research in Organizational Behavior* 27, no. 3 (2006): 175–22.

10 Nicoleta Meslec, IshaniAggarwal, and Petru L. Curseu, "The Insensitive Ruins It All: Compositional and Compilational Influences of Social Sensitivity on Collective Intelligence in Groups," *Frontiers in Psychology* 7 (2016): 676.

11 Emily Grijalva, Timothy D. Maynes, Katie L. Badura, and Steven W. Whiting, "Examining the 'I' in Team: A Longitudinal Investigation of the Influence of Team Narcissism Composition on Team Outcomes in the NBA," *Academy of Management Journal* 63, no. 1 (2020): 7–33.

12 Peter Arcidiacono, Josh Kinsler, and Joseph Price, "Productivity Spillovers in Team Production: Evidence from Professional Basketball," *Journal of Labor Economics* 35, no. 1 (2017): 191–225.

13 Ben Weidmann and David J. Deming, "Team Players: How Social Skills Improve Group Performance," NBER Working Paper 27071, May 2020.

14 Eduardo Salas, Drew Rozell, Brian Mullen, James E. Driskell, "The Effect of Team Building on Performance: An Integration," *Small Group Research* 30, no. 3 (1999): 309–29; Cameron Klein, Deborah DiazGranados, Eduardo Salas, Huy Le, C. Shawn Burke, Rebecca Lyons, and Gerald F. Goodwin, "Does Team Building Work?," *Small Group Research* 40, no. 2 (2009): 181–222.

15 Neil G. MacLaren, Francis J. Yammarino, Shelley D. Dionne, Hiroki Sayama, Michael D. Mumford, Shane Connelly, Robert W. Martin, Tyler J. Mulhearn, E. Michelle Todd, Ankita Kulkarni, Yiding Cao, and Gregory A. Ruark, "Testing the Babble Hypothesis: Speaking Time Predicts Leader Emergence in Small Groups," *The Leadership Quarterly*

31 (2020): 101409.

16 Emily Grijalva, Peter D. Harms, Daniel A. Newman, Blaine H. Gaddis, and R. Chris Fraley, "Narcissism and Leadership: A Meta-Analytic Review of Linear and Nonlinear Relationships," *Personnel Psychology* 68, no. 1 (2015): 1–47.

17 Eddie Brummelman, Barbara Nevicka, and Joseph M. O'Brien, "Narcissism and Leadership in Children," *Psychological Science* 32, no. 3 (2021): 354–63.

18 Hemant Kakkar and Niro Sivanathan, "The Impact of Leader Dominance on Employees' Zero-Sum Mindset and Helping Behavior," *Journal of Applied Psychology* 107 (2022): 1706–24.

19 Charles A. O'Reilly III, Jennifer A. Chatman, and Bernadette Doerr, "When 'Me' Trumps 'We': Narcissistic Leaders and the Cultures They Create," *Academy of Management Discoveries* 7 (2021): 419–50.

20 Chad A. Hartnell, Angelo J. Kinicki, Lisa Schurer Lambert, Mel Fugate, and Patricia Doyle Corner, "Do Similarities or Differences between CEO Leadership and Organizational Culture Have a More Positive Effect on Firm Performance? A Test of Competing Predictions," *Journal of Applied Psychology* 101, no. 6 (2016): 846–61.

21 Deniz S. Ones and Stephan Dilchert, "How Special Are Executives? How Special Should Executive Selection Be? Observations and Recommendations," *Industrial and Organizational Psychology* 2 (2009): 163–70.

22 Sing Lim Leung and Nikos Bozionelos, "Five-Factor Model Traits and the Prototypical Image of the Effective Leader in the Confucian Culture," *Employee Relations* 26 (2004): 62–71.

23 Adam M. Grant, Francesca Gino, and David A. Hofmann, "Reversing the Extraverted Leadership Advantage: The Role of Employee Proactivity," *Academy of Management Journal* 54, no. 3 (2011): 528–50.

24 Brian Mullen, Craig Johnson, and Eduardo Salas, "Productivity Loss in

Brainstorming Groups: A Meta-Analytic Integration," *Basic and Applied Social Psychology* 12 (1991): 3–23.

25 Dave Barry, *Dave Barry Turns 50* (New York: Ballantine Books, 1998).

26 Paul B. Paulus and Huei-Chuan Yang, "Idea Generation in Groups: A Basis for Creativity in Organizations," *Organizational Behavior and Human Decision Processes* 82, no. 1 (2000): 76–87.

27 Anita Williams Woolley, IshaniAggarwal, and Thomas W. Malone, "Collective Intelligence and Group Performance," *Current Directions in Psychological Science* 24, no. 6 (2015): 420–24.

28 Riedl et al., 2021.

29 David Engel, Anita Williams Woolley, Lisa X. Jing, Christopher F. Chabris, and Thomas W. Malone, "Reading the Mind in the Eyes or Reading between the Lines? Theory of Mind Predicts Collective Intelligence Equally Well Online and Face-to-Face," *PLoS ONE* 9 (2014): e115212.

30 William Ickes, Paul R. Gesn, and Tiffany Graham, "Gender Differences in Empathic Accuracy: Differential Ability or Differential Motivation?," *Personal Relationships* 7, no. 1 (2000): 95–109.

31 Weidmann and Deming, 2021; J. Mark Weber and J. Keith Murnighan, "Suckers or Saviors? Consistent Contributors in Social Dilemmas," *Journal of Personality and Social Psychology* 95, no. 6 (2008): 1340–53.

32 Aaron A. Dhir, *Challenging Boardroom Homogeneity: Corporate Law, Governance, and Diversity* (New York: Cambridge University Press, 2015).

33 Benjamin Ostrowski, Anita Williams Woolley, and Ki-Won Haan, "Translating Member Ability into Group Brainstorming Performance: The Role of Collective Intelligence," *Small Group Research* 53, no. 1 (2022): 3–40.

34 Ethan Bernstein, Jesse Shore, and David Lazer, "How Intermittent

Breaks in Interaction Improve Collective Intelligence," *PNAS* 115 (2018): 8734–39.

35   Adam Grant, "Is It Safe to Speak Up?," *WorkLife*, July 20, 2021.

36   Amy C. Edmondson, *The Fearless Organization: Creating Psychological Safety in the Workplace for Learning, Innovation, and Growth* (New York: Wiley, 2018); Elizabeth W. Morrison, Sara L. Wheeler-Smith, and Dishan Kamdar, "Speaking Up in Groups: A Cross-Level Study of Group Voice Climate and Voice," *Journal of Applied Psychology* 96, no. 1 (2011): 183–91.

37   So-Hyeon Shim, Robert W. Livingston, Katherine W. Phillips, and Simon S.K. Lam, "The Impact of Leader Eye Gaze on Disparity in Member Influence: Implications for Process and Performance in Diverse Groups," *Academy of Management Journal* 64, no. 6 (2021): 1873–1900.

38   James R. Detert, Ethan R. Burris, David A. Harrison, and Sean R. Martin, "Voice Flows to and around Leaders: Understanding When Units Are Helped or Hurt by Employee Voice," *Administrative Science Quarterly* 58, no. 4 (2013): 624–68.

39   Justin M. Berg, "Balancing on the Creative Highwire: Forecasting the Success of Novel Ideas in Organizations," *Administrative Science Quarterly* 61, no. 3 (2016): 433–68; Jennifer Mueller, Shimul Melwani, Jeffrey Loewenstein, and Jennifer J. Deal, "Reframing the Decision-Makers' Dilemma: Towards a Social Context Model of Creative Idea Recognition," *Academy of Management Journal* 61, no. 1 (2018): 94–110.

40   Nathanael J. Fast, Ethan R. Burris, and Caroline A. Bartel, "Managing to Stay in the Dark: Managerial Self-Efficacy, Ego Defensiveness, and the Aversion to Employee Voice," *Academy of Management Journal* 57, no. 4 (2014): 1013–34; Ethan R. Burris, "The Risks and Rewards of Speaking Up: Managerial Responses to Employee Voice," *Academy of*

Management Journal 55, no. 4 (2012): 851–75.

41 Grant, Parker, and Collins, 2009; Adam M. Grant, "Rocking the Boat but Keeping It Steady: The Role of Emotion Regulation in Employee Voice," *Academy of Management Journal* 56, no. 6 (2013): 1703–23.

42 Damon J. Phillips and Ezra W. Zuckerman, "Middle-Status Conformity: Theoretical Restatement and Empirical Demonstration in Two Markets," *American Journal of Sociology* 107, no. 2 (2001): 379–429; Jennifer S. Mueller, Shimul Melwani, and Jack A. Goncalo, "The Bias against Creativity: Why People Desire but Reject Creative Ideas," *Psychological Science* 23, no. 1 (2012): 13–17.

43 James R. Detert and Linda K. Treviño, "Speaking Up to Higher-Ups: How Supervisors and Skip-Level Leaders Influence Employee Voice," *Organization Science* 21 (2010): 249–70; Andrea C. Vial, Victoria L. Brescoll, and John F. Dovidio, "Third-Party Prejudice Accommodation Increases Gender Discrimination," *Journal of Personality and Social Psychology* 117, no. 1 (2019): 73–98.

44 Charalampos Mainemelis, "Stealing Fire: Creative Deviance in the Evolution of New Ideas," *Academy of Management Review* 35, no. 4 (2010): 558–78.

45 Douglas K. Smith and Robert C. Alexander, *Fumbling the Future: How Xerox Invented, Then Ignored, the First Personal Computer* (Lincoln, NE: iUniverse, 1999).

46 Claudia H. Deutsch, "At Kodak, Some Old Things Are New Again," *The New York Times*, May 2, 2008.

47 Adam Grant, "Rethinking Flexibility at Work," *WorkLife*, April 19, 2022.

48 James R. Detert and Amy C. Edmondson, "Implicit Voice Theories: Taken-for-Granted Rules of Self-Censorship at Work," *Academy of Management Journal* 54, no. 3 (2011): 461–88.

49   "Why Some Innovation Tournaments Succeed and Others Fail," *Knowledge at Wharton*, February 2014.

50   Christian Terwiesch and Karl T. Ulrich, *Innovation Tournaments: Creating and Selecting Exceptional Opportunities* (Boston: Harvard Business School Press, 2009).

第9章

1   Booker T. Washington, *Up from Slavery: An Autobiography* (New York: Doubleday, 1907).

2   personal interview, August 31, 2022; José Hernandez, *Reaching for the Stars: The Inspiring Story of a Migrant Farmworker Turned Astronaut* (New York: Center Street, 2012); Jocko Willink, "310: Relish the Struggle and Keep Reaching for the Stars with José Hernandez," *Jocko Podcast*, December 1, 2021; Octavio Blanco, "How This Son of Migrant Farm Workers Became an Astronaut," CNN Business, March 14, 2016; "An Interview with Astronaut José Hernandez," UCSB College of Engineering, YouTube, December 18, 2014, youtu.be/2fLdKrv8zkM; José Hernandez, "Dreaming the Impossible," Talks at Google, YouTube, October 15, 2010, youtu.be/lwVqVu5Tl-k.

3   Elanor F. Williams and Thomas Gilovich, "The Better-Than-My-Average Effect: The Relative Impact of Peak and Average Performances in Assessments of the Self and Others," *Journal of Experimental Psychology* 48, no. 2 (2012): 556–61.

4   Noah Eisenkraft, "Accurate by Way of Aggregation: Should You Trust Your Intuition-Based First Impressions?," *Journal of Experimental Social Psychology* 49, no. 2 (2013): 277–79; NaliniAmbady and Robert Rosenthal, "Thin Slices of Expressive Behavior as Predictors of Interpersonal Consequences: A Meta-Analysis," *Psychological Bulletin* 111, no. 2 (1992): 256–74.

5 Vas Taras, Marjaana Gunkel, Alexander Assouad, Ernesto Tavoletti, Justin Kraemer, Alfredo Jiménez, Anna Svirina, Weng Si Lei, and Grishma Shah, "The Predictive Power of University Pedigree on the Graduate's Performance in Global Virtual Teams," *European Journal of International Management* 16, no. 4 (2021): 555–84.

6 Vasyl Taras, Grishma Shah, Marjaana Gunkel, Ernesto Tavoletti, "Graduates of Elite Universities Get Paid More. Do They Perform Better?," *Harvard Business Review*, September 4, 2020.

7 Peter Q. Blair and Shad Ahmed, "The Disparate Racial Impact of Requiring a College Degree," *The Wall Street Journal*, June 28, 2020; Peter Q. Blair, Tomas G. Castagnino, Erica L. Groshen, Papia Debroy, Byron Auguste, Shad Ahmed, Fernardo Garcia Diaz, and Cristian Bonavida, "Searching for STARs: Work Experience as a Job Market Signal for Workers without Bachelor's Degrees," NBER Working Paper 26844, March 2020.

8 Chad H. Van Iddekinge, John D. Arnold, Rachel E. Frieder, Philip L. Roth, "A Meta-Analysis of the Criterion-Related Validity of Prehire Work Experience," *Personnel Psychology* 72, no. 4 (2019): 571–98.

9 Leaetta M. Hough, "Development and Evaluation of the 'Accomplishment Record' Method of Selecting and Promoting Professionals," *Journal of Applied Psychology* 69 (1984): 135–46; Charlene Zhang and Nathan R. Kuncel, "Moving beyond the Brag Sheet: A Meta-Analysis of Biodata Measures Predicting Student Outcomes," *Educational Measurement* 39 (2020): 106–21.

10 Alan Benson, Danielle Li, and Kelly Shue, "Promotions and the Peter Principle," *The Quarterly Journal of Economics* 134, no. 4 (2019): 2085–2134.

11 Laurence J. Peter and Raymond Hull, *The Peter Principle: Why Things Always Go Wrong* (New York: Harper Business, [1969] 2014).

12 Alan Benson, Danielle Li, and Kelly Shue, "Research: Do People Really Get Promoted to Their Level of Incompetence," *Harvard Business Review*, March 8, 2018.

13 Alan Benson, Danielle Li, and Kelly Shue, "'Potential' and the Gender Promotion Gap," working paper, June 22, 2022.

14 Steven Ruiz, "Re-scouting Tom Brady at Michigan: Why NFL Teams Had No Excuse for Passing on Him," *USA Today*, October 20, 2017; ZeeGee Cecilio, "Huge Mistake: Kurt Warner Admits Rams Overlooked Tom Brady in Super Bowl 36," *Blasting News*, December 30, 2019.

15 Duane Ross, personal interviews, August 26, 2022, and April 3, 2023; David J. Shayler and Colin Burgess, *NASA's First Space Shuttle Astronaut Selection* (Switzerland: Springer, 2020); Tom Wolfe, *The Right Stuff* (New York: Farrar, Straus and Giroux, 1979).

16 Peggy A. Thoits, "Undesirable Life Events and Psychophysiological Distress: A Problem of Operational Confounding," *American Sociological Review* 46, no. 1 (1981): 97–109.

17 Philip E. Tetlock, Ferdinand M. Vieider, Shefali V. Patil, and Adam M. Grant, "Accountability and Ideology: When Left Looks Right and Right Looks Left," *Organizational Behavior and Human Decision Processes* 122 (2013): 22–35.

18 Lisa M. Leslie, David M. Mayer, and David A. Kravitz, "The Stigma of Affirmative Action: A Stereotyping-Based Theory and Meta-Analytic Test of the Consequences for Performance," *Academy of Management Journal* 57, no. 4 (2014): 964–89.

19 Claudia Goldin and Cecilia Rouse, "Orchestrating Impartiality: The Impact of 'Blind' Auditions on Female Musicians," *American Economic Review* 90, no. 4 (2000): 715–41.

20 Elijah Megginson, "When I Applied to College, I Didn't Want to 'Sell My Pain,'" *The New York Times*, May 9, 2021.

21 Michael A. Bailey, Jeffrey S. Rosenthal, Albert H. Yoon, "Grades and Incentives: Assessing Competing Grade Point Average Measures and Postgraduate Outcomes," *Studies in Higher Education* 41 (2016): 1548–62; see also Michael N. Bastedo, Joseph E. Howard, and Allyson Flaster, "Holistic Admissions after Affirmative Action: Does "Maximizing" the High School Curriculum Matter?," *Educational Evaluation and Policy Analysis* 38, no. 2 (2016): 389–409.

22 Michael N. Bastedo, Nicholas A. Bowman, Kristen M. Glasener, and Jandi L. Kelly, "What Are We Talking about When We Talk about Holistic Review? Selective College Admissions and Its Effects on Low-SES Students," *The Journal of Higher Education* 89, no. 5 (2018): 782–805.

23 Michael N. Bastedo, D'Wayne Bell, Jessica S. Howell, Julian Hsu, Michael Hurwitz, Greg Perfetto, and Meredith Welch, "Admitting Students in Context: Field Experiments on Information Dashboards in College Admissions," *The Journal of Higher Education* 93, no. 3 (2022): 327–74; Michael N. Bastedo, Kristen M. Glasener, K.C. Deane, and Nicholas A. Bowman, "Contextualizing the SAT: Experimental Evidence on College Admission Recommendations for Low-SES Applicants," *Educational Policy* 36, no. 2 (2022): 282–311.

24 Raphael Mokades, "Only Posh Kids Get City Jobs? This Man Has an Algorithm to Change That," *The Times* (London), April 19, 2022.

25 George Bulman, "Weighting Recent Performance to Improve College and Labor Market Outcomes," *Journal of Public Economics* 146 (2017): 97–108.

26 Jerker Denrell, Chengwei Liu, David Maslach, "Underdogs and One-Hit Wonders: When Is Overcoming Adversity Impressive?," *Management Science* (2023).

27 Sarah S. M. Townsend, Nicole M. Stephens, and MarYam G. Hamedani,

"Difference-Education Improves First-Generation Students' Grades throughout College and Increases Comfort with Social Group Difference," *Personality and Social Psychology Bulletin* 47, no. 10 (2021): 1510–19.

28 Nicole M. Stephens, Stephanie A. Fryberg, Hazel Rose Markus, Camille S. Johnson, and Rebecca Covarrubias, "Unseen Disadvantage: How American Universities' Focus on Independence Undermines the Academic Performance of First-Generation College Students," *Journal of Personality and Social Psychology* 102, no. 6 (2012): 1178–97.

29 Mary C. Murphy, Maithreyi Gopalan, Evelyn R. Carter, Katherine T. U. Emerson, Bette L. Bottoms, and Gregory M. Walton, "A Customized Belonging Intervention Improves Retention of Socially Disadvantaged Students at a Broad-Access University," *Science Advances* 6, no. 29 (2020): eaba4677.

30 Adam Pasick, "Google Finally Admits That Its Infamous Brainteasers Were Completely Useless for Hiring," *The Atlantic*, June 20, 2013.

31 Scott Highhouse, Christopher D. Nye, and Don C. Zhang, "Dark Motives and Elective Use of Brainteaser Interview Questions," *Applied Psychology: An International Review* 68 (2019): 311–40.

32 Deborah M. Powell, David J. Stanley, and Kayla N. Brown, "Meta-Analysis of the Relation between Interview Anxiety and Interview Performance," *Canadian Journal of Behavioural Science* 50, no. 4 (2018): 195–207.

33 Claude M. Steele, "A Threat in the Air: How Stereotypes Shape Intellectual Identity and Performance," *American Psychologist* 52, no. 6 (1997): 613–29; Hannah-Hanh D. Nguyen and Ann Marie Ryan, "Does Stereotype Threat Affect Test Performance of Minorities and Women? A Meta-Analysis of Experimental Evidence," *Journal of Applied Psychology* 93, no. 6 (2008): 1314–34; Markus Appel, Silvana Weber, and Nicole Kronberger, "The Influence of Stereotype Threat on Immigrants:

Review and Meta-Analysis," *Frontiers in Psychology* 6 (2015): 900; Claude M. Steele and Joshua Aronson, "Stereotype Threat and the Intellectual Performance of African Americans," *Journal of Personality and Social Psychology* 69 (1995): 797–811; Ruth A. Lamont, Hannah J. Swift, and Dominic Abrams, "A Review and Meta-Analysis of Age-Based Stereotype Threat: Negative Stereotypes, Not Facts, Do the Damage," *Psychology and Aging* 30, no. 1 (2015): 180–93; Stephanie L. Haft, Caroline Greiner de Magalhães, and Fumiko Hoeft, "A Systematic Review of the Consequences of Stigma and Stereotype Threat for Individuals with Specific Learning Disabilities," *Journal of Learning Disabilities* 56, no. 3 (2023): 193–209.

34 Gil Winch, *Winning with Underdogs: How Hiring the Least Likely Candidates Can Spark Creativity, Improve Service, and Boost Profits for Your Business* (New York: McGraw Hill, 2022); Adam Grant, "It's Time to Stop Ignoring Disability," *WorkLife*, June 13, 2022.

35 Philip L. Roth, Philip Bobko, and Lynn A. McFarland, "A Meta-Analysis of Work Sample Test Validity: Updating and Integrating Some Classic Literature," *Personnel Psychology* 58, no. 4 (2005): 1009–37.

36 Neil Anderson, Jesús F. Salgado, and Ute R. Hülsheger, "Applicant Reactions in Selection: Comprehensive Meta-Analysis into Reaction Generalization versus Situational Specificity," *International Journal of Selection and Assessment* 18, no. 3 (2010): 291–304.

37 Nathan R. Kuncel, David M. Klieger, Brian S. Connelly, and Deniz S. Ones, "Mechanical versus Clinical Data Combination in Selection and Admissions Decisions: A Meta-Analysis," *Journal of Applied Psychology* 98, no. 6 (2013): 1060–72.

38 Sendhil Mullainathan, "Biased Algorithms Are Easier to Fix Than Biased People," *The New York Times*, December 6, 2019.

39 Benjamin Lira, Margo Gardner, Abigail Quirk, Cathlyn Stone, Arjun Rao, Lyle Ungar, Stephen Hutt, Sidney K. D'Mello, and Angela L.

Duckworth, "Using Human-Centered Artificial Intelligence to Assess Personal Qualities in College Admissions," working paper (2023).

40 Adam Grant, "Reinventing the Job Interview," *WorkLife*, April 21, 2020.

后 记

1. Langston Hughes, *The Collected Poems of Langston Hughes* (New York: Knopf, 1994).
2. Jim Polk and Alicia Stewart, "9 Things about MLK's Speech and the March on Washington," CNN, January 21, 2019.
3. Warn N. Lekfuangfu and Reto Odermatt, "All I Have to Do Is Dream? The Role of Aspirations in Intergenerational Mobility and Well-Being," *European Economic Review* 148 (2022): 104193.